# 構造力学 不静定編

第2版 新装版 下

﨑元達郎 著

森北出版

　構造力学「上」では，「自由物体のつり合い」という，一つの考え方だけで，静定構造物の応力（断面力）と変位・変形を求めることができることを学んだ．

　本書「下」巻では，おもに不静定構造物を解く方法について学ぶことになるが，「自由物体のつり合い」の考え方を含めて，「上」巻の知識を前提に書かれており，大学2年以降，または高専の中高学年での学習を念頭においている．

　全体は9章で構成されているが，大きくは三つに分類される．第1章から第5章までは，一般にエネルギー法とよばれる種々の原理や方法について述べている．ここでは，一貫して高校で習う力学的エネルギー保存の法則が基本となっている．個々の原理や方法は，構造物の変位や未知力を求める単独の手段としても用いられるが，第5章に述べる余力法は，静定分解法における変位の適合条件に用いる変位・変形の計算にエネルギー法を用いたもので，不静定次数の低い構造物に用いられる便利な解法である．さらに，これらのエネルギー法は，第7章に述べるマトリクス構造解析法（有限要素法）の定式化の基礎となる．

　第6章と第7章では，コンピュータを使って構造解析を行うのに便利なマトリクス構造解析法について学ぶ．つり合い式（剛性方程式）を導くためには，第5章までのエネルギー法，とくに，第2章と第4章の学習が前提になる．

　実務的には，コンピュータによって数値計算を行うことになるが，本書では，コンピュータ内でどのような計算が行われるかを理解してほしい．

　第8章，第9章では，旧来の不静定構造物の解法の代表的なものを紹介する．

　通常，構造物を設計するための構造解析はコンピュータを用いて行うが，コンピュータはブラックボックス化しており，膨大な数のデータを入力するだけで，結果が出てくる．しかし，その結果が正しいかどうかの判断は，複雑な構造になるほど困難になる．コンピュータ解析の結果をチェックするためには，簡易なモデルを手計算で解く力，および力学的勘を養う必要がある．たわみ角法は，そのための解析法と位置づけて第8章に置いている．同様の趣旨で，3連モーメント法という不静定ばりに特化した方法を，第9章に紹介している．この意味で，第8章と第9章は，第1～7章とは内容的に独立しているので，第1章の前に学ぶことも可能である．

　本書は，1993年初版の構造力学「下」を改訂したものである．改訂にあたっては，旧版をご使用いただいてきた先生方にアンケートをお願いし，貴重なご意見をいただいた．いただいたご意見は，できるだけ改訂に反映したので，より実情に合った教科

書としてお使いいただければ幸いである.

2012 年 11 月

著　者

## ■第 2 版・新装版の発行にあたって

　本書は，初版の発行から 28 年，第 2 版の発行から 9 年が経ったいまも，教科書として読者のみなさまの支持をいただいております．これからも長くお使いいただけるように，フルカラー化し，レイアウトを一新しました.

2021 年 10 月

出版部

CONTENTS **目次**

## 単位表記に用いるおもな接頭語

| 記号（読み方） | 意味 | 記号（読み方） | 意味 |
|---|---|---|---|
| T（テラ） | $10^{12}$ | d（デシ） | $10^{-1}$ |
| G（ギガ） | $10^{9}$ | c（センチ） | $10^{-2}$ |
| M（メガ） | $10^{6}$ | m（ミリ） | $10^{-3}$ |
| k（キロ） | $10^{3}$ | μ（マイクロ） | $10^{-6}$ |
| h（ヘクト） | $10^{2}$ | n（ナノ） | $10^{-9}$ |
| da（デカ） | $10^{1}$ | p（ピコ） | $10^{-12}$ |

## ギリシャ文字

| 記号（読み方） | 記号（読み方） | 記号（読み方） |
|---|---|---|
| $\alpha$（アルファ） | $\theta$（シータ） | $\sigma$（シグマ） |
| $\beta$（ベータ） | $\lambda$（ラムダ） | $\phi, \varphi$（ファイ） |
| $\gamma$（ガンマ） | $\mu$（ミュー） | $\chi$（カイ，キー） |
| $\delta, \Delta$（デルタ） | $\nu$（ニュー） | $\psi$（プサイ） |
| $\varepsilon$（イプシロン） | $\xi$（グザイ） | $\omega$（オメガ） |
| $\zeta$（ゼータ） | $\pi$（パイ） | |
| $\eta$（イータ） | $\rho$（ロー） | |

## 第 1 章

# 変位を仮想して
# 反力や部材力を求める

## 1.1 エネルギーって何だろう？

　力を作用させて物体を移動させたとき，この力は物体に「仕事」をしたという．ま
た，ほかの物体に対して仕事をする能力を，**エネルギー** (energy) という．エネルギー
には，運動，位置によって生じる力学的エネルギー，熱，光，電気，磁気，化学的エネ
ルギーなど，さまざまなものがある．これらのエネルギーは，水力発電のように位置
エネルギーが運動エネルギーに変わったり，太陽光発電のように光エネルギーが電気
エネルギーに変わったりするが，自然界のある閉じた系のすべての物体についてすべ
てのエネルギーを考えれば，変化した量の代数和は，つねにゼロに等しく，変化しな
い．これを**エネルギー保存の法則** (conservation law of energy) という．**図 1.1** に示

図 1.1　ジェットコースターでのエネルギー保存の法則

すジェットコースターについて，エネルギー保存の法則を具体的に考えてみてほしい．

　物体の一つである構造物にも，当然，エネルギー保存の法則が成立する．しかし，構造力学の問題では，熱などのほかのエネルギーが関与しても無視できる程度であるので，運動エネルギーと位置エネルギーのみが関係すると考えてよい．さらに，本書の範囲である静力学では，変位・変形するときの速度は非常に小さいので，運動エネルギーも無視することができる．したがって，結局，位置エネルギー (potential energy) のみを問題にすればよい[*1]．

　荷重が作用すると，構造物は変位・変形し，内部には応力（断面力）が生じる．このときのエネルギー保存の法則をはりの場合について具体的に述べると，次のようになる．はりが下にたわむと，作用している荷重の位置エネルギーは減少するが，それと同量のエネルギーが，曲げモーメントの作用のもとに断面が回転して曲がる変形を生じるというエネルギーに変わる．このことを利用すると，構造物の荷重と応力，あるいは荷重と変位・変形の関係が求められる．とくに，上巻では十分には扱えなかった不静定構造物の解法上有効な手段となることをあとの章で学ぶ．

### ◇ 1.2　仕事とエネルギー

　図 1.2 に示すように，物体に一定の力 $P$ を加え続けて，物体が力の作用線の方向に距離 $d$ だけ移動したとき，力 $P$ がした仕事 $W$ を

$$W = P \cdot d \tag{1.1}$$

と定義する．図 1.3 に示すように，物体 A に作用する力 $P$ の作用線の方向と異なる方向（角 $\alpha$ で交差する方向）の物体の変位 $d_0$ を考える場合は，（力）×（力の作用線方向の変位成分）または（変位の方向の力の成分）×（変位）で定義する．すなわち

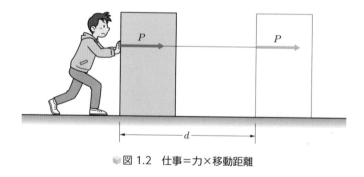

■図 1.2　仕事＝力×移動距離

---
[*1] 構造物の振動を扱う動力学では，当然運動エネルギーが関係する．

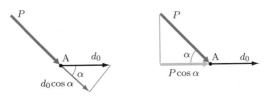

（ａ）力の作用線方向の変位成分　（ｂ）変位の方向の力の成分

💧図 1.3　力と変位の方向が異なる場合の仕事

$$W = P \cdot d = P(d_0 \cos \alpha) = (P \cos \alpha)d_0 \tag{1.2}$$

となる．このとき，力の向きと変位の向きが一致する場合の仕事を正，向きが反対の場合の仕事を負として符号を区別する．モーメント（回転力）がする仕事は，モーメントの大きさ $M$ とその作用に起因する物体の回転角 $\theta$ との積 $M \cdot \theta$ として定義される．すなわち，**図 1.4** において，$P \cdot a = M$ という偶力 $P$ が作用する棒状物体 AB が，微小回転 $\theta$ を生じたときの仕事を考えると，次式のようになる．

$$W = \left( P \frac{a}{2} \theta \right) \times 2 = Pa\theta = M \cdot \theta \tag{1.3}$$

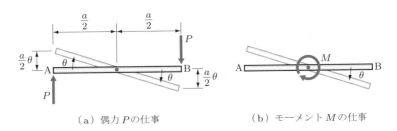

（ａ）偶力 $P$ の仕事　　　　　　　（ｂ）モーメント $M$ の仕事

💧図 1.4　モーメントのする仕事

## 1.3　変位や力を仮に考えて計算する仕事量

　物体に作用する力の間の関係を知る方法として，原因を問わない変位，あるいは仮想した変位を物体に与えることが行われる．これを**仮想変位** (virtual displacement) という．仮想変位は，その原因は実際に作用している外力以外にあると考え，力の大きさと方向に変化を起こさない程度に小さく，かつ，構造の拘束条件を満足するものであれば，大きさは任意である．

　物体に作用する力が仮想した変位に対してする仕事を，仮に考えた仕事という意味で，**仮想仕事** (virtual work) という．これに対して，力を仮想して構造物に実際に生じている変位に対してする仕事も仮想仕事と定義でき，この場合の力を**仮想力** (virtual force) という．本書では，以後，仮想変位，仮想力，仮想仕事などの諸量には，仮想した微小量という意味を表すために，記号に ￣ を付して表すことにする．

### ◆ 1.4 つり合っている力がする仮想仕事の総和はゼロである

**図 1.5** は，外力 $P_A$ $(= 6\,\mathrm{kN})$，$P_B$ $(= 3\,\mathrm{kN})$，$P_C$ $(= 9\,\mathrm{kN})$ を受けてつり合っている剛体 ACB を示している．いま，下向きに $\overline{d}$ の仮想変位を与えたときの外力の仮想仕事 $\overline{W}$ を考えると

$$\overline{W} = -P_A\overline{d} + P_C\overline{d} - P_B\overline{d}$$
$$= (P_C - P_A - P_B)\overline{d} \tag{1.4}$$

となる．ところで，外力 $P_A, P_B, P_C$ はつり合っているので，$P_C - P_A - P_B = 0$ であるから，結局次式のようになる．

$$\overline{W} = 0 \cdot \overline{d} = 0 \tag{1.5}$$

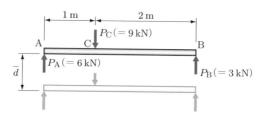

💬図 1.5 棒状物体の仮想変位

より一般的には，**図 1.6** に示すように，外力 $P_1, P_2, \cdots, P_i$ がつり合っているときを考える．外力 $P_i$ の方向と仮想変位 $\overline{d}$ の方向が交差する角を $\theta_i$ とすると，外力の仮想変位の方向の成分の和は，$\sum P_i \cos\theta_i$ であるから，仮想仕事 $\overline{W}$ は，

$$\overline{W} = \sum (P_i \cos\theta_i \cdot \overline{d}) = \overline{d} \cdot \left(\sum P_i \cos\theta_i\right) \tag{1.6}$$

となる．ここで，つり合っている外力の仮想変位の方向の成分の総和 $\sum P_i \cos\theta_i$ はゼロであるから，

$$\overline{W} = \overline{d} \cdot 0 = 0 \tag{1.7}$$

となる．以上のことは，任意の仮想変位に対して一般に成立する原理であり，次のよう

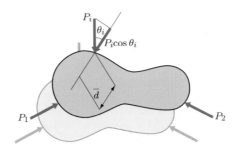

🔹図 1.6　仮想変位にともなう仕事

に定義できる. **剛体にはたらくいくつかの力がつり合っているとき, 剛体に与えられた任意の仮想変位にともなってこれらの力がする仮想仕事の総和はゼロである.** この原理を剛体における**仮想変位の原理** (principle of virtual displacement) という. この仮想変位の原理を用いて, 構造物の反力や部材力を求めることができる.

## 1.5　変位を仮想して反力や部材力を求める

### ■ (1) つり合い条件を求める

図 1.7 に示す片持ちばりは静定構造であるので, 剛体とみなして次のような取扱いが可能である. いま, 図 (a) は, 図 (b) に示すように外力 $P$ と反力 $M$, $V$ を受けてつり合っていると考えられるから, $y$ 方向に一様な仮想変位 $\overline{v}$ を与えて仮想変位の原理を適用すると, 次式を得る.

$$P \cdot \overline{v} - V \cdot \overline{v} = 0 \tag{1.8}$$

この場合, モーメント反力 $M$ の仕事はゼロである.

次に, 図 1.7(c) のように, はりが原点 O の周りに反時計まわりに角 $\overline{\theta}$ だけ回転す

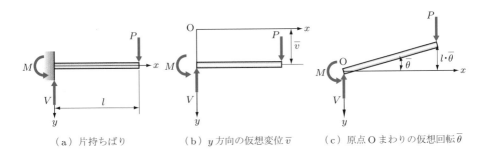

（a）片持ちばり　　　（b）$y$ 方向の仮想変位 $\overline{v}$　　　（c）原点 O まわりの仮想回転 $\overline{\theta}$

🔹図 1.7　仮想変位を与えて反力を求める

るような仮想変位を考えると

$$M\bar{\theta} - Pl\bar{\theta} = 0 \tag{1.9}$$

を得る．式 (1.8), (1.9) を整理すると

$$P - V = 0$$
$$M - Pl = 0 \tag{1.10}$$

となり，$\sum V = 0, \sum M = 0$ というつり合い条件にほかならないことがわかる．これらの式から，反力 $V = P$, $M = Pl$ も求められる．

### ■ (2) 支点反力を求める

図 1.8(a) に示すゲルバーばりの支点 B の反力 $V_\mathrm{B}$ を求めることを考えよう．いま，支点 B を外して拘束を除き，代わりに反力 $V_\mathrm{B}$ を外力として作用させた図 (b) に示す状態を考える．この状態で可能な仮想変位は，ヒンジ D を中心とする回転によって生じる，図 (c) に薄い色で示した変位である．このように，物体の動きを拘束する条件がある場合の仮想変位は，その条件のもとで可能な変位でなければならないことに注意しよう．点 D のたわみを $\bar{v}$ として，仮想変位の原理を適用すると

$$P\frac{x}{l+a}\bar{v} - V_\mathrm{B}\frac{l}{l+a}\bar{v} = 0 \tag{1.11}$$

となり，これより

$$V_\mathrm{B} = \frac{x}{l}P \tag{1.12}$$

を得る．同様に，ほかの反力も，拘束を除き反力を外力と考え，可能な仮想変位を与えることにより，求めることができる．
TRY! ▶ 演習問題 1.1 を解いてみよう．

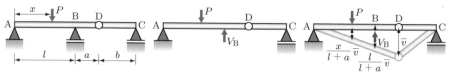

| （a）与えられたはり | （b）支点 B を除いたはり | （c）仮想変位 $\bar{v}$ |

💠図 1.8　ゲルバーばりの反力を求める

### ■ (3) 静定トラスの部材力を求める

**図 1.9**(a) に示すトラスの部材力 $U$ を求めることを考える．そのために，図 (b) に示すようにこの部材を取り外し，その代わりに部材力 $U$ を両端の節点 $i$, $k$ に作用させた系を考える．次に，図 (c) に示すように左の部分 $Aij$ をその位置に固定し，右の部分 $kjBC$ を点 $j$ を中心に反時計まわりに $\overline{\theta}$ だけ回転させる．このときの点 $k$ の $U$ 方向の変位は，$b\overline{\theta}\sin\alpha$ となるから，仮想仕事式として次式を得る．

$$V_B 2a\overline{\theta} - Pa\overline{\theta} + Ub\overline{\theta}\sin\alpha = 0$$

これより，$V_B = 2P/3$ を考慮すると

$$U = \frac{Pa - 2V_B a}{b\sin\alpha} = -\frac{(P/3)a}{h}$$

という既知の結果を得る．

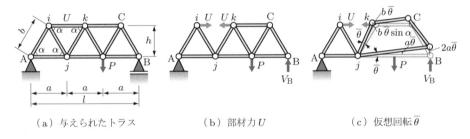

（a）与えられたトラス　　　（b）部材力 $U$　　　（c）仮想回転 $\overline{\theta}$

☙図 1.9　トラスの部材力 $U$ を求める

**TRY!** ▶ 演習問題 1.2 を解いてみよう．

<hr>

**演習問題**

**1.1** **図 1.10** に示すゲルバーばりの反力 $V_A$, $V_B$, $V_C$ を仮想変位の原理を用いて求めよ．ただし，$1\,\mathrm{kN} \fallingdotseq 102\,\mathrm{kgf} \fallingdotseq 0.1\,\mathrm{tf}$ である．

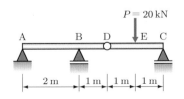

☙図 1.10　ゲルバーばりの反力を求める

1.2 **図1.11** に示すトラスについて，仮想変位の原理を用いてまず反力 $V_B$ を求めよ．次に，部材 $ik$ を取り外し，点 $i$, $k$ に部材力 $U$ を作用させた系を考え，点 $j$ を下方に $\bar{v}$ だけ仮想変位させたときの仮想仕事を考えて部材力 $U$ を求めよ．

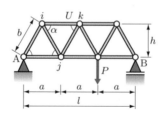

◔図 1.11　トラスの部材力 $U$ を求める

## 第 2 章

# 仮想仕事の原理により
# 変位を求める

## ◆ 2.1　弾性体の変形に対する仮想仕事

　弾性体の場合は，第 1 章で取り扱った剛体と違って，力を加えると剛体変位や剛体回転に加えて変形（形状変化）が生じる．したがって，弾性体に仮想変位を考えるときも，変形やひずみが生じると考える．仮想変位にともなって生じる変形やひずみを仮想変形，仮想ひずみという．

　図 2.1 に示すように，両端に等しい軸方向力 $N$ が作用してつり合っている長さ $L$ の棒状弾性体に仮想変位を与えた結果，伸び変形 $\Delta\overline{L}$ が生じた場合を考える．左端の変位を $\overline{v}$ とすると右端の変位は $\overline{v} + \Delta\overline{L}$ と書けるから，このときの仮想仕事は，

$$N(\overline{v} + \Delta\overline{L}) - N\overline{v} = N\Delta\overline{L} \tag{2.1}$$

となる．

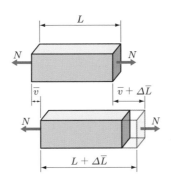

🔖 図 2.1　伸び変形 $\Delta\overline{L}$ に対して軸方向力がする仕事

　また，図 2.2 に示すように，両端に等しい回転力（曲げモーメント）$M$ が作用してつり合っている場合も，仮想変位にともなって生じた断面の回転変形を $\Delta\overline{\theta}$，左断面の回転角を $\overline{\theta}$ とすると，このときの仮想仕事は

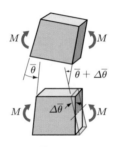

**図 2.2　断面の回転変形 $\Delta\overline{\theta}$ に対して曲げモーメントがする仕事**

$$M(\overline{\theta} + \Delta\theta) - M\overline{\theta} = M\Delta\overline{\theta} \tag{2.2}$$

となる．すなわち，第1章で説明したように，つり合っている力 $N$ や回転力 $M$ は，剛体変位 $\overline{d}$ や剛体回転 $\overline{\theta}$ に対しては仕事をせず，伸び変形 $\Delta\overline{L}$ や回転変形 $\Delta\overline{\theta}$ に対してのみ仕事をすることがわかる．力 $N$ や回転力 $M$ は，外力であっても，はりなどの断面力であっても，全く同じことがいえる．はりの断面力といえば，もう一つ，断面に平行な力，せん断力 $Q$ があるが，極端に短いはりでない限り，せん断変形は非常に小さいので，仕事としては無視することができる．

## ◆ 2.2　弾性体に対する仮想変位の原理とは？

**図 2.3**(a) に薄い色で示すように，一組の外力を受けてつり合っている棒状の弾性体を考える．この弾性体の部分 a は，外力と断面力を受けながらつり合っている．この弾性体に仮想変位を与えた結果，それぞれ濃い色のような状態になるが，ここで「外力がする仮想仕事は，断面力がする仮想仕事に等しい」ということを証明するために，以下のように段階的に考える．

まず，図 2.3(b) に示すように，仮想変位前の弾性体を任意の小部分 a, b, c に分割したと考えると，図 (c) に示すように，旧表面には当初の外力がはたらき，分割によって生じた新表面には断面力がはたらき，つり合っていると考えられる．接していた新表面どうしは，面積が等しく対となっており，それぞれの表面にはたらく断面力は，大きさが等しく方向が逆の作用と反作用である．いま，図 (c) の状態で，図 (a) に最初に示したのと同じ仮想変位を与えて（図 (d) 参照），一つの分割要素の仮想仕事を計算する．新旧全表面上の力を $P$，回転力を $F$ とし，対応する仮想変位を $\overline{v}$，仮想回転を $\overline{\theta}$ とすると

$$\sum P\overline{v} + \sum F\overline{\theta} \tag{2.3}$$

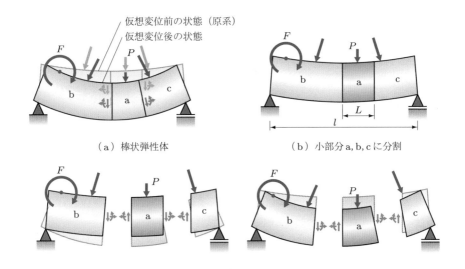

（a）棒状弾性体

（b）小部分 a, b, c に分割

（c）分割後の小部分 a, b, c

（d）仮想変位後の分割要素

⬢ 図 2.3　棒状弾性体の仮想仕事

となる．ここに，記号 $\sum$ は，新旧全表面について，仮想仕事を集めることを意味する．この仮想仕事を全要素について計算した総和を

$$\sum_{\text{全要素}} \left( \sum P\overline{v} + \sum F\overline{\theta} \right) \tag{2.4}$$

と表す．ところで，この計算を実行すると，一対の新表面に作用する断面力は大きさが等しく向きが反対であるから，新表面に関する計算はゼロとなり，旧表面（原系）に関する計算のみが残る．このことを式で表すと

$$\sum_{\text{全要素}} \left( \sum P\overline{v} + \sum F\overline{\theta} \right) = \sum_{\text{原系}} \left( P\overline{v} + F\overline{\theta} \right) \tag{2.5}$$

となる．いま，式 (2.5) の左辺を計算するのに，一つの分割要素 a を取り出して考える．2.1 節で説明したように，要素にはたらく力はつり合っているから，剛体変位や剛体回転に対する仕事はゼロとなり，結局，変形に対する仕事のみを考えればよいことになる．要素 a にはたらく断面力を軸方向力 $N$ と曲げモーメント $M$ とせん断力 $Q$ であるとし，仮想変位により生じた伸びを $\Delta\overline{L}$，断面の回転（曲げ変形）を $\Delta\overline{\theta}$ とすると，（高さ方向の伸縮やせん断変形は微小であり，これらに関する仕事は無視することができるので）要素 a に関する仮想仕事は，2.1 節で求めたように

$$\overline{W}_{\text{a}} = N\Delta\overline{L} + M\Delta\overline{\theta} \tag{2.6}$$

となる．これを棒状弾性体のすべての分割要素について総和すると，式 (2.5) の左辺は，

$$\sum_{全要素} \left( \sum P\bar{v} + \sum F\bar{\theta} \right) = \sum_{全要素} (N\Delta\bar{L} + M\Delta\bar{\theta}) \tag{2.7}$$

となり，これを式 (2.5) の右辺と等置すると

$$\sum_{原系} (P\bar{v} + F\bar{\theta}) = \sum_{全要素} (N\Delta\bar{L} + M\Delta\bar{\theta}) \tag{2.8}$$

と書ける．これが，（棒状の）**弾性体に対する仮想仕事の原理** (principle of virtual work) を表しており，**外力が仮想変位に対してする仕事は，断面力が仮想変形に対してする仕事に等しい**ことを示している．

　**図 2.4** に，図 2.3 と同じ意味の図をもう一度示す．図 2.4(a) は，仮想変位前の状態で，断面力 $N, M, Q$ が生じている．図 (b) は，仮想変位後の状態で，仮想変位の結果，断面力 $\bar{N}, \bar{M}, \bar{Q}$ が生じているものとする．また，図 (b) 中の任意の分割要素には，**図 2.5** に示すように，仮想変位による伸び変形 $\Delta\bar{L}$ と断面の回転変形 $\Delta\bar{\theta}$ が生じている．この仮想変形 $\Delta\bar{L}, \Delta\bar{\theta}$ は，式 (2.8) の右辺に現れたものであり，断面力 $\bar{N}, \bar{M}, \bar{Q}$ により生じたものと考えられるから，断面力と直接の関係がある．

　まず，$\Delta\bar{L}$ と $\bar{N}$ の関係を求めるために，図 2.5(a) に示すように仮想ひずみを $\bar{\varepsilon}$，断面積を $A$，ヤング係数を $E$ とする．ひずみの定義式 $\bar{\varepsilon} = \Delta\bar{L}/L$ と，軸方向力 $N$ と応力度 $\sigma$ の関係 $\bar{\sigma} = \bar{N}/A$，そして，フックの法則 $\bar{\sigma} = E\bar{\varepsilon}$ を用いると，

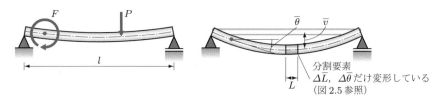

（a）断面力 $N, M, Q$ 　　　　　　　　（b）断面力 $\bar{N}, \bar{M}, \bar{Q}$

🐟 図 2.4　仮想変位の原理の構造物への適用

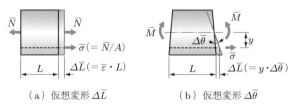

（a）仮想変形 $\Delta\bar{L}$ 　　　　　　　　（b）仮想変形 $\Delta\bar{\theta}$

🐟 図 2.5　仮想変形 $\Delta\bar{L}$ と $\Delta\bar{\theta}$

$$\Delta \overline{L} = L\overline{\varepsilon} = L\frac{\overline{\sigma}}{E} = L\frac{\overline{N/A}}{E} = \frac{\overline{N}L}{EA} \tag{2.9}$$

となる.

次に, $\Delta \overline{\theta}$ と $\overline{M}$ の関係を導く. 図 2.5(b) の幾何学的関係 $\Delta \overline{L} = y \cdot \Delta \overline{\theta}$ と, 図心軸から距離 $y$ の位置の微小面積 $dA$ に作用する曲げによる直応力度 $\overline{\sigma}$ が図心軸まわりにつくるモーメントの総和が, 曲げモーメント $\overline{M}$ に等しいという条件より

$$\overline{M} = \int \overline{\sigma} y dA = \int (E\overline{\varepsilon}) y dA = E \int \frac{\Delta \overline{L}}{L} y dA = E \int \frac{y \Delta \overline{\theta}}{L} y dA$$

$$= \frac{E \Delta \overline{\theta}}{L} \int y^2 dA = EI \frac{\Delta \overline{\theta}}{L} \tag{2.10}$$

となるから, 結局

$$\Delta \overline{\theta} = \frac{\overline{M}L}{EI} \tag{2.11}$$

となる. ここに, $I = \int y^2 dA$ は断面 2 次モーメントである. 式 (2.9), (2.11) を式 (2.8) の右辺に代入すると

$$\sum (P\overline{v} + F\overline{\theta}) = \sum N\left(\frac{\overline{N}}{EA}L\right) + \sum M\left(\frac{\overline{M}}{EI}L\right) \tag{2.12}$$

となる. この式の右辺の $\sum$ は, 長さ $L$ のすべての分割要素について集めることを意味しているから, $L$ を微小な長さ $dx$ と考えて, 弾性体の長さ $l$ にわたって連続的に集めることにすると, $\sum L$ は, 積分記号 $\int dx$ に置き換えることができる. したがって, 次式が成立する.

$$\sum (P\overline{v} + F\overline{\theta}) = \int_0^l N\left(\frac{\overline{N}}{EA}\right) dx + \int_0^l M\left(\frac{\overline{M}}{EI}\right) dx \tag{2.13}$$

図 2.4 を見ながら, この式の意味をよく理解しよう. 左辺は, 図 (a) の外力が図 (b) の変位に対してする仕事の合計を表し, 右辺は, 図 (a) の断面力が図 (b) の変形に対してする仕事の合計を表している. 図 (b) の変形 $\Delta \overline{L}$, $\Delta \overline{\theta}$ を図 (b) の断面力で表した点が式 (2.8) との違いである.

　仕事は，力と変位の積で定義されるから，仮想変位の代わりに仮想した力（仮想力）が実際の変位に対してする仮想仕事を取り扱うことにより，仮想変位の原理と相補的な解析原理を誘導することができる．図 2.6 に薄い色で示すように，一組の仮想の外力（$\overline{P}, \overline{F}$ など）を受けてつり合っている棒状の弾性体を考える．仮想力の作用の結果，この弾性体には断面力 $\overline{N}, \overline{M}, \overline{Q}$ が生じているものとする．次に，この状態に実際の荷重（$P, F$ など）が作用して，変位・変形し，濃い色で示すようなつり合い状態になったとする．このとき，仮想力は，実際のつり合い状態に影響を及ぼさないものと考える．

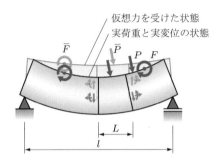

仮想力を受けた状態
実荷重と実変位の状態

$\overline{F}$　　$\overline{P}$　$P$　$F$

$L$

$l$

● 図 2.6　棒状弾性体に対する仮想力の原理

　いま，仮想外力 $\overline{P}$ に対する（作用点の作用方向の）実変位を $d$，仮想回転力 $\overline{F}$ に対応する回転角を $\theta$，いくつかに分割した弾性体の要素の伸びを $\Delta L$，断面の回転変形角を $\Delta\theta$ とすると，2.2 節で説明した仮想変位の原理と同様の考え方により，**仮想外力が実変位に対してする仕事は，仮想断面力が実変形に対してする仕事に等しい**ことが証明できる．

　式で表すと，

$$\sum_{原系}(\overline{P}v + \overline{F}\theta) = \sum_{全要素}(\overline{N}\Delta L + \overline{M}\Delta\theta) \tag{2.14}$$

となる．これを弾性体に対する**仮想力の原理**（principle of virtual force）という．

　図 2.6 に示した二つの状態を，それぞれ**図 2.7**(a), (b) に示す．図 (a) に示すように，仮想力 $\overline{P}, \overline{F}$ が作用している状態では，断面力 $\overline{N}, \overline{M}, \overline{Q}$ が生じている．一方，図 (b) に示すように，実荷重 $P, F$ が作用して変位・変形した状態では，断面力 $N, M, Q$ が生じると同時に，分割要素は，$\Delta L, \Delta\theta$ だけ変形している．図 2.5 を参照し

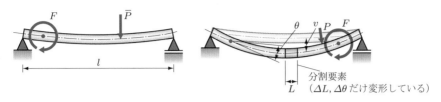

（a）断面力 $\overline{N}, \overline{M}, \overline{Q}$　　　　　　（b）断面力 $N, M, Q$

分割要素
（$\Delta L, \Delta\theta$ だけ変形している）

💧図 2.7　仮想力の原理の断面力表示

て，式 (2.9)，(2.11) を誘導したのと同様の考え方で

$$\Delta L = \frac{NL}{EA} \tag{2.15}$$

$$\Delta\theta = \frac{ML}{EI} \tag{2.16}$$

という関係式が得られる．これらを式 (2.14) の右辺に代入すると

$$\sum(\overline{P}v + \overline{F}\theta) = \sum \overline{N}\left(\frac{NL}{EA}\right) + \sum \overline{M}\left(\frac{ML}{EI}\right) \tag{2.17}$$

となる．さらに，式 (2.13) を導いたときと同様に考えて $\sum L$ を $\int dx$ に置き換えると，結局，次式が成立する．

$$\sum(\overline{P}v + \overline{F}\theta) = \int_0^l \overline{N}\left(\frac{N}{EA}\right)dx + \int_0^l \overline{M}\left(\frac{M}{EI}\right)dx \tag{2.18}$$

この式は，仮想力の原理を断面力で表した式で，この式を応用すると，構造物の変位や変形を計算することができる．

いま，図 2.8(a) の系を与えられた荷重状態とし，点 $m$ の変位 $v$ を求めたい場合を考える．図 (b) に示すように，同一の構造に $\overline{P}=1, \overline{F}=0$ が作用する状態を仮に考えて式 (2.18) を適用すると，次式を得る．

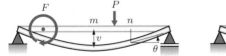
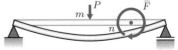

（a）実荷重と実変位の状態（断面力 $N, M, Q$）　　（b）仮想力の状態（断面力 $\overline{N}, \overline{M}, \overline{Q}$）

💧図 2.8　仮想力の原理を構造物に適用する

$$1 \cdot v = \int_0^l \overline{N} \left( \frac{N}{EA} \right) dx + \int_0^l \overline{M} \left( \frac{M}{EI} \right) dx \tag{2.19}$$

この式の右辺は，図 (a) の与えられた状態の断面力 $N, M$ と，図 (b) の仮想状態の断面力 $\overline{N}, \overline{M}$ から計算できるから，実変位 $v$ が求められることになる．また，図 (a) に示す与えられた荷重状態の点 $n$ のたわみ角 $\theta$ を求めたい場合は，図 (b) において，$\overline{F} = 1, \overline{P} = 0$ の状態を仮に考えて式 (2.18) を適用することにより，次式で計算することができる．

$$1 \cdot \theta = \int_0^l \overline{N} \left( \frac{N}{EA} \right) dx + \int_0^l \overline{M} \left( \frac{M}{EI} \right) dx \tag{2.20}$$

つまり，**求めたい実変位または実たわみ角の方向に単位の仮想荷重 $\overline{P} = 1$（たとえば kN）または $\overline{F} = 1$（たとえば kN·m）を作用させた図 2.8(b) の系を自分でつくり出して，与えられた図(a) の系の実際の変位に対して，仮想力の原理を適用する**のである．この方法を単位荷重法とよぶ．

以上述べたように，力を仮想して実変位に対して仮想仕事を考える場合を**仮想力の原理**とよび，変位を仮想して実荷重に対して仮想仕事を考える場合を**仮想変位の原理**というが，両者をまとめて**仮想仕事の原理**と総称する．単位荷重法は，仮想力の原理に属する．

ところで，式 (2.19), (2.20) は，ラーメンなどのように軸方向力と曲げモーメントが同時に作用する場合の一般式であるから，軸方向力 $N$ がはたらかないはりの場合は，次のようになる．

$$1 \cdot v = \int_0^l \frac{\overline{M}M}{EI} dx \quad \text{および} \quad 1 \cdot \theta = \int_0^l \frac{\overline{M}M}{EI} dx \tag{2.21}$$

また，曲げモーメントが作用せず，部材ごとに一定の軸方向力しかはたらかないトラス構造の場合は，$\int_0^l dx$ は，$\sum l_i$ に置き換えることができるから，次のように簡単に表せる．

$$1 \cdot v = \sum \frac{\overline{N}_i N_i}{EA_i} l_i \tag{2.22}$$

以上で述べた構造物の変位・変形の計算方法をまとめると，以下のようになる．す

なわち，**図 2.9** (a) に示す棒状構造物に，与えられた荷重 $P$ が作用するとき，点 $m$ の変位 $v_m$ を求めるには，

① 与えられた荷重状態について，断面力 $N, M$ を計算する（位置 $x$ の関数として表す）（図 (a) 参照）．

② 荷重を除去し，変位を求めようとする点 $m$ に，求めようとする変位の方向に荷重 $\overline{P} = 1$ を作用させた系を考え，断面力 $\overline{N}, \overline{M}$ を求める（位置 $x$ の関数として表す）（図 (b) 参照）．

③ 式 (2.19) に代入して $v_m$ を求めると，

$$v_m = \int_0^l \frac{\overline{N}N}{EA}dx + \int_0^l \frac{\overline{M}M}{EI}dx \tag{2.23}$$

となる．

④ 点 $n$ のたわみ角 $\theta_n$ を求めたいときは，図 (c) に示すように，点 $n$ に $\overline{F} = 1$ というモーメント荷重を作用させた系を考えて，断面力 $\overline{N}, \overline{M}$ を求めて，式 (2.20) を適用すればよい．すなわち

$$\theta_n = \int_0^l \frac{\overline{N}N}{EA}dx + \int_0^l \frac{\overline{M}M}{EI}dx \tag{2.24}$$

となる．

⑤ 構造物がはりのときは，右辺の曲げモーメント $M$ の項のみを考えた式 (2.21) を用いて，トラスのときは，軸方向力 $N$ の項のみを考えた式 (2.22) を用いればよい．

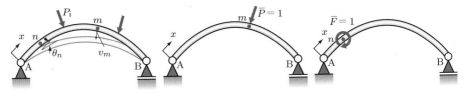

（a）断面力 $N, M$ の計算　　（b）断面力 $\overline{N}, \overline{M}$ の計算　　（c）断面力 $\overline{N}, \overline{M}$ の計算

**図 2.9　単位荷重法の流れ**

**例題 2.1**　　**図 2.10** に示す片持ちばりの自由端 A のたわみ $v_\mathrm{A}$ およびたわみ角 $\theta_\mathrm{A}$ を求めよ．ただし，曲げ剛性は $EI$ とする．

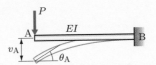

**図 2.10　片持ちばりの自由端のたわみ，たわみ角**

**解答** はりであるから，曲げモーメントの仕事のみを考えればよいので，式 (2.21) を適用することを考える．まず，次の手順により，たわみ $v_A$ を求める．

① 与えられた系の曲げモーメント $M$ を位置 $x$ の関数として求める（図 2.11(a) 参照）．

② 自由端 A に $\overline{P} = 1$ を作用させた系を考え，曲げモーメント $\overline{M}$ を位置 $x$ の関数として求める（図 (b) 参照）．

③ 式 (2.21) の第 1 式の $v$ を $v_A$ と考えて適用すると，次式となる．

$$1 \cdot v_A = \int_0^l \frac{\overline{M}M}{EI} dx$$
$$= \int_0^l \frac{(-x)(-Px)}{EI} dx = \frac{P}{EI} \int_0^l x^2 dx = \frac{P}{EI} \left[ \frac{1}{3} x^3 \right]_0^l = \frac{Pl^3}{3EI}$$

同様の手順でたわみ角 $\theta_A$ を求める．

① 与えられた系の $M$ 図を描く．図 (a) をそのまま用いればよい．

② 自由端 A に外力モーメント $\overline{F} = 1$ を作用させた系を考え，曲げモーメント $\overline{M}$ を位置 $x$ の関数として求める．

③ 式 (2.21) の第 2 式の $\theta$ を $\theta_A$ と考えて適用すると，次式となる．

$$1 \cdot \theta_A = \int_0^l \frac{\overline{M}M}{EI} dx$$
$$= \int_0^l \frac{(-1)(-Px)}{EI} dx = \frac{P}{EI} \int_0^l x dx = \frac{P}{EI} \left[ \frac{1}{2} x^2 \right]_0^l = \frac{Pl^2}{2EI}$$

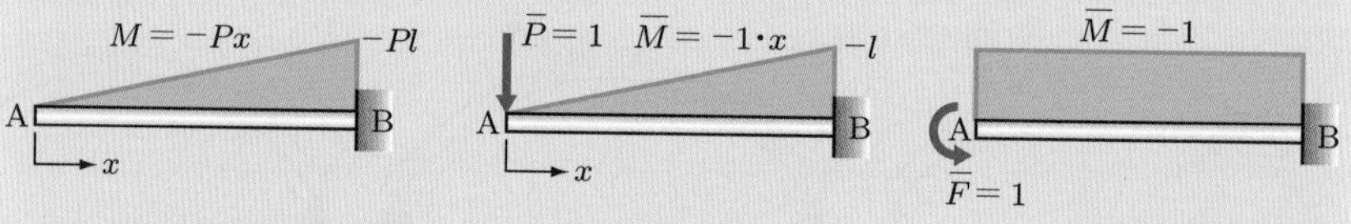

（a）$M$ を求める　（b）$\overline{M}$ を求める　（c）$\overline{M}$ を求める

図 2.11　解図

上記の［例題 2.1］では，たわみ，たわみ角が正の値で求められたが，これは仮想力 $\overline{P}, \overline{F}$ の方向と実際のたわみ，たわみ角の方向が一致したことを意味している．逆に，負の値として答を得た場合は，実際のたわみ，たわみ角は仮想力 $\overline{P}, \overline{F}$ と反対の方向に生じていることになる．したがって，このことを知っていれば，たわみ，たわみ角がどの向きに生じるか，あらかじめわからない場合でも，仮想力は，任意の向きに与えてよいことになる．

**TRY!** ▶ 演習問題 2.1〜2.3 を解いてみよう．

図 2.12 に示す静定トラスの点 C の鉛直変位 $v_C$ を求めよ．ただし，部材 AC，BC の軸方向剛性はともに $EA$ とする．

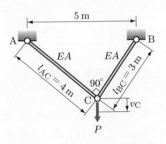

**図 2.12　静定トラスの節点変位**

解答

トラスでは，軸方向の仕事のみを考えればよいので，式 (2.22) を適用する．次の手順によって考える．

① 与えられた系の各部材の軸方向力 $N_i$ を求める．

図 2.13(a) の自由物体のつり合いより

$$\left.\begin{array}{l} N_{AC}\dfrac{4}{5} - N_{BC}\dfrac{3}{5} = 0 \\[2mm] N_{AC}\dfrac{3}{5} + N_{BC}\dfrac{4}{5} - P = 0 \end{array}\right\} \longrightarrow N_{AC} = \dfrac{3}{5}P, \quad N_{BC} = \dfrac{4}{5}P$$

となる．

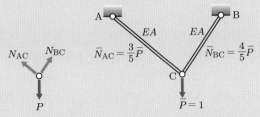

（a）自由物体図　　　（b）仮想力 $\overline{P}=1$ を作用させる

**図 2.13　解図**

② 点 C に鉛直方向荷重 $\overline{P}=1$ を作用させた系（図 (b) 参照）を考え，各部材の軸方向力 $\overline{N}_i$ を求める．

$$\overline{N}_{AC} = \frac{3}{5}, \quad \overline{N}_{BC} = \frac{4}{5}$$

③ 式 (2.22) の $v$ を $v_C$ と考えて適用すると

$$v_C = \sum \frac{\overline{N}_i N_i}{EA_i} l_i = \frac{\overline{N}_{AC} N_{AC}}{EA} l_{AC} + \frac{\overline{N}_{BC} N_{BC}}{EA} l_{BC}$$

$$= \frac{(3/5)(3P/5)}{EA} \times 4 + \frac{(4/5)(4P/5)}{EA} \times 3 = \frac{84P}{25EA} \,[\text{m}]$$

となる.

[例題 2.2] は，上巻の演習問題 6.7 と同じ問題であるので，上巻の解法と比較してみよう.

TRY! ▶ 演習問題 2.4, 2.5 を解いてみよう.

**例題 (2.3)** 図 **2.14** に示す骨組の点 B のたわみ $v_B$ を求めよ. ただし，部材 AB の曲げ剛性を $EI$，部材 DC の軸方向剛性を $EA$ とし，部材 AB の軸方向変位がたわみに及ぼす影響は無視するものとする.

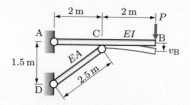

💠図 2.14 静定骨組のたわみ

**解答** ① 式 (2.19) を適用するために，与えられた系の部材力を求める. 図 **2.15**(a) の自由物体図について，つり合い式 $\sum M_{(A)} = 0$, $\sum H = 0$, $\sum V = 0$ をたてることにより，反力 $R_D = 10P/3$, $H_A = -8P/3$, $V_A = -P$ が求められる.

軸方向力は $N_{AC} = -H_A = 8P/3$, $N_{CB} = -N_A - 4R_D/5 = 0$, $N_{DC} = -R_D = -10P/3$ となるから，$N$ 図は図 (b) のようになる. 曲げモーメントは，部材 ACB のみに作用し，軸方向座標を $x_1, x_2$ とするとそれぞれ $M_{AC} = V_A x_1 = -Px_1$, $M_{CB} = -Px_2$ と求められるので，$M$ 図は図 (c) のようになる.

② たわみを求める点 B に，求めたいたわみの方向 (いまの場合鉛直方向) に $\overline{P} = 1$ を作用させた系について，各部材の断面力を求める. この例題の場合は，①の結果で $P = 1$ とすればよいから，$\overline{N}$ 図，$\overline{M}$ 図が図 (d), (e) のように得られる.

③ 式 (2.19) の $v$ が $v_B$ となるから

$$v_B = \int_0^l \overline{N} \left( \frac{N}{EA} \right) dx + \int_0^l \overline{M} \left( \frac{M}{EI} \right) dx$$

$$= \int_0^{2.5} \left( -\frac{10}{3} \right) \left( -\frac{10P}{3EA} \right) dx$$

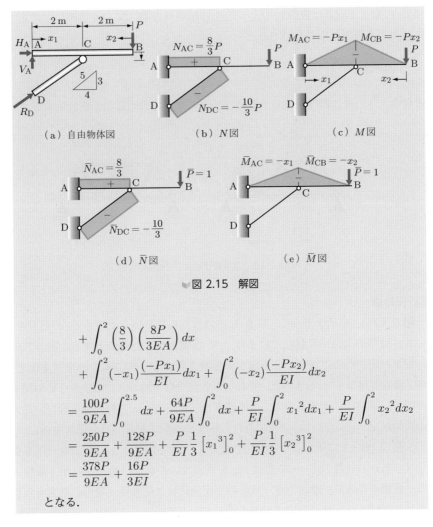

図 2.15　解図

$$+ \int_0^2 \left(\frac{8}{3}\right)\left(\frac{8P}{3EA}\right) dx$$

$$+ \int_0^2 (-x_1)\frac{(-Px_1)}{EI} dx_1 + \int_0^2 (-x_2)\frac{(-Px_2)}{EI} dx_2$$

$$= \frac{100P}{9EA}\int_0^{2.5} dx + \frac{64P}{9EA}\int_0^2 dx + \frac{P}{EI}\int_0^2 x_1{}^2 dx_1 + \frac{P}{EI}\int_0^2 x_2{}^2 dx_2$$

$$= \frac{250P}{9EA} + \frac{128P}{9EA} + \frac{P}{EI}\frac{1}{3}\left[x_1{}^3\right]_0^2 + \frac{P}{EI}\frac{1}{3}\left[x_2{}^3\right]_0^2$$

$$= \frac{378P}{9EA} + \frac{16P}{3EI}$$

となる.

**TRY!** ▶ 演習問題 2.6 を解いてみよう.

## ◇ 2.4　温度変化による変位や変形も計算できる

### ■ (1) トラス構造

　**図 2.16**(a) に示すようなトラスのいくつかの部材に一様な温度変化 $t$ が生じたときの, 任意点 $m$ のたわみ $v_m$ を求める. 温度変化 $t$ による長さ $l$ の部材の伸縮量 $\Delta l$ は, $\alpha$ を線膨張係数 (1℃ あたりの軸ひずみ度) とすると, $\Delta l = \alpha t l$ となる. いま,

点 $m$ に鉛直下向きに仮想力 $\overline{P}_m = 1$ を作用させた系（図 (b) 参照）を考えて，実変位に対する仮想仕事式をたてると

$$1 \cdot v_m = \sum \overline{N} \Delta l = \sum \overline{N} \alpha t l \tag{2.25}$$

となる．$\sum$ は，温度変化のある部材について和を求めることを意味する．

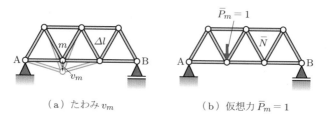

（a）たわみ $v_m$ 　　　　　　（b）仮想力 $\overline{P}_m = 1$

💠 図 2.16 温度変化によるトラスのたわみ

## 🔲 (2) は り

図 2.17(a) に示すように，高さ $h$ のはりから切り出した長さ $dx$ の要素を考える．いま，はりの上縁が日射などにより $t_1$℃ 温度変化したものとする．高さ方向の温度勾配を一定であると仮定し，下縁での温度変化を $t_2$，中立軸での温度変化を $t_3$ とする．線膨張係数を $\alpha$ とすると，それぞれの部分は，図 (a) に示すように伸縮する．その結果，図 (b) に示すように，この要素は $\Delta l = \alpha t_3 dx$ だけ一様に伸び，かつ，右側の断面は $\Delta \theta = \alpha(t_2 - t_1)dx/h$ だけ回転する（反時計まわりを正とする）．したがって，図 2.18(a) に示すように，図心軸で $t_3$，上下縁で $t_1, t_2$ の温度変化を受けるはり（与系）の任意の点 $m$ の変位 $v_m$ を求めたいときは，図 (b) に示す仮想系を考えて，仮想系の外力，断面力が，与系の温度変化による変位・変形に対する仮想仕事式をたてればよい．結局，次式を得る．

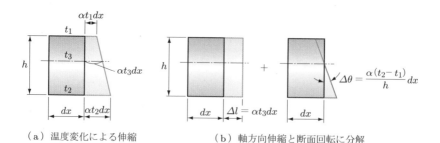

（a）温度変化による伸縮 　　　（b）軸方向伸縮と断面回転に分解

💠 図 2.17 上下縁で温度差のあるはりの変形

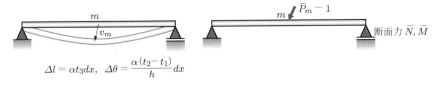

$$\Delta l = \alpha t_3 dx, \quad \Delta\theta = \frac{\alpha(t_2 - t_1)}{h} dx$$

（a）温度変化する与系 （b）仮想系

💠図 2.18　温度変化を受けたはりの任意点のたわみ

$$1 \cdot v_m = \sum \overline{N} \Delta l + \sum \overline{M} \Delta\theta$$

$$= \int_0^l \overline{N}\alpha t_3 dx + \int_0^l \overline{M}\frac{\alpha(t_2 - t_1)}{h} dx \tag{2.26}$$

とくに，部材軸方向に温度変化がない場合は

$$1 \cdot v_m = at_3 \int_0^l \overline{N} dx + \frac{\alpha(t_2 - t_1)}{h} \int_0^l \overline{M} dx \tag{2.27}$$

となる．ここで，項の符号は，$t_2 > t_3 > t_1 > 0$ の場合に正の軸方向力（引張力）と正の曲げモーメントが正の仕事をするように定めてある．

　ここで，式 (2.25)～(2.27) は，温度変化による項のみを考えた式であるから，2.3 節までにみたように，荷重が同時に作用している場合（図 2.16(a)，2.18(a) に外力が存在する場合）は，式 (2.25) の右辺に式 (2.22) の右辺の項を加える必要がある．また，式 (2.26), (2.27) の右辺には，式 (2.19) の右辺の項を必要に応じて加算せねばならない．さらに，式 (2.25)～(2.27) は，導く際に考えた変形 $\Delta l$ や $\Delta\theta$ が温度以外の原因（たとえばクリープ）によって生じたときも，同様に用いることができると知っておこう．

例題 2.4　図 2.19 に示す支間 $l$ の単純ばり AB の上縁が $t_1 [°C]$，下縁が $t_2 [°C]$ 変化したときの支間中央点 C の鉛直たわみ $v_C$ を求めよ．ただし，はりの高さを $h$，線膨張係数を $\alpha$ とする．

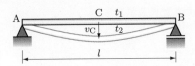

💠図 2.19　温度変化を受けた単純ばりの中央点のたわみ

**解答 ①**

図 2.20 に示す仮想系を考え，$M$ 図を求めると $\overline{M}_x = x/2$ となる．図 2.19 において，温度変化による断面の回転角は，$\Delta\theta = \alpha(t_2 - t_1)dx/h$ である．ここで，図 2.19 の系の変位・変形に対する図 2.20 の系の仮想仕事式をたてると，式 (2.26) の右辺第 2 項のみを考えて，

$$1 \cdot v_\mathrm{C} = \int_0^l \overline{M}_x \frac{\alpha(t_2 - t_1)}{h} dx = \frac{\alpha(t_2 - t_1)}{h} 2 \int_0^{l/2} \left(\frac{1}{2}x\right) dx$$

$$= \frac{\alpha(t_2 - t_1)}{h} \frac{1}{2} \left[x^2\right]_0^{l/2} = \frac{\alpha(t_2 - t_1)l^2}{8h}$$

となる．

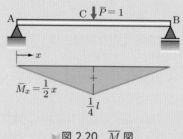

▼図 2.20　$\overline{M}$ 図

**解答 ②**

たわみ $v$，曲率 $\phi$，たわみ角 $\theta$ の幾何学的関係（上巻 8.2, 8.3 節参照）より

$$\frac{d^2 v}{dx^2} = -\phi = -\frac{\Delta\theta}{dx} = -\frac{\alpha(t_2 - t_1)}{h}$$

が得られる．この式を 2 度積分すると

$$\frac{dv}{dx} = -\frac{\alpha(t_2 - t_1)}{h}x + C_1$$

$$v = -\frac{\alpha(t_2 - t_1)}{2h}x^2 + C_1 x + C_2$$

となる．ここで，$x = 0$ および $l$ で $v = 0$ という境界条件を用いて積分定数 $C_1, C_2$ を定めると

$$C_2 = 0, \quad C_1 = \frac{\alpha(t_2 - t_1)l}{2h}$$

となる．もとの式に代入すると

$$v = -\frac{\alpha(t_2 - t_1)}{2h}x(x - l)$$

となるから，$x = l/2$ を代入すると，$v_\mathrm{C}$ が次式で求められる．

$$v_\mathrm{C} = \frac{\alpha(t_2 - t_1)l^2}{8h}$$

曲げモーメントと曲率の関係（上巻の式 (8.4) 参照）より

$$\frac{M}{EI} = -\frac{d^2v}{dx^2} = \frac{\alpha(t_2 - t_1)}{h}$$

となる．すなわち，一定曲げモーメント $M = EI\alpha(t_2 - t_1)/h$ を受けるはりの支間中央点のたわみを求めればよい．弾性荷重法（モールの定理）を用いることにして弾性荷重 $M/(EI) = \alpha(t_2 - t_1)/h$ が等分布する単純ばりの支間中央点の曲げモーメントを求めれば，たわみ $v_C$ が得られる．

**TRY!** ▶ 演習問題 2.7 を解いてみよう．

━━━━━━━━━━━━━━ **演習問題** ━━━━━━━━━━━━━━

**2.1** **図 2.21** に示す片持ちばりの自由端 A のたわみ $v_A$ とたわみ角 $\theta_A$ を，仮想力の原理を用いて求めよ．ただし，はりの曲げ剛性は $EI$ とする．

**2.2** **図 2.22** に示す単純ばりの支間中央点 C のたわみ $v_C$ と，支点 A のたわみ角 $\theta_A$ を，仮想力の原理を用いて求めよ．ただし，はりの曲げ剛性は $EI$ とする．

**2.3** **図 2.23** に示す張出しばりの自由端 A におけるたわみ角 $\theta$ を，仮想力の原理を用いて求めよ．ただし，はりの曲げ剛性は $EI$ とする．

**2.4** [例題 2.2] と同じ**図 2.24** に示すトラスの載荷点 C の水平変位 $u_C$ を，仮想力の原理を用いて求めよ．ただし，各部材の軸方向剛性は $EA$ とする．

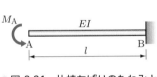

▼図 2.21　片持ちばりのたわみと
たわみ角

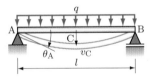

▼図 2.22　単純ばりのたわみ
とたわみ角

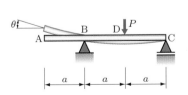

▼図 2.23　張出しばりの自由端のたわみ角

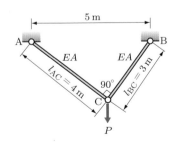

▼図 2.24　トラスの変位を求める

2.5 **図 2.25** に示すトラスの点 D の鉛直たわみ $v_D$ を，仮想力の原理を用いて求めよ．ただし，各部材の軸方向剛性は $EA$ とする．

2.6 **図 2.26** に示す骨組の載荷点 E の鉛直たわみ $v_E$ を，仮想力の原理を用いて求めよ．ただし，部材 AB，CD の軸方向剛性を $EA$，部材 BCE の曲げ剛性を $EI$ とする．

2.7 **図 2.27** に示す張出しばりの上縁の温度が 20℃ から 50℃ に，下縁の温度が 20℃ から 30℃ に上昇した．このときの点 C の鉛直たわみ $v_C$ を，仮想力の原理を用いて求めよ．ただし，はりの高さを $h$，線膨張係数を $\alpha$ とする．

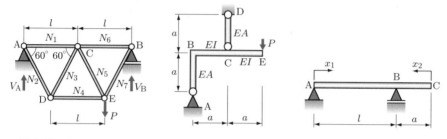

◢図 2.25 トラスのたわみを 　◢図 2.26 静定骨組のたわみ 　◢図 2.27 温度変化を受ける
　　　 求める 　　　　　　　　　　 $v_E$ を求める 　　　　　　　　　 張出しばりのたわみ

## 第3章

# 力学現象の相反性のうまみ

この章では，仮想仕事の原理から導かれる相反定理について説明する．また，相反定理を用いると，影響線を求めるのに便利であることを示す．ただし，第4章以降と直接関係しないので，あとで学んでもよい．

## ◆ 3.1 仮想仕事の原理の相反性

仮想仕事の原理では，与えられた荷重状態と仮想変位の状態とは全く別個の独立状態と考えて取り扱える．ある単純ばりについて，**図 3.1**(a), (b) に示すような二つの荷重状態を考え，それぞれ第1系，第2系とよぶことにする．これらを組み合わせて，第2章で学んだ仮想仕事の原理の適用を考える．

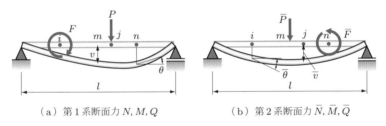

（a）第1系断面力 $N, M, Q$  （b）第2系断面力 $\overline{N}, \overline{M}, \overline{Q}$

🔖 図 3.1　仮想仕事の原理の相反性

第1系が第2系へ仮想変位したと考えて，（外力がする仕事）＝（断面力がする仕事）の式をたてると次式を得る．

$$P\overline{v} + F\overline{\theta} = \int_0^l N\left(\frac{\overline{N}}{EA}\right) dx + \int_0^l M\left(\frac{\overline{M}}{EI}\right) dx \tag{3.1}$$

次に，第2系が第1系へ仮想変位したと考えて，（外力がする仕事）＝（断面力がする仕事）の式をたてると

$$\overline{P}v + \overline{F}\theta = \int_0^l \overline{N}\left(\frac{N}{EA}\right) dx + \int_0^l \overline{M}\left(\frac{M}{EI}\right) dx \tag{3.2}$$

となる．ところで，式 (3.1), (3.2) の右辺は，かけ算の順序が異なるだけであるので，同じ量を示しており互いに等しい．したがって，次式が成立する．

$$P\overline{v} + F\overline{\theta} = \overline{P}v + \overline{F}\theta \tag{3.3}$$

この関係は，構造物一般に対して成り立つ，**相反定理の一般形**であり，この関係より，次節で述べるベッティ (Betti) やマクスウェル (Maxwell) の相反定理が導かれる．

### ◆ 3.2  相反定理って何ですか？

単純ばりについて，**図 3.2** に示す二つの別個の荷重状態を考え，2 点 $i, j$ に着目する．点 $i$ に作用する荷重 $P_i$ による $P_j$ 方向の点 $j$ の変位を $v_{ji}$ とし，点 $j$ に作用する荷重 $P_j$ による $P_i$ 方向の点 $i$ の変位を $v_{ij}$ とする．すなわち，変位 $v$ の第 1 添字は変位を生じる点，第 2 添字は変位の原因となった力の作用点を示している．

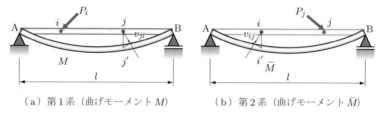

（a）第 1 系（曲げモーメント $M$）　　（b）第 2 系（曲げモーメント $\overline{M}$）

◆図 3.2  相反定理の証明

ここで，第 2 系の変位を仮想したときの第 1 系に対する仮想仕事式は，

$$P_i v_{ij} = \int_0^l M \frac{\overline{M}}{EI} dx \tag{3.4}$$

となり，第 1 系の変位を仮想したときの第 2 系に対する仮想仕事式は，

$$P_j v_{ji} = \int_0^l \overline{M} \frac{M}{EI} dx \tag{3.5}$$

となる．ところで，式 (3.4), (3.5) の右辺が等しいことから，次式が得られる．

$$P_i v_{ij} = P_j v_{ji} \tag{3.6}$$

この式の意味する関係を，発表者の名前をとり，**ベッティの相反定理** (reciprocal theorem) という．

さらに，式 (3.6) において，$P_i = P_j = 1$ と考えると

$$\boldsymbol{v}_{ij} = \boldsymbol{v}_{ji} \tag{3.7}$$

となる．発表者の名前をとり，この関係を**マクスウェルの相反定理**という．図 3.2 の記号を用いて言葉で述べると「点 $i$ に作用する単位荷重 $P_i = 1$ によって生じる点 $j$ の $P_j$ 方向の変位（変形）は，点 $j$ に作用する単位荷重 $P_j = 1$ によって生じる点 $i$ の $P_i$ 方向の変位（変形）に等しい」となる．鉛直方向の荷重が作用するはりのたわみの場合は，もっと簡潔に次のようにいうと記憶しやすい．すなわち，**こちらに単位荷重が作用する場合のあちらのたわみは，あちらに単位荷重が作用する場合のこちらのたわみに等しい**．

なお，これらの相反定理は，その誘導の過程から明らかなように，**図 3.3** に示すような場合も，次式の関係として成立する．

$$P_{\mathrm{A}} v_{\mathrm{A}} = F_{\mathrm{A}} \theta_{\mathrm{A}} \tag{3.8}$$

さらに，$P_{\mathrm{A}} = 1, F_{\mathrm{A}} = 1$ とすると

$$v_{\mathrm{A}} = \theta_{\mathrm{A}} \tag{3.9}$$

となる．

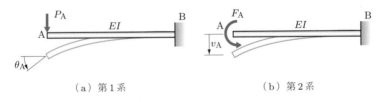

（a）第1系 　　　　　　　　　（b）第2系

🍃図 3.3　相反定理の適用

**TRY!** ▶ 演習問題 3.1 を解いてみよう．

## 3.3　相反定理を用いて変位の影響線を求める

マクスウェルの相反定理を表す式 (3.7) を用いれば，直接，たわみやたわみ角の影響線を求めることができる．影響線とは，単位荷重の作用のもとでの，着目点の着目量の値を単位荷重の作用位置に描いた線図である（上巻第 9 章参照）．いま，**図 3.4**

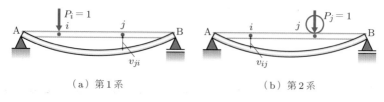

（a）第 1 系　　　　　　　　（b）第 2 系

▨ 図 3.4　点 $i$ のたわみの影響線

に示す単純ばりについて，着目点を $i$，着目量をたわみとし，$P_j = 1$ を移動荷重とする．3.2 節の相反定理によると，第 1 系の点 $j$ のたわみ $v_{ji}$ は第 2 系の点 $i$ のたわみ $v_{ij}$ と等しい．第 1 系と第 2 系を重ねて考え，第 1 系のたわみに着目すると，単位荷重 $P_j = 1$ が作用する点 $j$ に着目点 $i$ のたわみ $v_{ij}\,(= v_{ji})$ が描かれていることになるので，第 1 系のたわみ曲線はそのまま点 $i$ のたわみの影響線となる．すなわち，次のようにいうことができる．**構造物の指定点 $i$ に単位荷重（単位モーメント）を作用させたときに，構造物が示すたわみ曲線は，作用させた単位荷重（単位モーメント）の方向の定点 $i$ の変位（たわみ角）の影響線である．**

**例題 3.1**　支間 $l$ の単純ばりの左支点 A のたわみ角 $\theta_{\mathrm{A}}$ の影響線を求めよ．

**解答**　図 3.5(a)，(b) に示すように第 1 系と第 2 系を考えると，相反定理は $F_i \cdot \theta_{ij} = P_j \cdot v_{ji}$ となり，$F_i = P_j = 1$ とすると $\theta_{ij} = v_{ji}$ となる．

　すなわち，図 (c) に示すように，点 A に $F_{\mathrm{A}} = 1$ が作用したときのたわみ曲線を求めれば，それが $\theta_i = \theta_{\mathrm{A}}$ の影響線になる．そこで，弾性荷重法，または微分方程式により，図 (c) の状態のたわみ曲線を求めると，影響線縦距 $y$ は次式

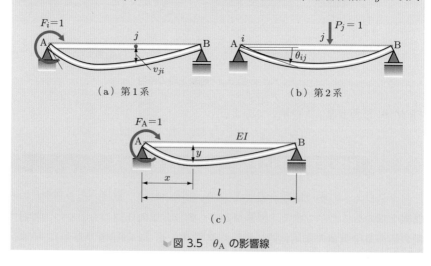

（a）第 1 系　　　　　　　　（b）第 2 系

（c）

▨ 図 3.5　$\theta_{\mathrm{A}}$ の影響線

となる.

$$y = \frac{l^2}{6EI}\left(2 - \frac{x}{l}\right)\left(1 - \frac{x}{l}\right)\left(\frac{x}{l}\right)$$

**TRY!** ▶ 演習問題 3.2 を解いてみよう.

## ◈ 3.4 相反定理を用いて力の影響線を求める

相反定理を次のように用いて,力の影響線を求めることができる.**図 3.6** に示すゲルバーばりの反力 $V_A$ の影響線を求める場合を例にとって説明する.第 1 系には,与系に $P = 1$ の単位荷重が作用する状態(図 (a) 参照)を,第 2 系には,はりの A 端を支承から外して,これを $v = 1$ だけ反力 $V_A$ の方向に変位させた状態(図 (b) 参照)を考え,式 (3.3) の相反定理を適用する.第 2 系には外力が作用しないので,第 2 系の外力仕事はゼロとなり,式 (3.3) の右辺はゼロになるから

$$V_A v + P y = 0 \tag{3.10}$$

となる.したがって

$$V_A = -\frac{P}{v}y = -y \tag{3.11}$$

を得る.すなわち,図 (b) の濃い色で示すたわみ線は,反力 $V_A$ の影響線を示している.ここで,影響線値の正負の符号の約束は,$V_A$ と $v$,$P = 1$ と $y$ がともに同じ符号の仕事(ともに正またはともに負の仕事)をするとき,影響線値は負,異符号の仕

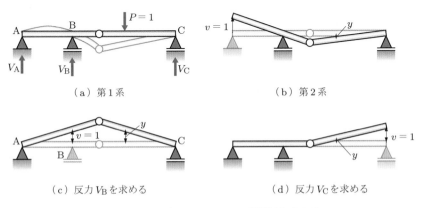

図 3.6 反力 $V_A$, $V_B$, $V_C$ の影響線を求める

事をするとき，影響線値は正となる．式 (3.10) は，第 2 系の剛体（仮想）変位に対して，第 1 系の外力がする仕事 = 0 という仮想変位の原理と理解してもよい．

同様にして，反力 $V_\mathrm{B}$ および反力 $V_\mathrm{C}$ の影響線を得るための操作を，それぞれ図 3.6(c)，(d) に示している．これらを言葉で表すと，次のようになる．

**構造物の一点 $i$ にはたらく力 $F$ の影響線を求めるには，$F$ のみがはたらかない系を考え，これの点 $i$ において $F$ の作用に対応する単位の変位 $v = 1$ を与える．このとき，系が示すたわみ曲線が，求める $F$ の影響線である．**

これをミュラー・ブレスラウ (Müller-Breslau) の原理といい，次節に示すように，断面力の影響線にも適用することができる．

TRY! ▶ 演習問題 3.3, 3.4 を解いてみよう．

## ◈ 3.5 断面力の影響線を簡単に求める方法

ミュラー・ブレスラウの原理を用いて，構造物の任意点 C のせん断力 $Q_\mathrm{C}$，曲げモーメント $M_\mathrm{C}$，軸力 $N_\mathrm{C}$ の影響線を求める場合を考える．図 3.7 に示すように，点 C にそれぞれの力のみがはたらいたときに自由に動ける機構を挿入し，かつ，その点にそれぞれの力に対応する単位の変位や回転角を与える．このときのたわみ線は，考えている断面力の影響線である．

（a）せん断力に対して自由に動けるリンク　　（b）曲げモーメントに対して自由に動けるヒンジ

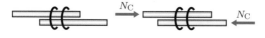

（c）軸力に対して自由に動ける滑り継手

🔷 図 3.7　力に対して自由に動ける機構

### ■ (1) せん断力 $Q_\mathrm{C}$ の影響線

図 3.8(a) を第 1 系，図 (b) を第 2 系（モーメント $M_\mathrm{C}$ が仕事をしないためには，$\overline{\mathrm{AC}}$ と $\overline{\mathrm{C'B}}$ が平行でなければならないことに注意）と考えて，原理を適用すると

$$-Q_\mathrm{C}\frac{a}{l} - Q_\mathrm{C}\frac{b}{l} + 1 \cdot y = 0 \tag{3.12}$$

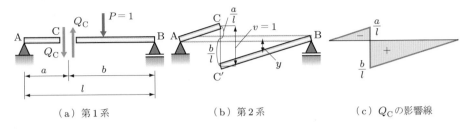

（a）第1系  （b）第2系  （c）$Q_\mathrm{C}$の影響線

図 3.8　せん断力 $Q_\mathrm{C}$ の影響線の求め方

を得るから，$y = Q_\mathrm{C}$ となる．このときの符号は，$Q_\mathrm{C}$ が負の仕事をするのに対し，$P$ は AC 間にあるとき，負の仕事，CB 間にあるとき，正の仕事をするので，3.4 節で説明したように，AC 間の影響線が負値，CB 間の影響線が正値となる．

## ■ (2) 曲げモーメント $M_\mathrm{C}$ の影響線

図 3.9(a) を第 1 系，図 (b) を第 2 系と考えて，原理を適用して

$$-M_\mathrm{C} \cdot 1 + 1 \cdot y = 0 \tag{3.13}$$

を得るから，$y = M_\mathrm{C}$ となる．このときの $M_\mathrm{C}$ の仕事と $P = 1$ の仕事が異符号となるので，影響線は正となる．

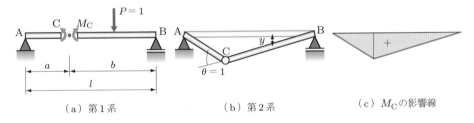

（a）第1系  （b）第2系  （c）$M_\mathrm{C}$の影響線

図 3.9　曲げモーメント $M_\mathrm{C}$ の影響線の求め方

## ■ (3) トラスの軸力 $U$ の影響線

図 3.10(a) を第 1 系，図 (b) を第 2 系と考えて原理を適用すると，

$$1 \cdot y + U \cdot 1 = 0 \tag{3.14}$$

を得るから，$y = -U$ となる．ちなみに，

$$d_1 + d_2 = \frac{h}{a}v + \frac{h}{b}v = \left(\frac{1}{a} + \frac{1}{b}\right)hv = 1 \tag{3.15}$$

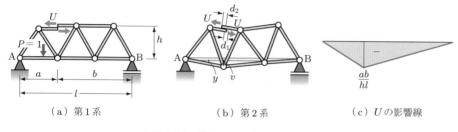

（a）第1系 （b）第2系 （c）$U$の影響線

図 3.10 軸力 $U$ の影響線の求め方

より，$v = ab/(hl)$ である．影響線は，図 (c) のようになる．$U$ のする仕事と，$P = 1$ のする仕事がともに正であるから，影響線は負値である．

**TRY!** ▶ 演習問題 3.5, 3.6 を解いてみよう．

━━━━━━━━━━━━━━ **演習問題** ━━━━━━━━━━━━━━

**3.1** 図 3.3 に示す片持ちばりの点 A のたわみ $v_A$ とたわみ角 $\theta_A$ を実際に求めて，式 (3.8) が成立することを示せ．

**3.2** **図 3.11** に示す張出しばり ABC の自由端 C のたわみ $v_C$ の影響線を求めよ．ただし，はりの曲げ剛性は $EI$ とする．

**3.3** 単純ばり AB の反力 $V_A$，$V_B$ の影響線，および図 3.11 に示す張出しばりの反力 $V_A$，$V_B$ の影響線をミュラー・ブレスラウの原理を用いて求め，既習の結果と比較せよ．

**3.4** **図 3.12** に示す 2 径間連続ばりの反力 $V_A$ の影響線をミュラー・ブレスラウの原理を用いて求めよ．

**3.5** **図 3.13** に示す 2 径間連続ばりの左支点 A から距離 $a$ の点 D の，曲げモーメント $M_D$ およびせん断力 $Q_D$ の影響線を描く方法を述べ，その概略の形をスケッチして示せ．

**3.6** 演習問題 3.4 の結果を用いて，演習問題 3.5 の $M_D$，$Q_D$ の式を求めよ．

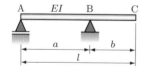

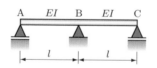

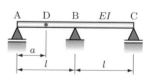

図 3.11 張出しばりの自由端 のたわみを求める

図 3.12 連続ばりの反力 $V_A$ の影響線を求める

図 3.13 連続ばりの断面力の 影響線を求める

## 第 4 章

# 力学現象はエネルギーが最小になるように生じる

## 4.1 びっくり箱のする仕事

　図 4.1(a) に示すように，つるまきバネに力を加えて縮め，物体とともにふたのある箱に押し込めておくと，ふたを開けたとき，物体が飛び出して人を驚かせるオモチャがある．また，図 (b) に示すように，古代の人は，片持ち状の板に力を加えて曲げ，自由端に乗せた石を敵方に飛ばす投石器を戦いに用いた．このように，弾性体に外力を加えると，外力は弾性体の変形（ひずみ）とともに仕事をし，その仕事はそのまま弾性体の中に，（物を飛ばしたりする）仕事をする能力（エネルギー）として蓄えられる．この仕事をする能力は，ひずんだ弾性体がもとに戻ろうとする作用によるものであり，ひずむことにより生じるので，（弾性）**ひずみエネルギー** (strain energy) という．また，ひずみエネルギーは位置エネルギーと同じく，仕事をしている能力ではなくて，仕事をする潜在的能力であるので，これらのことを**ポテンシャルエネルギー** (potential energy) とよぶこともある．

（a）びっくり箱のする仕事　　　　　（b）投石器の仕事

📎 図 4.1　ひずみエネルギーを解放するときの仕事

構造部材でも，軸方向力を受ける部材は伸縮するバネであり，はり部材は曲がる板バネであると考えられるから，外力の作用を受けた構造物の内部にもひずみエネルギーが蓄積される．ひずみエネルギーは，外力の仕事すなわち外力の大きさや，外力の作用位置の変位の大きさに関係しているので，ひずみエネルギーの大きさを知ることにより，外力（反力）の大きさや変位の大きさを求めることができる．以下では，まず構造部材のひずみエネルギーの大きさを式で表すことを考えてみよう．

◈ 4.2 変形した弾性体に蓄えられるエネルギー

　図 **4.2**(a) に示すように，一様な断面積 $A$ をもつ棒状の弾性体に，軸方向荷重を作用させる場合を考えてみよう．荷重は棒に作用しはじめた瞬間にゼロで，次第に抵抗に打ち勝ちながら大きさを増し，つり合い状態に達したときに所定の大きさ $P$ になる．その間，作用点の変位もゼロから次第に増加して，最終変位 $u$ になる．

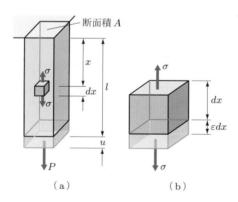

●図 4.2　弾性棒の力，応力と変位，ひずみ

　一方，弾性体の中に，図 4.2(b) に示すような辺長が単位の長さの微小直方体要素を考えると，この要素は荷重が 0 のとき，応力を受けず（$\sigma = 0$），荷重が $P$ のとき，$\sigma = N/A = P/A$ の応力を受ける．そして，その間にひずみもゼロから $\varepsilon$ に変化する．最終値 $P, u, \sigma, \varepsilon$ に対して，その途中の値を $P_x, u_x, \sigma_x, \varepsilon_x$ と書くことにして，この間の様子を表すと

$$荷重の大きさ：0 \quad \rightarrow \quad P_x \quad \rightarrow \quad P$$
$$作用点の変位：0 \quad \rightarrow \quad u_x \quad \rightarrow \quad u$$
$$応力度 \qquad ：0 \quad \rightarrow \quad \sigma_x \quad \rightarrow \quad \sigma$$
$$ひずみ \qquad ：0 \quad \rightarrow \quad \varepsilon_x \quad \rightarrow \quad \varepsilon$$

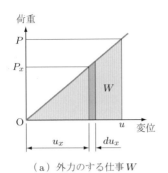 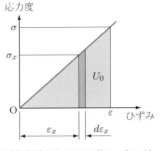

（a）外力のする仕事 $W$ 　　（b）単位体積あたりのひずみエネルギー $U_0$

🔖 図 4.3　外力の仕事とひずみエネルギー

となり，フックの法則が成り立つ場合には，その関係は**図 4.3** のようになる.

このとき，棒状の弾性体に蓄えられるひずみエネルギー $U$ は，次のように，応力がひずみに対してする仕事として計算される. まず，単位体積あたりのひずみエネルギー $U_0$ は，図 4.3(b) を参照して，フックの法則 $\sigma = E\varepsilon$ を用いると

$$U_0 = \int_0^\varepsilon \sigma_x d\varepsilon_x = \int_0^\varepsilon \frac{\sigma}{\varepsilon}\varepsilon_x d\varepsilon_x = \frac{\sigma}{\varepsilon}\left[\frac{1}{2}\varepsilon_x{}^2\right]_0^\varepsilon = \frac{1}{2}\sigma\varepsilon \tag{4.1}$$

となる. これは，図 (b) の応力度 – ひずみ図の薄い色で示した三角形の面積を表している. ひずみエネルギー $U$ は，これを弾性体の全体積 $V$ について集めればよいから，

$$U = \frac{1}{2}\int \sigma\varepsilon dV = \frac{E}{2}\int \varepsilon^2 dV \tag{4.2}$$

と表すことができる.

また，このときの外力がする仕事 $W$ は

$$W = \int_0^u P_x du_x = \int_0^u \frac{P}{u}u_x du_x = \frac{P}{u}\left[\frac{1}{2}u_x{}^2\right]_0^u = \frac{1}{2}Pu \tag{4.3}$$

となり，図 4.3(a) の薄い色で示した三角形の面積に対応する量となる. したがって，外力の仕事 $W$ は，そのまま物体内部にひずみエネルギー $U$ として蓄えられるというエネルギー保存則は，次式で表すことができる.

$$W = U \tag{4.4}$$

ここで注意しなければならないのは，式 (4.2), (4.3) の右辺の項に $1/2$ がついていることである. すなわち，第 3 章までの仮想仕事で考えたような変位の間中，力の大きさが変わらない場合の仕事と異なり，力や応力が変位，変形に比例して生じる場合

の仕事は，力の大きさが変化しない場合の半分になることである．

さて，式 (4.2) に，せん断応力とせん断ひずみによるひずみエネルギーを加えたものが，ひずみエネルギーの一般式となるが，多くの場合，せん断の項は微小となり，無視できるので，考えないことにする．式 (4.2) の直応力度 $\sigma$ とひずみ $\varepsilon$ が，軸方向力 $N$ によってのみ生じている図 4.2(a) の場合は，$\sigma = N/A$, $\varepsilon = \sigma/E = N/(EA)$, $dV = dA\,dx$ の関係があるから，$\int dA = A$ という関係を用いると，式 (4.2) は次式のように軸方向力 $N$ で表現できる．

$$U = \frac{1}{2} \int \sigma\varepsilon dV = \frac{1}{2} \iint \left(\frac{N}{A}\right)\left(\frac{N}{EA}\right) dA\,dx = \frac{1}{2} \int_0^l \left(\frac{N^2}{EA^2} \int dA\right) dx$$
$$= \frac{N^2}{2EA} \int_0^l dx = \frac{N^2 l}{2EA} \tag{4.5}$$

さらに，曲げを受ける長さ $l$ のはりの場合は，$\sigma = My/I$, $\varepsilon = My/(EI)$, $dV = dA\cdot dx$ の関係を式 (4.2) に代入して，$\int y^2 dA = I$ という関係を用いると

$$U = \frac{1}{2} \int \sigma\varepsilon dV = \frac{1}{2} \iint \left(\frac{M}{I} y\right)\left(\frac{My}{EI}\right) dA\,dx = \frac{1}{2} \int_0^l \frac{M^2}{EI^2} \left(\int y^2 dA\right) dx$$
$$= \frac{1}{2} \int_0^l \frac{M^2}{EI} dx \tag{4.6}$$

となる．もちろん，軸方向力と曲げの両方を受けるラーメン部材などの場合のひずみエネルギーは，式 (4.5), (4.6) の和として得られる．

以上をまとめると，一様な軸方向力 $N$ を受ける長さ $l$ の部材のひずみエネルギーは，次式となる．

$$U = \frac{N^2 l}{2EA} \tag{4.7}$$

曲げモーメント $M(x)$ を受ける長さ $l$ の部材のひずみエネルギーは，次式となる．

$$U = \frac{1}{2} \int_0^l \frac{M(x)^2}{EI} dx \tag{4.8}$$

**例題 4.1** 図 4.4 に示すトラスのひずみエネルギーを求めよ.

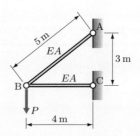

図 4.4　トラスのひずみエネルギー

**解答** 図 4.5 を参考にして,節点法により部材力を求めると,$N_{AB} = 5P/3$,$N_{BC} = -4P/3$ となるので,ひずみエネルギーは式 (4.7) を用いて次式となる.

$$U = \sum \frac{N^2 l}{2EA} = \frac{N_{AB}{}^2 \cdot 5}{2EA} + \frac{N_{BC}{}^2 \cdot 4}{2EA} = \frac{(5P/3)^2 \cdot 5}{2EA} + \frac{(-4P/3)^2 \cdot 4}{2EA}$$
$$= \frac{21P^2}{2EA}$$

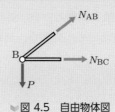

図 4.5　自由物体図

**例題 4.2** 図 4.6 に示す片持ちばりのひずみエネルギーを求めよ.

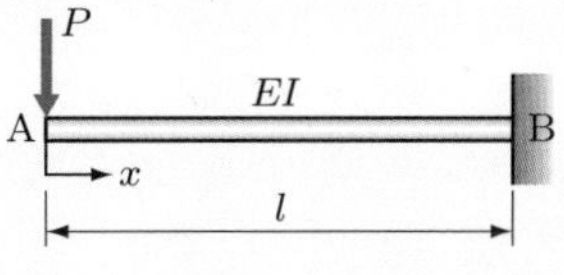

図 4.6　片持ちばりのひずみエネルギー

**解答** 図 4.7 に示すように,自由端 A から $x$ の位置での曲げモーメントは,$M_x = -Px$ であるから,式 (4.8) に代入してひずみエネルギーは次式となる.

$$U = \frac{1}{2} \int_0^l \frac{M^2}{EI} dx = \frac{1}{2EI} \int_0^l (-Px)^2 dx = \frac{P^2}{2EI} \left[ \frac{1}{3} x^3 \right]_0^l = \frac{P^2 l^3}{6EI}$$

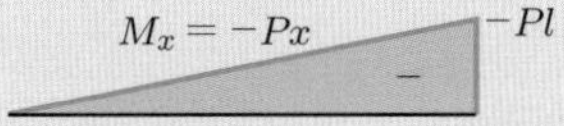

$$M_x = -Px \qquad -Pl$$

図 4.7　曲げモーメント $M_x$

**TRY!** ▶ 演習問題 4.1 を解いてみよう.

ひずみエネルギーは，外力仕事に関係するので，外力とその作用点の変位の関数として表すことができる．いま，ひずみエネルギー $U$ を外力 $P_1, P_2, \cdots, P_m, \cdots, P_n$ の関数として

$$U = U(P_1, P_2, \cdots, P_m, \cdots, P_n)$$

と表したとき，任意の荷重 $P_m$ に関する $U$ の偏導関数（$P_m$ に限った微分）は，$P_m$ の作用点 $m$ の $P_m$ 方向の変位 $v_m$ を表す．すなわち，次式が成立する．

$$\frac{\partial U}{\partial P_m} = v_m \tag{4.9}$$

これを，**カステリアーノの第 2 定理**という．この定理は，力の代わりにモーメント，変位の代わりにたわみ角を考えても成立する．また，温度変化，支点沈下が生じても成立するが，ここでは考えないことにして，以下にその証明を示す．

図 **4.8**(a) に示すはりが荷重 $P_1, P_2, \cdots, P_m, \cdots, P_n$ の作用を受ける場合を考える．いま，$P_1 = 1$ のみが作用したときの曲げモーメントを $M_1$，$P_2 = 1$ のみが作用するときの曲げモーメントを $M_2$ などとすると，$P_1, P_2, \cdots, P_m, \cdots, P_n$ が同時に作用したときの曲げモーメント $M$ は，重ね合せの原理により次式で表すことができる．

$$M = M_1 P_1 + M_2 P_2 + \cdots + M_m P_m + \cdots + M_n P_n \tag{4.10}$$

これを $P_m$ で偏微分すると

$$\frac{\partial M}{\partial P_m} = M_m \tag{4.11}$$

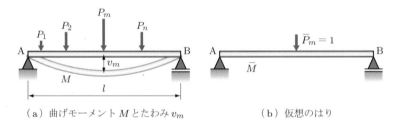

（a）曲げモーメント $M$ とたわみ $v_m$ 　　　（b）仮想のはり

図 4.8　カステリアーノの第 2 定理の証明

となる．ここで，図 4.8(b) の状態を考え，曲げモーメントを $\overline{M}$ とする．いま，図 (b) の状態を図 (a) の状態の変位だけ仮想変位させると，式 (2.18) の仮想仕事の原理より

$$1 \cdot v_m = \int_0^l \overline{M} \frac{M}{EI} dx \tag{4.12}$$

となる．ここで，$\overline{M}$ は $\overline{P}_m = 1$ のみが作用するときの曲げモーメントであり，先の $M_m$ と同じものである．そこで，式 (4.11) を式 (4.12) に用いると

$$v_m = \int_0^l \frac{M}{EI} \frac{\partial M}{\partial P_m} dx \tag{4.13}$$

となる．一方，式 (4.8) で表すことができる図 (a) の状態のはりのひずみエネルギーは

$$U = \frac{1}{2} \int_0^l \frac{M^2}{EI} dx \tag{4.14}$$

であり，これを $P_m$ について偏微分すると

$$\frac{\partial U}{\partial P_m} = \frac{\partial U}{\partial M} \frac{\partial M}{\partial P_m} = \int_0^l \frac{M}{EI} \frac{\partial M}{\partial P_m} dx \tag{4.15}$$

となる．式 (4.13), (4.15) の右辺は等しいので，結局，次の関係が成り立つ．

$$\frac{\partial U}{\partial P_m} = \int_0^l \frac{M}{EI} \frac{\partial M}{\partial P_m} dx = v_m$$

したがって，式 (4.9) が成り立つことが示された．

以上の証明は，断面力 $M, N, Q$ を受ける一般の構造物の場合も同様にして行うことができる．このカステリアーノの第 2 定理を用いて，はりやトラスの荷重作用点の変位や変形量を求めることができる．荷重が作用していない点 $m$ の変位を求める場合は，その点 $m$ に変位を求めようとする方向に仮想荷重 $\overline{P}_m$ を仮定してひずみエネルギー $U$ を求め，$U$ を $P_m$ で偏微分した結果の式において，$\overline{P}_m = 0$ とおけばよい．

**例題** **図 4.9** に示す片持ちばりの自由端 A のたわみ $v_A$ を求めよ．
**(4.3)**

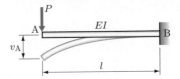

💠図 4.9　片持ちばりの自由端のたわみ

解答 　図 4.10 に示すように，曲げモーメントは $M_x = -Px$ であるから，ひずみエネルギーは，次式のように計算される．

$$U = \frac{1}{2}\int_0^l \frac{M_x{}^2}{EI}dx = \frac{P^2}{2EI}\frac{1}{3}\left[x^3\right]_0^l = \frac{P^2l^3}{6EI}$$

式 (4.9) のカステリアーノの第 2 定理を用いて，

$$v_A = \frac{\partial U}{\partial P} = \frac{Pl^3}{3EI}$$

または，

$$v_A = \frac{\partial U}{\partial P} = \int_0^l \frac{M}{EI}\frac{\partial M_x}{\partial P}dx = \frac{1}{EI}\int_0^l (-Px)(-x)dx = \frac{P}{EI}\frac{1}{3}\left[x^3\right]_0^l$$

$$= \frac{Pl^3}{3EI}$$

となる．

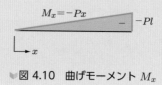

▨図 4.10　曲げモーメント $M_x$

**TRY!** ▶ 演習問題 4.2 を解いてみよう．

 　図 4.11 に示すトラスの載荷点 B のたわみ $v_B$ を求めよ．

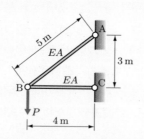

▨図 4.11　トラスのたわみ $v_B$

解答 　[例題 4.1] および図 4.5 を参考に，部材力を荷重 $P$ で表すと，$N_{AB} = 5P/3$，$N_{BC} = -4P/3$ となるから，ひずみエネルギー $U$ は

$$U = \sum \frac{N^2 l}{2EA} = \frac{21P^2}{2EA}$$

となる．カステリアーノの第 2 定理を用いて

$$v_B = \frac{\partial U}{\partial P} = \frac{21}{EA}P \ [\text{m}]$$

となる.

**TRY!** ▶ 演習問題 4.3 を解いてみよう.

 [例題 4.3] の図 4.9 に示した片持ちばりの自由端 A のたわみ角 $\theta_A$ を求めよ.

**解答** 図 **4.12**(a) のように，自由端 A に求めたいたわみ角 $\theta_A$ に対応する仮想外力 $\overline{M}_A$ を考え，$M$ 図を描くと，図 (b) のように $M_x = -\overline{M}_A - Px$ となる．ひずみエネルギーは

$$U = \frac{1}{2}\int_0^l \frac{M_x{}^2}{EI}dx = \frac{1}{2EI}\int_0^l (-\overline{M}_A - Px)^2 dx$$
$$= \frac{1}{2EI}\left(\overline{M}_A{}^2 l + \overline{M}_A Pl^2 + \frac{1}{3}P^2 l^3\right)$$

となる．これを $\overline{M}_A$ で偏微分すると

$$\frac{\partial U}{\partial M_A} = \frac{1}{2EI}(2\overline{M}_A l + Pl^2)$$

または，

$$\frac{\partial U}{\partial M_A} = \int_0^l \frac{M_x}{EI}\frac{\partial M_x}{\partial \overline{M}_A}dx = \frac{1}{EI}\int_0^l (-\overline{M}_A - Px)(-1)dx$$
$$= \frac{1}{EI}\left[\overline{M}_A x + \frac{P}{2}x^2\right]_0^l = \frac{1}{EI}\left(\overline{M}_A l + \frac{Pl^2}{2}\right)$$

となる．実際には，$\overline{M}_A$ は作用していないので $\overline{M}_A = 0$ とおいて，結果を得る．すなわち，$\theta_A$ は次のようになる．

$$\theta_A = \left(\frac{\partial U}{\partial \overline{M}_A}\right)_{M_A=0} = \frac{Pl^2}{2EI}$$

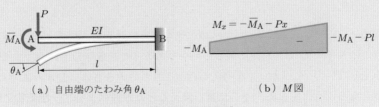

（a）自由端のたわみ角 $\theta_A$ 　　　　（b）$M$図

▷図 4.12 片持ちばり

**TRY!** ▶ 演習問題 4.4, 4.5 を解いてみよう.

演習問題 4.4, 4.5 を解いてみよう.

## ◆ 4.4 ひずみエネルギー最小の原理

「力学現象はエネルギーが最小になるように生じる」という本章の表題の内容の一つは, 以下のように示すことができる.

まず, 式 (4.15) を再び書くと

$$\frac{\partial U}{\partial P_m} = \int_0^l \frac{M}{EI} \frac{\partial M}{\partial P_m} dx$$

である. この式をもう一度 $P_m$ について偏微分すると

$$\frac{\partial^2 U}{\partial P_m{}^2} = \int_0^l \left\{ \frac{1}{EI} \left( \frac{\partial M}{\partial P_m} \right)^2 + \frac{M}{EI} \frac{\partial^2 M}{\partial P_m{}^2} \right\} dx \tag{4.16}$$

となる. ここで, 曲げモーメント $M$ は一般に (弾性の範囲で) 外力 $P_m$ の 1 次関数であるから

$$\frac{\partial^2 M}{\partial P_m{}^2} = 0 \tag{4.17}$$

となる. したがって

$$\frac{\partial^2 U}{\partial P_m{}^2} = \int_0^l \frac{1}{EI} \left( \frac{\partial M}{\partial P_m} \right)^2 dx \tag{4.18}$$

となる. $1/(EI)$ は正値であるから, 結局

$$\frac{\partial^2 U}{\partial P_m{}^2} > 0 \tag{4.19}$$

となる. いま, $P_m$ を反力などの変位 $v_m$ がゼロになる力とすると, 式 (4.9) は

$$\frac{\partial U}{\partial P_m} = 0 \tag{4.20}$$

となる. ここで, 式 (4.19) と式 (4.20) を考えあわせると, **図 4.13** に示すように, ひずみエネルギー $U$ は, $P_m$ に関して極小であることを意味している. すなわち, 何も仕事をしない力 $P_m$ ($M_m$) を考えると, これらの大きさは, ひずみエネルギー $U$ が最小になるように定まる. さらに言い換えると, 章題のように, <u>**構造物にはたらく外力(反力を含む)は, ひずみエネルギーが最小になるように作用している**</u>といえる. こ

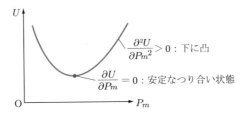

$$\frac{\partial^2 U}{\partial P_m{}^2} > 0 : 下に凸$$

$$\frac{\partial U}{\partial P_m} = 0 : 安定なつり合い状態$$

図 4.13　ひずみエネルギー $U$ が極小のとき＝安定なつり合い状態

れを**ひずみエネルギー最小の原理**または**最小仕事の原理**という.

　ひずみエネルギー最小の原理を用いると，次の [例題 4.6] のように，不静定構造物の反力を求めることができる.

**[例題 4.6]**　図 4.14 に示す不静定ばりの反力 $V_A$ を求めよ.

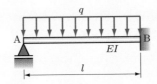

図 4.14　不静定ばりの反力を求める

**[解答]**　図 4.15 に示すように，点 A より $x$ の位置の曲げモーメント $M_x$ は，反力 $V_A$ を用いて

$$M_x = V_A x - \frac{q}{2} x^2$$

と表すことができる．ひずみエネルギーを計算すると

$$U = \frac{1}{2} \int_0^l \frac{M_x{}^2}{EI} dx = \frac{1}{2EI} \int_0^l \left( V_A x - \frac{q}{2} x^2 \right)^2 dx$$

$$= \frac{1}{2EI} \left( \frac{l^3}{3} V_A{}^2 - \frac{ql^4}{4} V_A + \frac{q^2 l^5}{20} \right)$$

となる．ひずみエネルギー最小の原理により，$U$ を $V_A$ で偏微分するとゼロになることから，次式を得る.

図 4.15　$M_x$ を求める自由物体図

$$\frac{\partial U}{\partial V_{\mathrm{A}}} = 0 = \frac{1}{2EI}\left(\frac{2}{3}l^3 V_{\mathrm{A}} - \frac{ql^4}{4}\right)$$

したがって,

$$V_{\mathrm{A}} = \frac{3}{8}ql$$

となる.

**TRY!** ▶ 演習問題 4.6, 4.7 を解いてみよう.

### ◈ 4.5　ひずみエネルギーを変位で微分するとその点の力が求められる

　構造物に外力 $P_1, P_2, \cdots, P_n$ が作用し,それぞれの作用方向に変位 $v_1, v_2, \ldots, v_n$ が生じてつり合っているとする.構造物のひずみエネルギー $U$ が変位 $v$ の関数として表されているとき,構造物上の着目点 $i$ の変位 $v_i$ で $U$ を偏微分すると,その変位と同じ方向のその点の作用荷重 $P_i$ となる.すなわち,次式の関係が成り立つ.

$$\frac{\partial U}{\partial v_i} = P_i \tag{4.21}$$

　これを**カステリアーノの第 1 定理**という[*1].カステリアーノの第 1 定理は,本書では第 7 章で剛性マトリクスを導くときに用いるが,以下の証明は少し難しいので,証明なしで式 (4.21) を用いるか,第 7 章を学ぶ前にここに戻ってもよい.

　**図 4.16**(a) に示すように,荷重 $P$ を受け,荷重作用点で $v$ だけたわんでつり合っている単純ばり(濃い実線の形状)を考える.4.2 節の繰返しではあるが,線形弾性体の場合,$P$ と $v$ の関係は図 (b) のようになり,外力仕事は $W = (1/2)Pv$ となる.この間のことを弾性体の微小要素について考えると,図 (c) の濃い実線で示す状態のように応力 $\sigma$ とひずみ $\varepsilon$ が生じて,つり合っている.$\sigma$ と $\varepsilon$ の関係は図 (d) のようになり,応力がする仕事(ひずみエネルギー)は $U = \dfrac{1}{2}\displaystyle\int \sigma\varepsilon dV$ となる.

　仮想仕事の原理は,上記のつり合い状態に微小な仮想変位 $\bar{v}$ を考えたとき(図 4.16(a) の点線で示す形状),外力がする仮想仕事 $\overline{W} = P \cdot \bar{v}$ が,仮想変位にともなって生じ

---

[*1] カステリアーノの定理で,「第 1」とか「第 2」とかは,本人が名付けたわけではなく,後世の人が区別するために,本人が先に書いているほうを「第 1」,あとから書いているほうを「第 2」とよんでいるだけであるので,皆さんはどちらが「第 1(第 2)」であったかを悩む必要はない.また,どちらを第 1(第 2)とよぶかについては,異論もあるので,このあと,本書では,二つを総称する場合や,どちらかをさす場合も「カステリアーノの定理」ということがある.

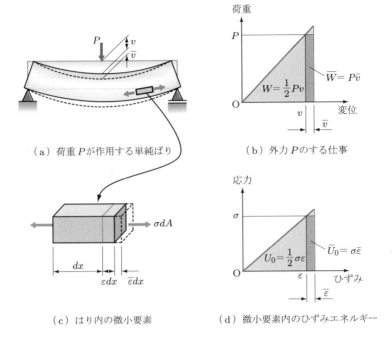

（a）荷重 $P$ が作用する単純ばり

（b）外力 $P$ のする仕事

（c）はり内の微小要素

（d）微小要素内のひずみエネルギー

■図 4.16　仮想仕事の原理とひずみエネルギー

た弾性体内の仮想ひずみ $\overline{\varepsilon}$（図 (c) の点線で示す状態）に対して，応力 $\sigma$ がする仕事（仮想ひずみエネルギー）

$$\overline{U} = \int \overline{U}_0 dV = \int \sigma \overline{\varepsilon} dV \tag{4.22}$$

に等しいことを意味している．すなわち

$$\overline{W} = \overline{U} \tag{4.23}$$

である．また，多くの荷重 $P_i$ の作用点の仮想変位 $\overline{v}_i$ を考えると，$\overline{W} = \sum P_i \overline{v}_i$ であるから，一般には

$$\overline{U} - \sum P_i \overline{v}_i = 0 \tag{4.24}$$

と書き表すことができる．ここで注意すべきことは，$\overline{U}, \overline{W}$ という量は，定義式から考えて，図 (b)，(d) の濃くぬった部分に相当する長方形の面積を表しており，外力仕事 $W$ およびひずみエネルギー $U$ の増分 $dW, dU$ とほぼ等しい（図 (b)，(d) の濃くぬった長方形の上にある微小三角形の分のみ異なる）量である．第 2 章では，仮

想ひずみエネルギー（応力がする仕事）$\overline{U}$ を，応力 $M$, $N$ が断面の回転角と伸び変形に対してする仕事 $\int_0^l N \dfrac{\overline{N}}{EA} dx$, $\int_0^l M \dfrac{\overline{M}}{EI} dx$ のように表していた（ここで，もう一度式 (2.23) を復習して理解を深めよう）．

ところで，$\overline{U}$ は仮想変位による $U$ の変化量 $dU$ と考えることができる．そこで，ひずみエネルギーが変位の関数として $U = U(v_1,\ v_2,\ \cdots,\ v_n)$ の形で与えられているとすると，$U$ の仮想変化量 $\overline{U}$ は，全微分の式と同様に考えて，$\overline{U} = dU = (\partial U / \partial v_1) dv_1 + (\partial U / \partial v_2) dv_2 + \cdots + (\partial U / \partial v_n) dv_n$ となる．ここで，$dv_i = \overline{v}_i$ と考えてよいから

$$\overline{U} = dU = \frac{\partial U}{\partial v_1}\overline{v}_1 + \frac{\partial U}{\partial v_2}\overline{v}_2 + \cdots + \frac{\partial U}{\partial v_n}\overline{v}_n = \sum_i \frac{\partial U}{\partial v_i}\overline{v}_i \tag{4.25}$$

と表すことができる．これを式 (4.24) に代入して整理すると

$$\sum \frac{\partial U}{\partial v_i}\overline{v}_i - \sum P_i \overline{v}_i = \sum \left[ \left( \frac{\partial U}{\partial v_i} - P_i \right) \overline{v}_i \right] = 0 \tag{4.26}$$

すなわち

$$\left( \frac{\partial U}{\partial v_1} - P_1 \right) \overline{v}_1 + \left( \frac{\partial U}{\partial v_2} - P_2 \right) \overline{v}_2 + \cdots + \left( \frac{\partial U}{\partial v_n} - P_n \right) \overline{v}_n = 0 \tag{4.27}$$

となる．ここで，仮想変位 $\overline{v}_1$, $\overline{v}_2$, $\cdots$, $\overline{v}_n$ はゼロでない任意の値をとりうるので，式 (4.27) が成り立つためには，すべての $i$ の値に対して

$$\frac{\partial U}{\partial v_i} - P_i = 0 \tag{4.28}$$

が成り立たなければならない．以上で式 (4.21) が証明された．

## ◆ 4.6 つり合い状態では位置エネルギーが極小となる

本節では，変数 $x$ の微小量を $dx$ と表して微分というように，関数 $y = f(x,\ y, \cdots)$ 全体の微小変化量を $\delta f$ と表し，微分に対して**変分**という数学的表現を用いることにする．仮想仕事，仮想変位，仮想ひずみも微小変化量であるので，いままで $\overline{U}$ などと表していたものを $\delta U$ と表すことにする．たとえば，式 (4.24) は次式のように表せる．

$$\delta U - \sum P_j \delta v_i = 0 \tag{4.29}$$

この式において，仮想変位の間，外力 $P_i$ が一定である場合

$$\delta U - \delta W = \delta U - \delta \left( \sum P_i v_i \right) = \delta \left( U - \sum P_i v_i \right) = 0 \tag{4.30}$$

のように書ける．4.1 節で説明したように，式 (4.30) の $U$ はひずみエネルギーであり，内力ポテンシャルエネルギーともよぶ．$-\sum P_i v_i$ は，力が重力のように位置のみの関数であり，経路に依存しない場合（このような力を保存力という），外力が失った位置エネルギーの大きさであると考えられるので，外力ポテンシャルとよばれる．$\sum P_i v_i$ についている負の符号は，外力ポテンシャルの減少を意味しており，載荷点が変位して荷重が位置エネルギーを失うことを表している．

内力ポテンシャル $U$ と外力ポテンシャル $V = -\sum P_i v_i$ の和を全ポテンシャルエネルギーとよび，記号 $\pi$ で表すことにすれば，式 (4.30) は，

$$\delta \pi = \delta U + \delta V = \delta \left( U - \sum P_i v_i \right) = 0 \tag{4.31}$$

となり，全ポテンシャルエネルギーの変分がゼロであることを示している．

式 (4.31) は，偏微分を用いると

$$\delta \pi = \frac{\partial \pi}{\partial v_i} \delta v_i = 0 \tag{4.32}$$

と表すことができる．ここで，$\delta v_i \neq 0$ であるから，結局

$$\frac{\partial \pi}{\partial v_i} = 0 \tag{4.33}$$

となる．このことは，数学的には関数 $\pi$ が変数 $v_i$ に対して極値をとる（停留する）ことを意味している．極値には，図 4.17(a) に示す 3 種類の場合が考えられるが，安定なつり合い状態では，$\pi$ の第 2 変分 $\delta^2 \pi$ が正になるので，関数 $\pi$ は下に凸な曲線

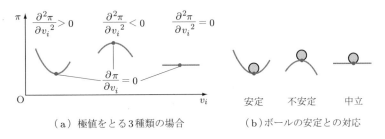

（a）極値をとる 3 種類の場合　　　（b）ボールの安定との対応

🔖図 4.17　$\partial \pi / \partial v_i = 0$ は安定なつり合いの必要条件

（面）になる．すなわち，安定なつり合い状態では，$\pi$ は極小値をとることになり，また，逆も成り立つ．

安定・不安定・中立は，図 4.17(b) におけるボールの安定性を考えれば，図 (a) と対応させて感覚的に理解ができるだろう．以上をまとめると，**構造物が安定なつり合い状態にあるときは，構造物の全ポテンシャルエネルギーは極小になる．**

この事実を，弾性構造物における**ポテンシャルエネルギー最小（停留）の原理**という．上記のことを利用すると，変位を仮定して，ひずみエネルギー $U$ を変位の関数として表し，全ポテンシャルエネルギー $\pi = U(v_i) - \sum P_i v_i$ を求めることができれば，次式より構造物のつり合い式（荷重と変位の関係式）を導くことができる．

$$\frac{\partial \pi}{\partial v_i} = \frac{\partial U}{\partial v_i} - P_i = 0 \qquad (4.34)$$

ここで，式 (4.34) は，式 (4.21) で示されるカステリアーノの第 1 定理と同じことを表していることもわかる．

第 7 章以降で学ぶ有限要素法におけるつり合い式（剛性マトリクス）の誘導には，この手法が用いられる．

また，式 (4.31) を別の言葉で表現すると，外力の位置エネルギー $V(= -\sum P_i v_i)$ と内力の位置エネルギー $U$ の和が一定（不変）であるともいえるので，力学的エネルギー保存の法則の特別な姿（運動エネルギーがゼロの場合）であることが理解できるだろう．

━━━━━━ 演習問題 ━━━━━━

4.1 **図 4.18** に示す構造物のひずみエネルギーを求めよ．

4.2 **図 4.19** に示す単純ばりの支間中央点 C のたわみ $v_C$ を，カステリアーノの第 2 定理

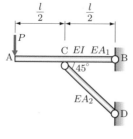

◈図 4.18 斜め支材で
支えたはり

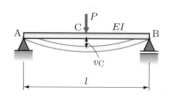

◈図 4.19 単純ばりのたわみ $v_C$

を用いて求めよ.

4.3 **図 4.20** に示すトラスの載荷点 C の鉛直方向たわみ $v_C$ を, カステリアーノの第 2 定理を用いて求めよ.

4.4 **図 4.21** に示す片持ちばりの自由端 A のたわみ $v_A$ を, カステリアーノの第 2 定理を用いて求めよ.

4.5 **図 4.22** に示す単純ばりの支点 A におけるたわみ角 $\theta_A$ を, カステリアーノの第 2 定理を用いて求めよ.

4.6 **図 4.23** に示す連続ばりの中央支点 B の反力 $V_B$ を, ひずみエネルギー最小の原理を用いて求めよ.

4.7 **図 4.24** に示すラーメンの支点 C の鉛直反力 $V_C$ を, ひずみエネルギー最小の原理を用いて求めよ.

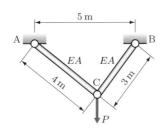

図 4.20　トラスの鉛直たわみ $v_C$

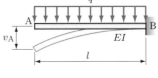

図 4.21　片持ちばりの自由端のたわみ $v_A$

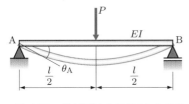

図 4.22　単純ばりの支点のたわみ角 $\theta_A$

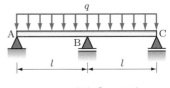

図 4.23　連続ばりの反力 $V_B$

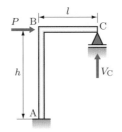

図 4.24　ラーメンの反力 $V_C$

# 第5章 単位荷重法と静定分解法を組み合わせて解く（余力法）

## 5.1 なぜ不静定構造を用いるのか？

　上巻第3章で，構造物には，つり合い式だけで解ける静定構造と，つり合い式に加えて，変位・変形の適合条件式を用いなければ解けない不静定構造があることを学んだ．ここでは，なぜ不静定構造が用いられるのかについて解説する．

　幅が $4l$ の川に，$l, 2l, l$ の径間割で橋桁を架ける場合を考えてみる．**図 5.1**(a) は静定構造の単純ばりを3本架けた場合で，図 (b) は1本のはりを中間橋脚2点で支えたものである．図 (b) の場合を3径間連続ばりといい，二つの中間支点のため，反力の数が静定構造より2個多いので，2次不静定構造になる．等分布荷重 $q$ を満載する場合について，図 (a) と図 (b) の中央点の曲げモーメントを比較してみると，図 (b) の連続ばりの曲げモーメントは図 (a) の単純ばりの半分になる．したがって，小さな断面となり，材料が少なくて済むので，経済的に有利となる．

　次に，この例の場合の中間支点のように，不静定構造は安定に支えるのに必要以上の支点や部材をもっているので，余分な数の支点や部材が損傷しても全体の破壊（落橋など）につながりにくく，付加的な安全性をもっている．

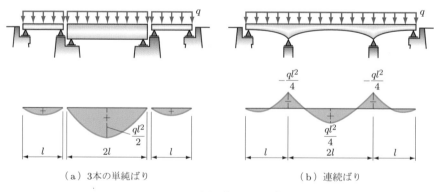

（a）3本の単純ばり　　　　　　（b）連続ばり

📖 図 5.1　単純ばりと連続ばり

さらに，図 5.1(a) の場合，中間橋脚上ではりが不連続であり，伸縮継手を設置する必要があるが，自動車が走行するとき，伸縮継手のところでガタンと音がしたり，振動したりするので，走行性が悪くなる．しかし，図 (b) の場合は，壊れやすい伸縮継手を設ける必要がないし，たわみも小さく走行性がよい．

さらに，図 5.1(a)，(b) の横からの形をみてみると，明らかに図 (b) のほうが美観的に優れている．このように，不静定構造物は，静定構造物に比べて多くの利点をもっている．

一方で，不静定構造物については，支点沈下や温度変化に対して応力が生じるので，その検討のために構造解析（構造計算）が複雑になるという難点があった．しかし，この難点は，コンピュータが発達して普及した現在では問題ではなくなっているので，上記の多くのよい点を生かすために，不静定構造が多用されるのである．

さて，この 3 径間連続ばりは，静定構造である単純ばりと比べて，中間の 2 支点が余分に存在するため，未知反力は五つとなり，三つのつり合い式だけでは求められない．逆に，これらの未知反力をほかの条件を用いて定めることができれば，静定ばりと同様にして $M$ 図などを描くことができる．三つのつり合い式だけでは求められない反力のような不静定構造特有の未知力を**不静定力**または**余力**といい，つり合い式の数 (3) よりも多い未知の部材力と未知の反力の数を不静定次数という（上巻第 3 章参照）．また，不静定力を求めることを一般に不静定構造を解くという．

この章では，まず簡単な 1 次不静定構造を静定構造に分解して解く方法について述べ，その後，それをさらに一般化した方法（余力法）について説明する．

## ◇ 5.2　静定構造に分解して解く

単純ばりには，三つの反力が生じ，三つのつり合い式からそれらの大きさを定めることができる．しかし，**図 5.2**(a) に示す構造は，反力が四つ存在し，三つのつり合い式だけではすべての反力の大きさを定められない．未知反力がつり合い式の数より一つ多いので，1 次不静定構造である．

たとえが厳密ではないが，3 本脚のいすは安定かつ静定であるが，4 本脚のいすは一種の不静定構造と考えられることを上巻の第 3 章でも述べた．4 本脚のいすの 4 本目の脚の長さを定めて力を分担させることを考えてみればわかるように，実構造では，つり合い条件に加えて，変位・変形の幾何学的条件（適合条件）を満足しつつ，反力や部材力が定まっている．これらの不静定力が求められれば，あとは静定構造物と同じように断面力や応力度が計算できるので，不静定構造物を解くには，つり合い条件に加えて，不静定次数と同じ数の幾何学的な条件式を作成して，不静定力を求めればよい．

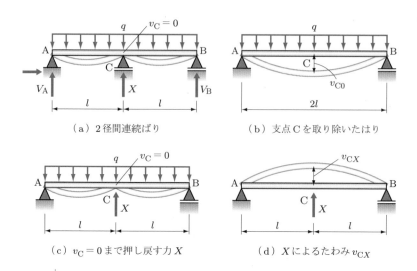

（a）2径間連続ばり             （b）支点 C を取り除いたはり

（c）$v_C = 0$ まで押し戻す力 $X$          （d）$X$ によるたわみ $v_{CX}$

●図 5.2 静定分解により不静定構造を解く

たとえば，図 5.2(a) に示す 2 径間連続ばりは，中間支点 C とその反力（不静定力）$X$ を取り除くと，図 (b) に示すような単純ばりになる．未知力を求めるための幾何学的条件式をつくり出すためには，まずこのように，対象とする不静定構造物から不静定次数と同じ数の変位や変形に対する拘束を取り除き，静定構造物をつくる．この構造を**静定基本構**または単に**基本構**という．静定基本構を用いて図 (a) と同じ変形状態をつくり出すと，図 (c) のようになる．この状態は，図 (b) の点 C のたわみ $v_{C0}$ を図 (d) に示す不静定力 $X$ が押し戻して，点 C のたわみ $v_C$ をゼロにしたと考えてよい．すなわち，図 (c) を図 (b) と図 (d) に分解し，それぞれの結果を重ね合わせて，$v_C = 0$ となるように $X$ を定めれば，これは与えられた構造の不静定反力 $X$ と同じはずである．このとき，$v_C = v_{C0} + v_{CX} = 0$ のことを**変形条件式**という．上記の例では，既習の結果を用いると

$$v_{C0} = \frac{5q(2l)^4}{384EI}, \quad v_{CX} = -\frac{X(2l)^3}{48EI}$$

であるから，変形条件式を解くと未知の不静定反力は $X = 5ql/4$ と求められる．ここでは，現象が線形であることを利用して，上巻の第 4 章で述べた重ね合せの原理を用いている．

支点 A, B の反力 $V_A$, $V_B$ は，上下方向のつり合いと対称条件（$V_A = V_B$）を用いて，

$$V_A = V_B = \frac{1}{2}\left(2ql - \frac{5}{4}ql\right) = \frac{3}{8}ql$$

となる．あとは，いままでのように点 A から $x$ 離れた地点の曲げモーメント $M_x$ は，**図 5.3**(a) に示す自由物体図を用いて $M_x = 3qlx/8 - qx^2/2$ となる．$dM_x/dx = 0$ となるのは，$x = 3l/8$ のときであるから，

$$M_{x=3l/8} = \frac{9ql^2}{128}, \quad M_{x=l} = -\frac{ql^2}{8}$$

となることがわかる．これを図示すると，図 (b) に示した曲げモーメント図が描ける．

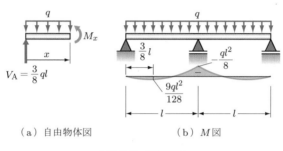

（a）自由物体図 （b）$M$ 図

💬図 5.3 連続ばり

以上の解法を，**静定分解法**とよぶ．**図 5.4**(a) に示す場合を例にとると，解法の一般的な手順は，次のようになる．

① 不静定次数と同じ数だけの変形に対する拘束（支点など）を取り除き，静定構造物（静定基本構）をつくる．それと同時に，取り除いたものの代わりに，その点に同じ拘束を生じさせるための力 $X$（不静定力）を作用させる（図 (b) 参照）．こ

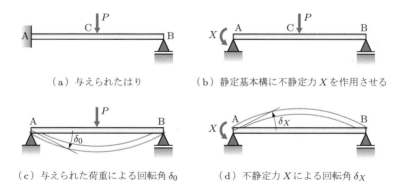

（a）与えられたはり （b）静定基本構に不静定力 $X$ を作用させる

（c）与えられた荷重による回転角 $\delta_0$ （d）不静定力 $X$ による回転角 $\delta_X$

💬図 5.4 1 次不静定ばりの解法

の例の場合，点 A の回転の拘束を取り除き，回転モーメント $X$ を作用させる．

② 静定基本構に対して，もともと作用していた荷重のもとで，拘束を取り除くことにより可能となった変形 $\delta_0$ を求める（図 (c) 参照）．この例の場合，点 A の回転の拘束を取り除いたので，点 A の回転角（たわみ角）$\delta_0$ を求める．

③ 静定基本構について，不静定力 $X$ による対応する変形 $\delta_X$ を求める（図 (d) 参照）．

④ ②，③の結果を重ね合わせて，与えられたもとの変形状態と同じになる変形条件式 $\delta_0 + \delta_X = 0$ を求める．この例の場合は，点 A は固定端であったので，たわみ角は生じないという条件式である．

⑤ 変形条件式の $\delta_X$ には $X$ が含まれるから，これを $X$ について解く．

⑥ 不静定力 $X$ が求められるともとの系は静定になるから，いままでの方法で任意の位置の曲げモーメント，せん断力，変形を求める．

1 次不静定程度の問題は，この方法で簡単に計算できるので便利である．

**TRY!** ▶ 演習問題 5.1〜5.5 を解いてみよう．

## ◆ 5.3　不静定次数の数え方と静定基本構のつくり方

不静定次数の数え方の基本は，自由物体のつり合いである．自由物体が点の場合，$x$, $y$ の 2 方向への移動に対する 2 個，自由物体に大きさがある場合は，回転に対するつり合い式を加えた 3 個のつり合い式が存在する．一方，解こうとする構造物の支点を取り去ったり，部材を切断して拘束を解除したときに，支点や切断点に生じる未知力の数は，いままでに学んだ結果より **表 5.1** のようにまとめられる．

不静定次数を数えるためには，構造物をそのまま，または，いくつかの自由物体に分割して，未知力の数とつり合い式の数を数えればよいので，いくつかの方法が考えられる．一般に多く用いられる機械的な方法について，本章の付録で紹介しているので，参考にしてほしい．

しかし，不静定次数を数えること自体に意味があるわけではないこと，および，この章で扱う解法は，2 次不静定構造物程度までの解法として実用的意味をもつことを考えて，ここでは，「解こうとする構造物を静定構造物につくりかえるためにはいくつの拘束を解除しなければならないか」という観点で不静定次数を知る経験的方法を紹介することにする．

### ■ (1) はりの場合

① 単純ばり，片持ちばり，ゲルバーばりは静定であるので，解こうとするはりの拘束をいくつ解除するとこれらの静定ばりになるかを考えればよい．

●表 5.1 　拘束を解除する対象と未知力の数

| 拘束を解除する対象 | | モデル | 未知力の数 |
|---|---|---|---|
| 支点 | ローラー支点 | 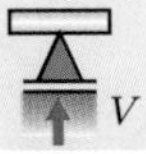 $V$ | 1 |
| | ヒンジ支点 | 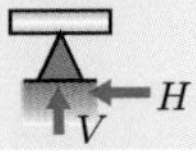 $H$　$V$ | 2 |
| | 固定支点 | 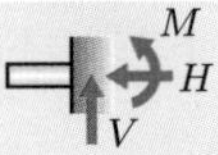 $M$　$H$　$V$ | 3 |
| 部材 | トラス部材 | 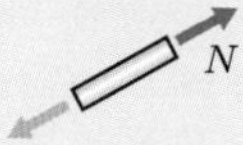 $N$ | 1 |
| | 中間ヒンジ点 | 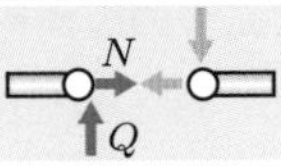 $N$　$Q$ | 2 |
| | はり，ラーメン部材 |  $M$　$Q$　$N$ | 3 |

② 表 5.1 にもとづいて数えた反力の数が，これらの静定ばりに比べていくつ多いかを考えることにもなる．このとき，ゲルバーばりの場合は，中間ヒンジ点で，$M = 0$ の条件があるので，中間ヒンジの数だけつり合い式が増えることになる．したがって，3 ＋（中間ヒンジの数）だけの反力が存在する状態が静定である．

③ **図 5.5**(a) に示すはりの場合，支点 B を取り除いた構造（図 (b) 参照）と，支点 A をヒンジ支点に置き換えた構造（図 (c) 参照）は，いずれも静定なゲルバーばりになる．したがって，図 (a) の構造は 1 次不静定であり，図 (b), (c) は図 (a) の構造の静定基本構となる．

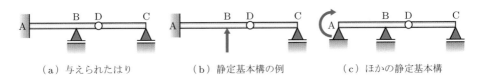

（a）与えられたはり 　　　（b）静定基本構の例 　　　（c）ほかの静定基本構

●図 5.5 　はりの不静定次数と静定基本構

### ■ (2) トラスの場合

① 支点については，表 5.1 にもとづいて数えた反力の数が 3 より多ければ，その分不静定次数が増えるので，はりの場合と同様に考えて静定構造がつくり出せる．

② 三つの部材でつくられる三角形の組合せで構成されれば静定であり，それ以上に部材が加われば，その分不静定次数が増える．したがって，余分な部材を取り外

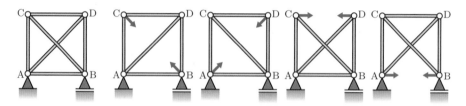

（a）与えられたトラス （b）静定基本構1 （c）静定基本構2 （d）静定基本構3 （e）静定基本構4

**◆図 5.6　トラスの不静定次数と静定基本構**

せば，静定構造が得られる.

③ **図 5.6**(a) に示すトラスの場合，支点は単純支持であり，任意の一部材を取り外すと図 (b)～(e) のように二つの三角形で構成され，静定になるから，1 次不静定構造物であることがわかる．図 (b)～(e) は，図 (a) の構造の静定基本構となる.

## ■ (3) ラーメンの場合

① **図 5.7**(a) に示す構造は，片持ちばりと同じことであるから静定である.

② 図 (b)～(d) は，それぞれ，ローラー支点 D，ヒンジ支点 D，固定支点 D を取り除けば図 (a) になるので，1 次，2 次，3 次不静定となることがわかる．また，図 (a) の構造は，これらの静定基本構の一つである.

③ 図 (d) は，図 (e) のように二つの片持ち状の静定構造に分解することもできる．このとき，左右の部材が，左右に離れず，上下にずれず，たわみ角も連続するよ

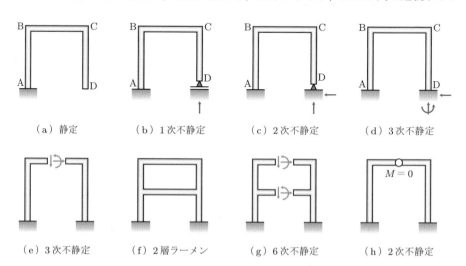

（a）静定　　（b）1次不静定　　（c）2次不静定　　（d）3次不静定

（e）3次不静定　　（f）2層ラーメン　　（g）6次不静定　　（h）2次不静定

**◆図 5.7　ラーメンの不静定次数と静定基本構**

うにつなぎとめるためには，$N, Q, M$ の三つの力が必要であり，これらが未知であるから 3 次不静定になると考えてもよい．

④ この考え方を発展させて，多層ラーメンの場合は，地面に生える枝のある木のように分解すると，切断面ごとに三つの未知力が増えることになる．すなわち，図 (f) の場合は図 (g) のように考えて，6 次不静定ということになる．支点が固定でなくてヒンジやローラーの場合は，その分未知数と不静定次数が減る．

⑤ 図 (h) に示すように，中間ヒンジがある場合の取扱いは，ゲルバーばりの場合と同じで，$M = 0$ の条件式が一つ増えると考えればよい．

### ■ (4) 静定基本構のつくり方

以上の説明のように，**静定基本構は，解こうとする不静定構造物から，不静定次数と同じ数だけ，拘束を取り除くことによりつくれる**．

**図 5.8**(a) に示すトラスは，1 次不静定であるが，たとえば図 (b)〜(e) に示すような静定基本構がつくり出せる．**図 5.9** は，2 次不静定のはりの例，**図 5.10** は 3 次不静定のラーメンの例である．このように，静定基本構をつくり出し，拘束の解除にともなって取り出した不静定力（余力）を，変形条件を用いて定めることを次節以降で考えよう．

**TRY!** ▶ 演習問題 5.6 を解いてみよう．

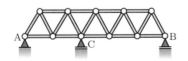

（a）与　系

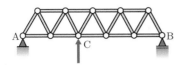

（b）静定基本構1　一つの単純トラス

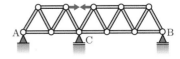

（c）静定基本構2　二つの単純トラス

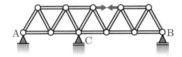

（d）静定基本構3　ゲルバートラス

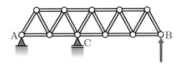

（e）静定基本構4　張出しトラス

◥ 図 5.8　1 次不静定トラスの静定基本構の例

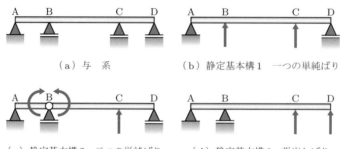

（a）与　系　　　　　　　　（b）静定基本構1　一つの単純ばり

（c）静定基本構2　二つの単純ばり　　（d）静定基本構3　張出しばり

💠 図 5.9　2 次不静定ばりの静定基本構の例

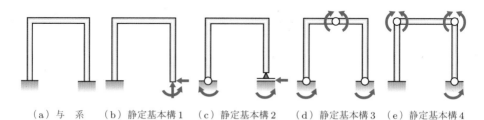

（a）与　系　　（b）静定基本構1　（c）静定基本構2　（d）静定基本構3　（e）静定基本構4

💠 図 5.10　3 次不静定ラーメンの静定基本構の例

### ◇ 5.4　単位荷重法を用いて不静定構造物を解く

　5.2 節で説明した方法の中で，たわみを求める部分に 2.3 節で学んだ単位荷重法を用いると，不静定構造物を解くことができる．**図 5.11**(a) に示す 1 次不静定の 2 径間連続ばりを例に，手順を説明する．

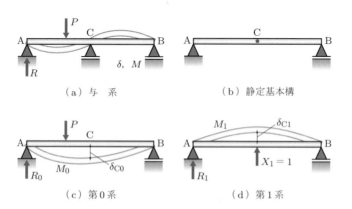

（a）与　系　　　　　　　　　　（b）静定基本構

（c）第 0 系　　　　　　　　　　（d）第 1 系

💠 図 5.11　単位荷重法を用いた不静定構造物の解法

① 与えられた構造の不静定次数と同じ数だけ拘束を除いて，静定基本構をつくる．この例の場合，支点 C を除いて単純ばり AB を基本構とする（図 (b) 参照）.

② 基本構に与えられた荷重を作用させて（これを第 0 系とよぶ），解除した拘束に対応する変形量を求め，$\delta_{C0}$ とする（図 (c) 参照）.

③ 解除した拘束に対応する単位の不静定力 $X_1 = 1$ を基本構に作用させ（これを第 1 系とよぶ），不静定力に対応するその点の変形を求め，$\delta_{C1}$ とする（図 (d) 参照）.

④ 不静定力が任意の値 $X_1$ である場合，対応する点の変形は，不静定力を 1 として求めた $\delta_{C1}$ を $X_1$ 倍すれば得られる．

⑤ 第 1 系で不静定力がある値 $X_1$ になったときに，点 C の変形は与系と同じ状態になるものと考えると，変形の適合条件は，次式となる．

$$\delta_C = \delta_{C0} + \delta_{C1}X_1 = 0 \tag{5.1}$$

式 (5.1) の変形条件式は，構造物の弾性変形量を式に表したものなので，**弾性方程式**という．弾性方程式より，$X_1$ は次のようになる．

$$X_1 = -\frac{\delta_{C0}}{\delta_{C1}} \tag{5.2}$$

⑥ ここで，2.3 節で学んだ単位荷重法を用いて，$\delta_{C0}, \delta_{C1}$ を求める．すなわち，第 1 系が第 0 系に対してする仮想仕事を考えると，

$$1 \cdot \delta_{C0} = \int M_1 \frac{M_0}{EI} dx \tag{5.3}$$

となり，第 1 系が同じ第 1 系に対してする仮想仕事を考えると，

$$1 \cdot \delta_{C1} = \int M_1 \frac{M_1}{EI} dx \tag{5.4}$$

となる．以上の結果を式 (5.2) に代入すると，不静定力 $X_1$ が求められる．

⑦ 第 1 系で不静定力 $X_1$ に式 (5.2) で求めた値を用いた場合と第 0 系を重ね合わせると，与系が得られる．与系の反力を $V$，応力を $M, N, Q$ とすると，それぞれ次式で与えられる．

$$\left.\begin{array}{ll} V = R_0 + R_1 X_1, & M = M_0 + M_1 X_1 \\ N = N_0 + N_1 X_1, & Q = Q_0 + Q_1 X_1 \end{array}\right\} \tag{5.5}$$

⑧ 与系がトラスの場合，式 (5.3), (5.4) は次のようになる．

$$\delta_{C0} = \sum \frac{N_1 N_0}{EA_i} L_i \tag{5.6}$$

$$\delta_{C1} = \sum \frac{N_1 N_1}{EA_i} L_i \tag{5.7}$$

不静定力（余力）を未知数にして方程式をたてるので，この方法を**余力法**という．

式 (5.2) の弾性方程式は，ひずみエネルギー最小の原理を用いても，導くことができる．与系のひずみエネルギーは

$$U = \frac{1}{2} \int \frac{M^2}{EI} dx \tag{5.8}$$

と表すことができるから，式 (5.5) を代入して

$$U = \frac{1}{2} \int \frac{(M_0 + M_1 X_1)^2}{EI} dx \tag{5.9}$$

となる．ここで，ひずみエネルギー最小の原理を適用すると，次式を得る．

$$\frac{\partial U}{\partial X_1} = 0 = \int \frac{(M_0 + M_1 X_1) M_1}{EI} dx \tag{5.10}$$

これを展開すると

$$\int \frac{M_0 M_1}{EI} dx + X_1 \int \frac{M_1 M_1}{EI} dx = 0 \tag{5.11}$$

となるから，

$$X_1 = -\frac{\int \{M_0 M_1 / (EI)\} dx}{\int \{M_1 M_1 / (EI)\} dx} = -\frac{\delta_{C0}}{\delta_{C1}} \tag{5.12}$$

が成り立つ．これは，式 (5.2) と同じ式である．

 **例題** **図 5.12** に示す 2 径間連続ばりを単位荷重法を用いて解き，$M$ 図を描け．
(5.1)

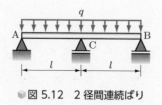

◆図 5.12　2 径間連続ばり

解答　これは，5.2 節で扱ったものと同じ問題である．1 次不静定なので，**図 5.13**(a) に示す単純ばり AB を静定基本構に選び，点 C の反力を不静定力として求めることを考える．

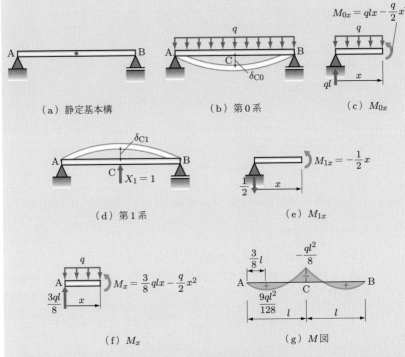

（a）静定基本構　　　　（b）第 0 系　　　　（c）$M_{0x}$

（d）第 1 系　　　　　　　　（e）$M_{1x}$

（f）$M_x$　　　　　　　　（g）$M$ 図

▶ 図 5.13　2 径間連続ばりを解く

　まず，図 (b) に示す第 0 系のたわみ $\delta_{C0}$ を求めるために，曲げモーメントを求めると，図 (c) を参考にして

$$M_{0x} = qlx - \frac{q}{2}x^2$$

となる．また，図 (d) に示す第 1 系のたわみ $\delta_{C1}$ を求めるために，曲げモーメントを求めると，図 (e) を参考にして，

$$M_{1x} = -\frac{1}{2}x$$

となる．仮想仕事の原理より，第 1 系の第 0 系に対する仮想仕事を考えて，

$$1 \cdot \delta_{C0} = \int_0^{2l} M_1 \frac{M_0}{EI} dx = \frac{2}{EI} \int_0^l \left(-\frac{1}{2}x\right)\left(qlx - \frac{q}{2}x^2\right) dx = -\frac{5ql^4}{24EI}$$

第 1 系の第 1 系に対する仮想仕事を考えて，

5.4　単位荷重法を用いて不静定構造物を解く　63

$$1 \cdot \delta_{C1} = \int_0^{2l} M_1 \frac{M_1}{EI} dx = \frac{2}{EI} \int \left(-\frac{1}{2}x\right)^2 dx = \frac{l^3}{6EI}$$

となる．ここで，変形条件は $\delta_{C0} + \delta_{C1} X_1 = 0$ であるから，反力 $X_1$ は

$$X_1 = -\frac{\delta_{C0}}{\delta_{C1}} = \frac{5ql^4/(24EI)}{l^3/(6EI)} = \frac{5}{4}ql$$

となり，5.2 節の結果と一致する．

次に，対称条件より点 A, B の反力 $V_A$, $V_B$ は等しいから（$V_A = V_B$），鉛直方向のつり合い式

$$2ql - V_A - X_1 - V_B = 0$$

より，次式となる．

$$V_A = V_B = \frac{2ql - X_1}{2} = \frac{3}{8}ql$$

点 A から $x$ 離れた点のモーメントは，図 (f) を参考にして（AC 間で）

$$M_x = \frac{3}{8}qlx - \frac{q}{2}x^2 \tag{1}$$

となる．これを図示すると，図 (g) のようになる．

式 (1) は，本文の⑦で述べたように，$M = M_0 + M_1 X_1$ としても求められる．すなわち

$$M_x = M_{0x} + M_{1x} X_1 = \left(qlx - \frac{q}{2}x^2\right) + \left(-\frac{1}{2}x\right)\left(\frac{5}{4}ql\right) = \frac{3}{8}qlx - \frac{q}{2}x^2$$

となる．

**TRY!** ▶ 演習問題 5.7 を解いてみよう．

**例題 5.2** 　図 **5.14** に示すトラスの部材力を求めよ．ただし，軸方向剛性はすべて $EA$ とする．

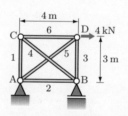

💧図 5.14　内的不静定トラスの部材力

**解答▶** このトラスは，内的 1 次不静定である（演習問題 5.6 参照）．部材番号を 1〜6 と付し，部材 6 を切断した系を静定基本構とする．**図 5.15**(a) に示す第 0 系について部材力 $N_{i0}$ を求める．反力は $V_A = V_B = 3\,\mathrm{kN}$，$H_A = 4\,\mathrm{kN}$ である．

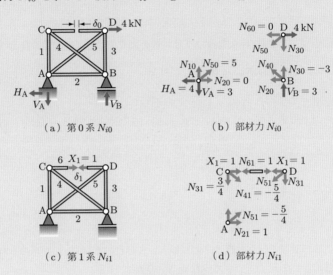

（a）第 0 系 $N_{i0}$ 　　　　　（b）部材力 $N_{i0}$

（c）第 1 系 $N_{i1}$ 　　　　　（d）部材力 $N_{i1}$

**図 5.15　解図**

節点 D を自由物体とするつり合い式をたてると，次のようになる（図(b)参照）．

$$\left.\begin{array}{l} N_{50}\dfrac{4}{5} - 4 = 0 \quad \to \quad N_{50} = 5 \\[2mm] N_{50}\dfrac{3}{5} + N_{30} = 0 \quad \to \quad N_{30} = -5\dfrac{3}{5} = -3 \end{array}\right\}$$

節点 B を自由物体とするつり合い式をたてると，次のようになる（図(b)参照）．

$$\left.\begin{array}{l} N_{40}\dfrac{3}{5} - 3 + 3 = 0 \quad \to \quad N_{40} = 0 \\[2mm] N_{40}\dfrac{4}{5} + N_{20} = 0 \quad \to \quad N_{20} = 0 \end{array}\right\}$$

節点 A を自由物体とするつり合い式をたてると，次のようになる（図(b)参照）．

$$N_{50}\dfrac{3}{5} - 3 + N_{10} = 0 \quad \to \quad N_{10} = 0$$

次に，図(c)に示す第 1 系について，部材力 $N_{i1}$ を求める．

節点 D を自由物体とするつり合い式をたてると，次のようになる（図(d)参照）．

$$\left.\begin{array}{l} N_{51}\dfrac{4}{5} + 1 = 0 \quad \to \quad N_{51} = -\dfrac{5}{4} \\[2mm] N_{51}\dfrac{3}{5} + N_{31} = 0 \quad \to \quad N_{31} = -\dfrac{3}{5}\left(-\dfrac{5}{4}\right) = \dfrac{3}{4} \end{array}\right\}$$

節点 C を自由物体とするつり合い式をたてると，次のようになる（図 (d) 参照）.

$$\left.\begin{array}{l} N_{41}\dfrac{4}{5} + 1 = 0 \quad \rightarrow \quad N_{41} = -\dfrac{5}{4} \\[3mm] N_{41}\dfrac{3}{5} + N_{31} = 0 \quad \rightarrow \quad N_{31} = -\dfrac{3}{5}\left(-\dfrac{5}{4}\right) = \dfrac{3}{4} \end{array}\right\}$$

節点 A を自由物体とするつり合い式をたてると，次のようになる（図 (d) 参照）.

$$N_{51}\dfrac{4}{5} + N_{21} = 0 \quad \rightarrow \quad N_{21} = -\dfrac{4}{5}\left(-\dfrac{5}{4}\right) = 1$$

部材 6 の部材力 $N_{61} = X_1 = 1$ も求めておく.

以上の結果を，式 (5.1) と式 (5.6), (5.7) に用いると，$X_1$ は，

$$X_1 = -\dfrac{\delta_0}{\delta_1} = -\dfrac{\sum\{l_i/(EA)\}N_{i1}N_{i0}}{\sum\{l_i/(EA)\}N_{i1}{}^2} \tag{1}$$

となり，式 (5.5) より $N_i = N_{i0} + \sum N_{i1}X_1$ として求められる.

$$N_i = N_{i0} + \sum N_{i1}X_1$$

この計算を行うと**表 5.2** が得られ，各部材の部材力 $N_i$ が求められる. 表中の計算において式 (1) で与えられる $X_1$ の値は

$$X_1 = -\left(-\dfrac{38}{27}\right) = 1.41$$

となるので，これを用いている.

▶ 表 5.2 計算値の集計

| 部材 | $l_i$ [m] | $N_{i0}$ [kN] | $N_{i1}$ [kN] | $\dfrac{l_i}{EA}N_{i0}N_{i1}$ [kN²·m/(EA)] | $\dfrac{l_i}{EA}(N_{i1})^2$ [kN²·m/(EA)] | $N_{i1}X_1$ [kN] | $N_i = N_{i0}+N_{i1}X_1$ [kN] |
|---|---|---|---|---|---|---|---|
| 1(AC) | 3 | 0 | $\dfrac{3}{4}$ | 0 | $\dfrac{27}{16}$ | 1.06 | 1.06 |
| 2(AB) | 4 | 0 | 1 | 0 | 4 | 1.41 | 1.41 |
| 3(BD) | 3 | $-3$ | $\dfrac{3}{4}$ | $-\dfrac{27}{4}$ | $\dfrac{27}{16}$ | 1.06 | $-1.94$ |
| 4(BC) | 5 | 0 | $-\dfrac{5}{4}$ | 0 | $\dfrac{125}{16}$ | $-1.76$ | $-1.76$ |
| 5(AD) | 5 | 5 | $-\dfrac{5}{4}$ | $-\dfrac{125}{4}$ | $\dfrac{125}{16}$ | $-1.76$ | 3.24 |
| 6(CD) | 4 | 0 | 1 | 0 | 4 | 1.41 | 1.41 |
| $\sum$ | | | | $-38$ | 27 | | |

**TRY! ▶** 演習問題 5.8 を解いてみよう.

**例題 (5.3)** 図 5.16 に示すラーメンの反力を求め，$M$ 図を描け.

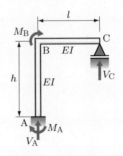

◕ 図 5.16　不静定ラーメン

**解答** 1次不静定であるから，支点 C を取り除いた系を静定基本構と考える．**図 5.17**(a) に示す第 0 系の反力は曲げモーメントのみで，$M_{0A} = -M_B$ となるから，図 (b) を参照して $M_{0x} = -M_B$ となり，図 (c) が得られる.

次に，図 (d) に示す第 1 系の反力は $M_{1A} = l$，$V_{1A} = -1$ となるから，図 (e) を参照して AB 間の曲げモーメントは，（内側が引張りとなるモーメントを正とし て）$M_{1x} = l$，CB 間の曲げモーメントは $M_{1x} = x$ となり，図 (f) が得られる.

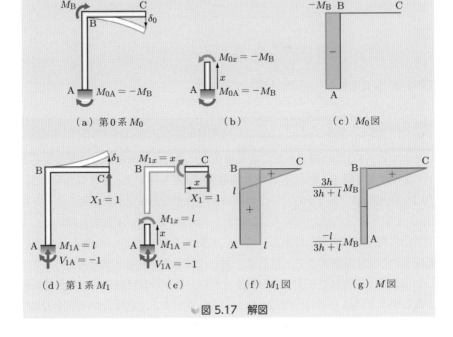

◕ 図 5.17　解図

ここで，仮想仕事の原理（式 (5.3), (5.4)）より

$$\delta_0 = \int \frac{M_1 M_0}{EI} dx = \int_0^h \frac{l(-M_B)}{EI} dx = -\frac{lh}{EI} M_B$$

$$\delta_1 = \int \frac{M_1 M_1}{EI} dx = \int_0^h \frac{l^2}{EI} dx + \int_0^l \frac{x^2}{EI} dx = \frac{l^2(3h+l)}{3EI}$$

となるから，次式を得る．

$$X_1 = -\frac{\delta_0}{\delta_1} = \frac{3h}{(3h+l)l} M_B$$

次に，与系の反力は

$$V_A = V_{0A} + V_{1A} X_1 = 0 + (-1)\frac{3h}{(3h+l)l} M_B = -\frac{3h}{(3h+l)l} M_B$$

$$M_A = M_{0A} + M_{1A} X_1 = -M_B + l\frac{3h}{(3h+l)l} M_B = \frac{-l}{3h+l} M_B$$

$$V_C = X_1 = \frac{3h}{(3h+l)l} M_B$$

となる．したがって，与系の曲げモーメントは

$$\text{AB 間：} M_x = M_{0x} + M_{1x} X_1 = -M_B + l\frac{3h}{(3h+l)l} M_B = \frac{-l}{3h+l} M_B$$

$$\text{BC 間：} M_x = M_{0x} + M_{1x} X_1 = 0 + x\frac{3h}{(3h+l)l} M_B = \frac{3hx}{(3h+l)l} M_B$$

となる．これを図示すると，図 (g) のようになる．

**TRY! ▶** 演習問題 5.9〜5.12 を解いてみよう．

## ◆ 5.5 高次不静定構造も解ける？

ここでは，5.2 節の静定分解による解法を，高次の不静定構造に適用する方法について説明する．**図 5.18**(a) に示す 3 径間連続ばりを解くことを考えてみよう．この構造は 2 次不静定であるから，二つの拘束を解放すると静定構造が得られる．中間支点 B, C を取り除いてもよいが，ここでは，一つは中間支点 B を取り除いて，上下方向の変位の拘束を解放し，ほかの一つは，中間支点 C にヒンジを挿入し，点 C での回転変形の拘束を解放することにして，図 (b) に示す静定基本構を考える．

いま，第 1 の着目点を B，着目量をたわみ，第 2 の着目点を C，着目量を相対たわみ角とすると，点 B では，解放したたわみに対応する鉛直反力が不静定力になり，点 C では，解放した回転角（相対たわみ角）に対応する曲げモーメントが不静定力にな

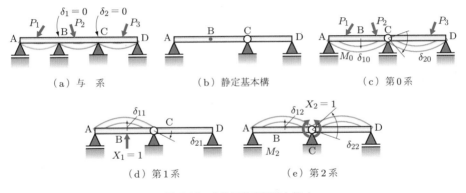

図5.18 2次不静定構造を解く

る．いま，点Bを着目点1，点Cを着目点2とよぶことにし，以後，記号に付す添字のうち，前の数値を着目点の番号，後ろの数値を系の番号とすることにする．すなわち，図5.18(c) に示す第0系では，点Bのたわみを $\delta_{10}$，点Cのたわみ角を $\delta_{20}$ のように書くことにする．同様に，着目点1（点B）の不静定力 $X_1$ が1のときの状態，すなわち第1系を図(d)に，着目点2（点C）の不静定力 $X_2$ が1のときの状態，すなわち第2系を図(e)に示す．ここで，与系と三つの系の間には

$$（与系）=（第0系）+（第1系）\times X_1 +（第2系）\times X_2$$

という重ね合せが成立する．点Bのたわみおよび点Cの相対たわみ角は，与系ではゼロになるため，変形条件（弾性方程式）は，

$$\left.\begin{array}{l} \delta_{\mathrm{B}} = \delta_1 = \delta_{10} + \delta_{11}X_1 + \delta_{12}X_2 = 0 \\ \delta_{\mathrm{C}} = \delta_2 = \delta_{20} + \delta_{21}X_1 + \delta_{22}X_2 = 0 \end{array}\right\} \tag{5.13}$$

となる．

　ここで，第0系，第1系，第2系の曲げモーメントをそれぞれ $M_0$, $M_1$, $M_2$ として，仮想仕事の原理により $\delta_{ij}$ を求める．

　第1系の力に対して，第0系，第1系，第2系の変位を仮想すると，次式となる．

$$\left.\begin{array}{l} \delta_{10} = \displaystyle\int M_1 \frac{M_0}{EI} dx \\[2mm] \delta_{11} = \displaystyle\int M_1 \frac{M_1}{EI} dx \\[2mm] \delta_{12} = \displaystyle\int M_1 \frac{M_2}{EI} dx \end{array}\right\} \tag{5.14}$$

同様に，第2系の力に対して，第0系，第1系，第2系の変位を仮想すると，次式となる．

$$\left.\begin{array}{l} \delta_{20} = \displaystyle\int M_2 \frac{M_0}{EI} dx \\[2ex] \delta_{21} = \displaystyle\int M_2 \frac{M_1}{EI} dx \\[2ex] \delta_{22} = \displaystyle\int M_2 \frac{M_2}{EI} dx \end{array}\right\} \tag{5.15}$$

すなわち，式 (5.14), (5.15) で求められる係数を式 (5.13) に代入して，式 (5.13) を連立させて解くと，未知の不静定力 $X_1$, $X_2$ が求められる．

**例題 5.4** 図 5.19 に示す3径間連続ばりの $M$ 図を描け．ただし，曲げ剛性は一定で $EI$ とする．

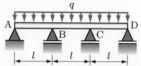

●図 5.19　3径間連続ばり

**解答** 図 5.20(a) に示すように，中間支点 B, C を取り除いた単純ばり ABCD を静定基本構とする．第0系，第1系，第2系は，それぞれ図 (a)〜(c) のようになる．

式 (5.8) を用いて $\delta_{ij}$ を求めるために，各系の曲げモーメント $M_0, M_1, M_2$ を求めておく．まず，図 (d) を参考にして

$$M_0 = -\frac{q}{2}x^2 + \frac{3}{2}qlx$$

となる．

また，図 (e) を参考にして，

$$M_1 = -\frac{2}{3}x \quad (0 \leqq x \leqq l)$$
$$M_1 = \frac{1}{3}x - l \quad (l \leqq x \leqq 3l)$$

となる．同様に考えて，

$$M_2 = -\frac{1}{3}x \quad (0 \leqq x \leqq 2l)$$
$$M_2 = \frac{2}{3}x - 2l \quad (2l \leqq x \leqq 3l)$$

となる．これらを用いて，区間ごとに積分を実行して $\delta_{ij}$ を求める．

（a）第0系　　　　　　（b）第1系　　　　　　（c）第2系

（d）自由物体図　　（e）自由物体図　　　　　　（f）$M_0$ 図

（g）$M_1$ 図　　　　　　　　　　　（h）$M_2$ 図

🍂図 5.20　解図

$$\delta_{10} = \frac{1}{EI} \int_0^{3l} M_1 M_0 dx$$

$$= \frac{1}{EI} \int_0^l \left(-\frac{2}{3}x\right)\left(-\frac{q}{2}x^2 + \frac{3}{2}qlx\right) dx$$

$$+ \frac{1}{EI} \int_l^{3l} \left(\frac{1}{3}x - l\right)\left(-\frac{q}{2}x^2 + \frac{3}{2}qlx\right) dx$$

$$= -\frac{1}{EI} \cdot \frac{11}{12} q l^4$$

$$\delta_{11} = \frac{1}{EI} \int_0^{3l} M_1 M_1 dx$$

$$= \frac{1}{EI} \int_0^l \left(-\frac{2}{3}x\right)^2 dx + \frac{1}{EI} \int_l^{3l} \left(\frac{1}{3}x - l\right)^2 dx = \frac{1}{EI} \cdot \frac{4}{9} l^3$$

$$\delta_{12} = \frac{1}{EI} \int_0^{3l} M_1 M_2 dx$$

$$= \frac{1}{EI} \int_0^l \left(-\frac{2}{3}x\right)\left(-\frac{1}{3}x\right) dx + \int_l^{2l} \left(\frac{1}{3}x - l\right)\left(-\frac{1}{3}x\right) dx$$

$$+ \frac{1}{EI} \int_{2l}^{3l} \left(\frac{1}{3}x - l\right)\left(\frac{2}{3}x - 2l\right) dx$$

$$= \frac{1}{EI} \frac{7}{18} l^3$$

$$\delta_{20} = \frac{1}{EI} \int_0^{3l} M_2 M_0 \, dx$$

$$= \frac{1}{EI} \int_0^{2l} \left( -\frac{1}{3} x \right) \left( -\frac{q}{2} x^2 + \frac{3}{2} qlx \right) + \frac{1}{EI} \int_{2l}^{3l} \left( \frac{2}{3} x - 2l \right) \left( -\frac{q}{2} x^2 + \frac{3}{2} qlx \right) dx$$

$$= -\frac{1}{EI} \cdot \frac{11}{12} ql^4$$

$$\delta_{21} = \frac{1}{EI} \int_0^{3l} M_2 M_1 \, dx = \delta_{12}$$

$$= \frac{1}{EI} \frac{7}{18} l^3$$

$$\delta_{22} = \frac{1}{EI} \int_0^{3l} M_2 M_2 \, dx = \frac{1}{EI} \int_0^{2l} \left( -\frac{1}{3} x \right)^2 dx + \frac{1}{EI} \int_{2l}^{3l} \left( \frac{2}{3} x - 2l \right)^2 dx$$

$$= \frac{1}{EI} \frac{4}{9} l^3$$

変形条件式は，式 (5.13) を用いる.

$$\delta_{\mathrm{B}} = \delta_1 = \delta_{10} + \delta_{11} \cdot X_1 + \delta_{12} \cdot X_2$$

$$\delta_{\mathrm{C}} = \delta_2 = \delta_{20} + \delta_{21} \cdot X_1 + \delta_{22} \cdot X_2$$

に上記の積分計算結果を用いて

$$-\frac{11}{12} ql^4 + \frac{4}{9} l^3 X_1 + \frac{7}{18} l^3 X_2 = 0 \tag{1}$$

$$-\frac{11}{12} ql^4 + \frac{7}{18} l^3 X_1 + \frac{4}{9} l^3 X_2 = 0 \tag{2}$$

となる. 式 (1), (2) を連立させて解いて $X_1$, $X_2$ を求めると

$$X_1 = X_2 = \frac{11}{10} ql$$

となる. 点 A, D の鉛直反力 $V_{\mathrm{A}}$, $V_{\mathrm{D}}$ は，鉛直方向のつり合い式に対称性を考慮して

$$V_{\mathrm{A}} = V_{\mathrm{D}} = \frac{1}{2} \left( 3ql - 2 \frac{11}{10} ql \right) = \frac{2}{5} ql$$

となる. したがって，**図 5.21**(a) を用いて $M$ 図を求めることができる. あるいは，

$$M = M_0 + M_1 \cdot X_1 + M_2 \cdot X_2$$

であるから，図 5.20(f)～(h) の縦距を足し合わせても得られる. すなわち，

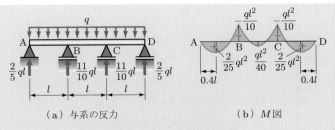

（a）与系の反力  （b）$M$図

図 5.21　3 径間連続ばり

$$M_B = M_C = ql^2 + \left(-\frac{2}{3}l\right)\left(\frac{11}{10}ql\right) + \left(-\frac{1}{3}l\right)\left(\frac{11}{10}ql\right) = -\frac{1}{10}ql^2$$

$$M_{x=(3/2)l} = \frac{9}{8}ql^2 + \left(-\frac{1}{2}l\right)\left(\frac{11}{10}ql\right) + \left(-\frac{1}{2}l\right)\left(\frac{11}{10}ql\right) = \frac{1}{40}ql^2$$

となる．また，$0 < x < l$ の範囲で

$$M_x = \left(-\frac{q}{2}x^2 + \frac{3}{2}qlx\right) + \left(-\frac{2}{3}x \cdot \frac{11}{10}ql\right) + \left(-\frac{1}{3}x \cdot \frac{11}{10}ql\right)$$

$$= -\frac{q}{2}x^2 + \frac{2}{5}qlx$$

$$\frac{dM_x}{dx} = -qx + \frac{2}{5}ql = 0$$

より，$x = (2/5)l$ で極値をとるので，その値を求めると，

$$M_{x=(2/5)l} = \frac{2}{25}ql^2$$

を得る．これらを用いて $M$ 図を描くと，図 5.21(b) となる．

この節のここまでの考え方を拡張して，一般に $n$ 次不静定構造物の不静定力 $X_1$，$X_2, \cdots, X_n$ を算定するのに必要な弾性方程式は，$n$ 元 1 次方程式として，以下のように得られる．第 $i$ 番目の式は，不静定力 $X_i$ に対応する変位の条件を表すが，その条件は，

$$\left(\begin{array}{l}\text{基本構に与えられた荷重が作用}\\\text{したときの点 }i\text{ の }X_i\text{方向変位}\end{array}\right) + \left(\begin{array}{l}\text{基本構に不静定力が全部同時に}\\\text{作用したときの点 }i\text{ の }X_i\text{方向変位}\end{array}\right) = 0$$

である．すなわち，次式を得る．

$$\left.\begin{array}{l}X_1 \text{ の作用点}: \delta_{10} + \delta_{11}X_1 + \delta_{12}X_2 + \cdots + \delta_{1n}X_n = 0 \\[4pt] X_2 \text{ の作用点}: \delta_{20} + \delta_{21}X_1 + \delta_{22}X_2 + \cdots + \delta_{2n}X_n = 0 \\[4pt] X_i \text{ の作用点}: \delta_{i0} + \delta_{i1}X_1 + \delta_{i2}X_2 + \cdots + \delta_{in}X_n = 0 \\[4pt] X_n \text{ の作用点}: \delta_{n0} + \delta_{n1}X_1 + \delta_{n2}X_2 + \cdots + \delta_{nn}X_n = 0\end{array}\right\} \quad (5.16)$$

行列で表すと，次のように書ける．

$$
\begin{bmatrix}
-\delta_{10} \\
-\delta_{20} \\
\vdots \\
-\delta_{i0} \\
\vdots \\
-\delta_{n0}
\end{bmatrix}
=
\begin{bmatrix}
\delta_{11} & \delta_{12} & \cdots & \delta_{1n} \\
\delta_{21} & \delta_{22} & \cdots & \delta_{2n} \\
\vdots & \vdots & & \vdots \\
\delta_{i1} & \delta_{i2} & \cdots & \delta_{in} \\
\vdots & \vdots & & \vdots \\
\delta_{n1} & \delta_{n2} & \cdots & \delta_{nn}
\end{bmatrix}
\begin{bmatrix}
X_1 \\
X_2 \\
\vdots \\
X_i \\
\vdots \\
X_n
\end{bmatrix}
\tag{5.17}
$$

ここで，この節の最初のところで約束したとおり，添字の一つ目は着目点，二つ目は系の番号を示すから，$\delta_{i0}$ は第 0 系における点 $i$ の $X_i$ 方向の変位，$\delta_{ij}$ は第 $j$ 系における点 $i$ の $X_i$ 方向の変位であり，次の式で与えられる．

$$
\left.
\begin{aligned}
\delta_{i0} &= \int M_i \frac{M_0}{EI} dx + \int N_i \frac{N_0}{EA} dx \\
\delta_{ij} &= \int M_i \frac{M_j}{EI} dx + \int N_i \frac{N_j}{EA} dx
\end{aligned}
\right\}
\tag{5.18}
$$

式 (5.16) または式 (5.17) を解いて，$X_1, X_2, \cdots, X_i, \cdots, X_n$ を求めることができれば，次式により与系の反力，応力が求められる．

$$
\left.
\begin{aligned}
V &= V_0 + \sum_{i=1}^{n} V_i X_i, \quad M = M_0 + \sum_{i=1}^{n} M_i X_i \\
N &= N_0 + \sum_{i=1}^{n} N_i X_i, \quad Q = Q_0 + \sum_{i=1}^{n} Q_i X_i
\end{aligned}
\right\}
\tag{5.19}
$$

高次不静定でも解けるというものの，［例題 5.4］でみたように，式 (5.17) の $\delta_{i0}, \delta_{ij}$ すなわち式 (5.18) の計算は，区間ごとの積分計算を含んでおり，高次不静定の場合は相当の計算量で手間がかかる．

［例題 5.4］のような高次不静定の場合は，第 8 章のたわみ角法や第 9 章の 3 連モーメント法のほうが簡単である．しかし，余力法には，次の［例題 5.5］[1] に示すように，構造の種類にかかわらず適用できる汎用性があるのが特長である．

**例題 5.5** 　図 5.22 に示す放物線形の 2 ヒンジアーチの水平反力の影響線を求めよ．ただし，放物線形は $y = (4f/l^2)x(l-x)$ で表され，軸線長は $S$ とする．また，任意点で軸線に引いた接線と水平軸とのなす角を $\alpha$ とするとき，その点の断面積 $A$ と断面 2 次モーメント $I$ は，アーチ頂点の断面積を $A_c$，断面 2 次モーメントを $I_c$ とするとき，$A = A_c/\cos\alpha, I = I_c/\cos\alpha$ で表さ

---

[1] この例題は少し難しいので，とばしてもよい．

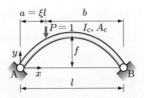

図 5.22　放物線アーチの水平反力の影響線を求める

れるものとする.

**解答**　　1 次不静定なので，支点 B の水平方向の拘束を解除し，ローラー支点に変えた系を静定基本構とし，点 B の水平反力を不静定力として求める．ただし，単位荷重法を適用するときの仮想仕事は，アーチの場合は，曲げモーメントと軸方向力について考え，アーチの軸線 $s$ に沿って積分する必要がある．**図 5.23**(a) の第 0 系について鉛直反力は容易に求められるので，図 (b) を参照して，点 A から水平距離 $x$ の点の曲げモーメント $M_0$ と軸方向力 $N_0$ を求めると，$0 \leqq x \leqq a$ のとき

$$\left. \begin{array}{l} M_0 = \left(1 - \dfrac{a}{l}\right) Px = (1 - \xi)Px \\[2mm] N_0 = -(1 - \xi)P \sin\alpha \end{array} \right\} \tag{1}$$

となり，$a \leqq x \leqq l$ のとき

$$\left. \begin{array}{l} M_0 = \left(1 - \dfrac{a}{l}\right) Px - P(x - a) = P\xi(l - x) \\[2mm] N_0 = \xi P \sin\alpha \end{array} \right\} \tag{2}$$

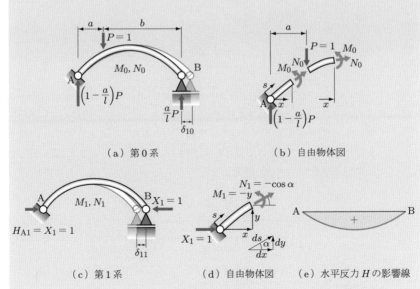

（a）第 0 系　　　　　　　　　（b）自由物体図

（c）第 1 系　　　　（d）自由物体図　　（e）水平反力 $H$ の影響線

図 5.23　解図

となる．次に，図 (c) の第 1 系について，図 (d) を参照して，点 A から水平距離 $x$ の点の曲げモーメント $M_1$ と軸方向力 $N_1$ を求めると，次式となる．

$$M_1 = -y, \quad N_1 = -\cos\alpha \tag{3}$$

ここで，第 1 系の力の第 0 系の変位に対する仮想仕事を考えると

$$\delta_{10} = \int_0^S M_1 \frac{M_0}{EI} ds + \int_0^S N_1 \frac{N_0}{EA} ds \tag{4}$$

となり，第 1 系の力の第 1 系の変位に対する仮想仕事を考えると

$$\delta_{11} = \int_0^S M_1 \frac{M_1}{EI} ds + \int_0^S N_1 \frac{N_1}{EA} ds \tag{5}$$

となる．弾性方程式（変形条件式）は，$\delta_{10} + \delta_{11} X_1 = 0$ であるから

$$X_1 = -\frac{\delta_{10}}{\delta_{11}} \tag{6}$$

である．ここで，式 (4) の第 2 項で表される軸力がたわみに及ぼす影響は，第 1 項の曲げがたわみに及ぼす影響に比べて小さく無視できるので，省略する．さらに，$ds = dx/\cos\alpha$ を考慮して，式 (4), (5) を $x$ に関する積分に変換し，式 (3) の結果を代入すると，次式が得られる．

$$\delta_{10} = \int_0^s \frac{M_1 M_0}{EI} ds = \int_0^l \frac{(-y) M_0}{EI \cos\alpha} dx \tag{7}$$

$$\delta_{11} = \int_0^s \frac{M_1^2}{EI} ds + \int_0^s \frac{N_1^2}{EA} ds = \int_0^l \frac{y^2}{EI \cos\alpha} dx + \int_0^l \frac{\cos\alpha}{EA} dx \tag{8}$$

式 (7), (8) を式 (6) に代入すると

$$X_1 = -\frac{\delta_{10}}{\delta_{11}} = \frac{\displaystyle\int_0^l \{M_0 y/(I\cos\alpha)\} dx}{\displaystyle\int_0^l \{y^2/(I\cos\alpha)\} dx + \int_0^l (\cos\alpha/A) dx} \tag{9}$$

となる．これは，任意の荷重状態に対して，左支点から $x$ の点の第 0 系の曲げモーメント $M_0$ を与えて，水平反力を求める式である．しかし，式 (9) の積分は手間がかかるので，この例のように断面が $A = A_c/\cos\alpha$, $I = I_c/\cos\alpha$ として与えられている場合は，さらに簡単になって

$$X_1 = \frac{\displaystyle\int_0^l M_0 y dx}{\displaystyle\int_0^l y^2 dx + (I_c/A_c) \int_0^l \cos^2\alpha dx} \tag{10}$$

となる．ここで，式 (10) の分子は，$M_0$ に式 (1), (2) を用い，$y = (4f/l^2) x(l-x)$ を考慮すると

$$\int_0^l M_0 y \, dx = \int_0^a P_x(1-\xi)\frac{4f}{l^2}x(l-x)dx + \int_a^l P\xi(l-x)\frac{4f}{l^2}x(l-x)dx$$

$$= \frac{fl^2}{3}\xi\left(\xi^3 - 2\xi^2 + 1\right)$$

となり，式 (10) の分母第 1 項は

$$\int_0^l y^2 dx = \frac{16f^2}{l^4}\int_0^l x^2(l-x)^2 dx = \frac{8}{15}f^2 l$$

となる．さらに，式 (10) の分母第 2 項は

$$\frac{dy}{dx} = \tan\alpha = \frac{4f}{l^2}(l-2x), \quad \frac{d^2y}{dx^2} = \frac{d\alpha}{\cos^2\alpha} = -\frac{8f}{l^2}dx$$

から得られる $\cos^2\alpha \, dx = -(l^2/8f)d\alpha$ という関係を用いて

$$\int_0^l \cos^2\alpha \, dx = -\frac{l^2}{8f}\int_{\alpha_0}^{-\alpha_0} d\alpha = \frac{l^2}{4f}\alpha_0$$

となる．ここに，$\alpha_0$ は支点におけるアーチ軸線の接線の水平軸となす角である．したがって，式 (10) は

$$X_1 = H = \frac{(fl^2/3)\xi(\xi^3 - 2\xi^2 + 1)}{(8/15)f^2 l + (I_c/A_c)\{l^2/(4f)\}\alpha_0}$$

$$= \frac{fl^2\xi(1-\xi)(1+\xi-\xi^2)}{(8/5)f^2 l + 3(I_c/A_c)\{l^2/(4f)\}\alpha_0} \tag{11}$$

となり，$\xi$ の関数として図示すると，図 (e) を得る．これは水平反力 $H$ の影響線である．これにより，さらに応力の影響線が求められるし，同様の方法で任意の荷重条件に対する水平反力や応力が求められる．

## ◆付録　不静定次数の数え方

　はりとトラスの静定・不静定の考え方については，上巻第 3 章で学んだが，ここでは，ラーメン構造も含めて，もう一度平面構造物の不静定次数の数え方をまとめておこう．考え方の基本は自由物体のつり合いであり，自由物体が点の場合，$x, y$ の 2 方向の移動に対する 2 個，さらに大きさがある場合は，回転を加えた 3 個のつり合い式が存在する．一方，与えられた構造物の支点を取り去ったり，部材を切断して拘束を解除したりするときに，支点や切断点に生じる未知力の数は，いままでに学んだ結果より表 5.1 のようにまとめられる．不静定次数の数え方の基本は，未知力の数とつり合い式の数を数えることにある．ここでは，構造の種類別に不静定次数の求め方を具体的に説明しよう．

## ■（1）トラスの場合

節点法で考えたように，各節点に集まる部材を切断して節点を自由物体と考えると，節点の数が $j$ のとき，つり合い式の数は $2j$ である．一方，未知力の数は，部材数 $m$ 個分の部材力と反力の数 $r$ であるから，不静定次数 $n$ は，次式で表すことができる．

$$n = m + r - 2j \tag{5.20}$$

**図 5.24**(a) に示すトラスの場合，図 (b) に示すように四つの自由物体に分割すれば，式 (5.20) において，$m = 6, r = 3, j = 4$ であるから，$n = 1$ となり，(内的) 1 次不静定という結果が得られる．ただし，上巻でも述べたように，構造の部分または，全体が不安定な構造の場合は，この式は正しい答を与えない（必要条件であるが，十分条件ではない）ので，注意を要する．

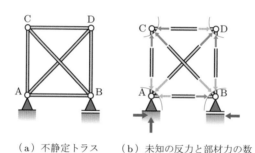

（a）不静定トラス　　（b）未知の反力と部材力の数

🔻図 5.24　トラスの不静定次数の数え方

## ■（2）はりやラーメンの場合

構造物を $j$ 個の要素（自由物体）に切断した場合，$3j$ 個のつり合い式が存在する．一方，未知力の総数は曲げ部材断面の切断点数を $m$，中間ヒンジでの切断点数を $h$，反力の数を $r$ とすると，表 5.1 より $(3m + 2h + r)$ 個になる．したがって，不静定次数 $n$ は，次式で表すことができる．

$$n = 3m + 2h + r - 3j \tag{5.21}$$

ただし，上式は中間ヒンジ点で必ず切断する場合であり，切断しないで中間ヒンジを含んだままで考えたときは，自由物体のつり合い式以外に中間ヒンジで $M = 0$ の条件が使えるので，(上式) − (切断しないヒンジの数) となる．自由物体の数は少ないほど計算は簡単であるので，はりの場合は切断しないで $n = r - 3 - $（中間ヒンジの数）と考えれば最も簡単に求められる．

**図 5.25**(a) に示すはりの場合，点 C の中間ヒンジで切断したときは図 (b) のよう

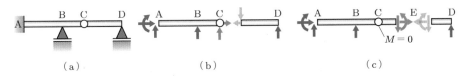

図 5.25　はりの不静定次数の数え方

になり，$m=0, h=1, r=5, j=2$ であるから $n=1$ となる．そのほかの任意の点
E で切断したときは図 (c) のようになるが，$m=1, h=0, r=5, j=2$ であるから，
式 (5.21) で得られる値からヒンジの数 1 を引いて $n=1$ となり，1 次不静定という同
じ結果を得る．また，全く切断せずに，$n=r-3-$（中間ヒンジの数）としても同じ
結果になることを，自分で確かめてみよう．

**図 5.26**(a) に示すラーメンの場合を考えてみよう．点 G の中間ヒンジでの切断を
含む場合，図 (b) のように AD, BEG, CFH の三つの自由物体に分割すると，$m=2$,
$h=1, r=6, j=3$ であるから，$n=5$ となる．点 G の中間ヒンジでの切断を含ま
ない場合は，たとえば，図 (c) のように AD, BEFC, EGHF の三つの自由物体に分
割して，$m=3, h=0, r=6, j=3$ であるから，式 (5.21) で得られる値からヒンジ

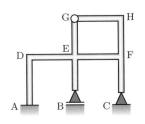

（a）与えられたラーメン

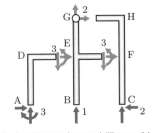

（b）切断面に点 G の中間ヒンジを
　　含む場合

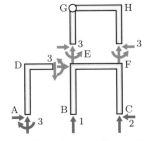

（c）切断面に点 G の中間ヒンジを
　　含まない場合

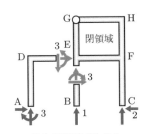

（b）閉領域が生じる
　　不適切な分割

図 5.26　ラーメンの不静定次数の数え方

の数 1 を引いて $n = 5$ となり，同じ結果になる．ここで，図 (d) のように部材でつくられる閉領域が存在する場合や，構造の部分または全体が不安定構造の場合は，正しい答にならない（十分条件でない）ので，注意を要する．

つまり，式 (5.20), (5.21) を記憶するのではなく，表 5.1 をよく理解したうえで，以下のように考える必要がある．すなわち，構造物を切断して，拘束を解除し，いくつかの自由物体に分解し，切断点に作用していた未知力（反力と部材力）の総数から，トラスの場合（節点の数）× 2，はりやラーメンの場合（自由物体の数）× 3 で計算されるつり合い式の総数を引けば，不静定次数が得られる．

--- 演習問題 ---

5.1 **図 5.27** に示す 1 次不静定ばりについて，静定構造に分解して反力を求めよ．さらに，静定基本構および不静定力 $X$ の選び方を変えて，もう一度同じ問題を解き，結果が一致することを確認せよ．

5.2 **図 5.28**(a) に示す不静定構造物の部材 BC の部材力を求めよ．方法として，図 (b) に示すように分解して，はり AC の点 C のたわみと鉛直材 BC の伸びが等しいことを利用して部材力 $X$ を求めよ．

5.3 演習問題 5.2 をヒントにして，**図 5.29** に示す不静定構造物の部材 BC の部材力を求

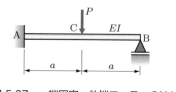

💠図 5.27　一端固定，他端ローラーのはり

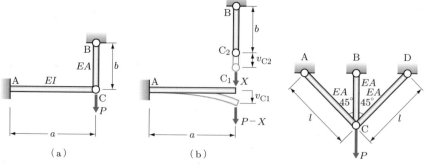

💠図 5.28　自由端をケーブルで吊った片持ちばり　💠図 5.29　不静定トラス

めよ.

5.4 **図 5.30**(a), (b) に示す構造は高次不静定構造であるが,荷重が作用している方向のみ
で考えると 1 次不静定となる.それぞれについて点 A の反力を求めよ.
　　　ヒント:それぞれ点 C で構造と荷重を二つに分解し,分解後の部分構造のそれぞれ
　　　　　　　の点 C でのたわみ,または伸縮量が互いに等しいという連続条件を用いる.

5.5 **図 5.27** の支点 B がバネ定数 $k$ の弾性地盤上にあって変位することができる場合,
**図 5.31** のようなモデルで表すことができる.この場合の反力 $V_D$ を求めよ.

5.6 **図 5.32**(a)~(c) に示すトラス,はり,ラーメンのそれぞれについて,不静定次数を述
べたうえで,それぞれの静定基本構を 3 種ずつつくり出し,不静定力を示せ.

5.7 **図 5.33** に示すはりの $M$ 図を,仮想仕事の原理を用いて描け.

5.8 **図 5.34** に示すトラスの軸力を,部材 6(CD)以外の部材を切断した系を静定基本構
として求め,[例題 5.2] と同じ結果になることを確認せよ.ただし,部材の軸方向剛
性はすべて $EA$ とする.

5.9 **図 5.35** に示すラーメンの $M$ 図を,余力法を用いて描け.

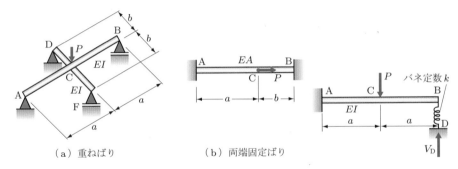

（a）重ねばり　　　　　　　（b）両端固定ばり

▶図 5.30　重ねばりと両端固定ばり

▶図 5.31　自由端がバネ支持
　　　　　　された片持ちばり

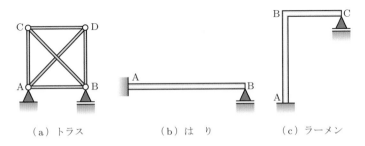

（a）トラス　　　　　　（b）は　　り　　　　　　（c）ラーメン

▶図 5.32　不静定次数,静定基本構,不静定力を求める

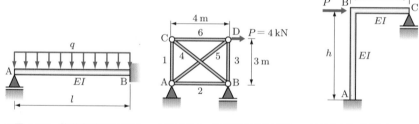

■図 5.33　等分布荷重を満載　■図 5.34　内的不静定トラス　■図 5.35　不静定ラーメン
　　　　　する不静定ばり

5.10　図 5.36 に示す連続ばりの中間支点 C の反力の影響線を，余力法を用いて求めよ．

5.11　図 5.37 に示す門形ラーメンの反力を，余力法を用いて求め，$M$ 図を描け．

5.12　図 5.38 に示す不静定トラスの部材力を単位荷重法で求め，カステリアーノの第 2 定
　　　理を用いて，荷重点 D の鉛直方向変位 $v$ を求めよ．ただし，軸方向剛性は全部材 $EA$
　　　とする．

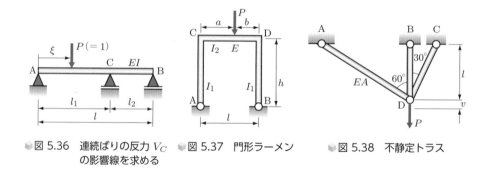

■図 5.36　連続ばりの反力 $V_C$　■図 5.37　門形ラーメン　■図 5.38　不静定トラス
　　　　　の影響線を求める

# 第6章 剛性マトリクスにより トラスを解く

## 6.1 剛性マトリクスって何ですか？

　支間 $l$ の単純ばりの中央に荷重 $F$ が作用する場合の支間中央のたわみが $v = \{l^3/(48EI)\} \cdot F$ で表されることなどからわかるように，弾性構造物のたわみは荷重と比例し，**線形関係**にある．すなわち，**図 6.1**(a) に示すように，$F = 1\,\mathrm{kN}$ が作用するときの着目点 C のたわみが $v = 2\,\mathrm{cm}$ なら，$F = 10\,\mathrm{kN}$ のときの同じ点のたわみは $20\,\mathrm{cm}$ になる（図 (b) 参照）．さらに，**図 6.2**(c) に示すように，$F_2$ と $F_4$ が同時に作用するときのたわみ $v_3$ は，$F_2$ のみが作用したときのたわみ $v_{32}$（図 (a) 参照）と $F_4$ のみが作用したときのたわみ $v_{34}$（図 (b) 参照）の和として求められる．これを**重ね合せの原理**ということは，上巻 4.4 節でも述べた．この二つの性質を使うと，各点のたわみと各点に作用する荷重との一般的な関係を導くことができる．

　まず，**図 6.3**(a) に示すように，剛体運動をしないように拘束されている弾性構造物を考え，節点 $1 \sim n$ を任意に定める．節点 $1, 2, \cdots, i, \cdots, n$ に外力 $F_1, F_2, \cdots, F_i, \cdots, F_n$

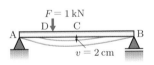
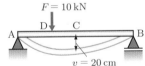

（a）$F = 1\,\mathrm{kN}$ によるたわみ　　（b）$F = 10\,\mathrm{kN}$ によるたわみ

▶ 図 6.1　荷重と変位の線形性

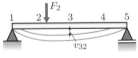

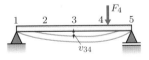
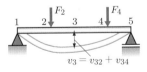

（a）$F_2$ によるたわみ　　　　（b）$F_4$ によるたわみ　　　　（c）$F_2$ と $F_4$ によるたわみ

▶ 図 6.2　重ね合せの原理とたわみ

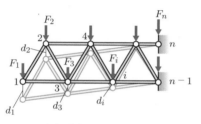

（a）節点荷重と節点変位

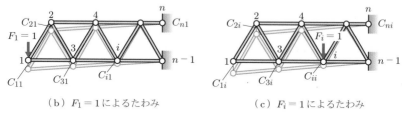

（b）$F_1 = 1$ によるたわみ      （c）$F_i = 1$ によるたわみ

🍃図 6.3   $F_1 \sim F_n$ が作用するときの節点 $i$ のたわみ $d_i$

が作用している状態を考え，この荷重に対応する各節点の変位を $d_1, d_2, \cdots, d_i, \cdots, d_n$ とする．

いま，節点 $i$ の変位に着目し，

    $F_1 = 1$ のみ作用するときの節点 $i$ の変位を $C_{i1}$（図 6.3(b) 参照）

    $F_2 = 1$ のみ作用するときの節点 $i$ の変位を $C_{i2}$

    $F_i = 1$ のみ作用するときの節点 $i$ の変位を $C_{ii}$（図 (c) 参照）

などとすると，$F_1, F_2, \cdots, F_i, \cdots, F_n$ が同時に作用したときの節点 $i$ の変位 $d_i$ は，先に述べた線形性と重ね合せの原理により

$$d_i = C_{i1}F_1 + C_{i2}F_2 + \cdots + C_{ii}F_i + \cdots + C_{in}F_n \tag{6.1}$$

と表すことができる．ほかの節点についても同様に考えられるから，上式に $i = 1, 2, \cdots, i, \cdots, n$ を代入すると，$n$ 個の方程式が得られる．これを行列（マトリクス）で表すと

$$
\begin{bmatrix} d_1 \\ d_2 \\ \vdots \\ d_i \\ \vdots \\ d_n \end{bmatrix}
=
\begin{bmatrix}
C_{11} & C_{12} & \cdots & C_{1i} & \cdots & C_{1n} \\
C_{21} & C_{22} & \cdots & C_{2i} & \cdots & C_{2n} \\
\vdots & \vdots & & \vdots & & \vdots \\
C_{i1} & C_{i2} & \cdots & C_{ii} & \cdots & C_{in} \\
\vdots & \vdots & & \vdots & & \vdots \\
C_{n1} & C_{n2} & \cdots & C_{ni} & \cdots & C_{nn}
\end{bmatrix}
\begin{bmatrix} F_1 \\ F_2 \\ \vdots \\ F_i \\ \vdots \\ F_n \end{bmatrix}
\qquad \text{または} \quad \boldsymbol{d} = \boldsymbol{C} \cdot \boldsymbol{F} \tag{6.2}
$$

と書ける（行列の表記法と算法については，次節にまとめている）．これは，式 (5.17) で与えられた関数と類似のものである．$C_{i1}, C_{i2}, \cdots, C_{in}$ は，$1 \sim n$ の節点にはたらく単位荷重が点 $i$ の変位 $d_i$ に及ぼす影響（$d_i$ の影響線値）を表しているので，この行列のことを変位影響係数マトリクスまたは**撓性マトリクス**とよぶ．すべての係数 $C_{11} \sim C_{nn}$ は，あらかじめ求めておけるから，荷重 $F_1 \sim F_n$ が与えられると各点の変位 $d_1 \sim d_n$ を求めることができる．

一方，式 (6.2) は $n$ 元 1 次方程式であるから，$F_1 \sim F_n$ について解くこともでき，その結果は次のように表すことができる．

$$
\begin{bmatrix} F_1 \\ F_2 \\ \vdots \\ F_i \\ \vdots \\ F_n \end{bmatrix} = \begin{bmatrix} k_{11} & k_{12} & \cdots & k_{1i} & \cdots & k_{1n} \\ k_{21} & k_{22} & \cdots & k_{2i} & \cdots & k_{2n} \\ \vdots & \vdots & & \vdots & & \vdots \\ k_{i1} & k_{i2} & \cdots & k_{ii} & \cdots & k_{in} \\ \vdots & \vdots & & \vdots & & \vdots \\ k_{n1} & k_{n2} & \cdots & k_{ni} & \cdots & k_{nn} \end{bmatrix} \begin{bmatrix} d_1 \\ d_2 \\ \vdots \\ d_i \\ \vdots \\ d_n \end{bmatrix} \quad \text{または} \quad \boldsymbol{F} = \boldsymbol{k} \cdot \boldsymbol{d} \quad (6.3)
$$

この行列の要素 $k_{ij}$ の意味を考えるために，$d_1 = 1, d_2 = d_3 = \cdots = d_n = 0$ の場合に注目すると

$$
\begin{bmatrix} F_1 \\ F_2 \\ \vdots \\ F_i \\ \vdots \\ F_n \end{bmatrix} = \begin{bmatrix} k_{11} & k_{12} & \cdots & k_{1i} & \cdots & k_{1n} \\ k_{21} & k_{22} & \cdots & k_{2i} & \cdots & k_{2n} \\ \vdots & \vdots & & \vdots & & \vdots \\ k_{i1} & k_{i2} & \cdots & k_{ii} & \cdots & k_{in} \\ \vdots & \vdots & & \vdots & & \vdots \\ k_{n1} & k_{n2} & \cdots & k_{ni} & \cdots & k_{nn} \end{bmatrix} \begin{bmatrix} 1 \\ 0 \\ \vdots \\ 0 \\ \vdots \\ 0 \end{bmatrix} \tag{6.4}
$$

と書ける．右辺のかけ算を実行すると，$F_i = k_{i1}d_1 = k_{i1}$ となる．これより，$k_{i1}$ は，ほかの節点を動かないように固定して，節点 1 の変位のみを 1 だけ強制的に与えたときに，点 $i$ に生じる力 $F_i$ の大きさを表していることがわかる．変位に対する抵抗（剛性）が大きければ，力 $F_i (= k_{i1})$ も大きくなるので，$k_{i1}$ は構造物の剛性を表すことになる．そこで，この行列のことを**剛性マトリクス** (stiffness matrix) または剛性行列といい，式 (6.3) の形の表現のつり合い式を**剛性方程式**という．$k_{ij}$ が，あらかじめ求められていれば，荷重 $F_1 \sim F_n$ が与えられると各点の変位 $d_1 \sim d_n$ を求めることができる．

以上のように，節点に作用する荷重と，対応する節点の変位との関係を行列表示して未知数を求める方法を**マトリクス構造解析法**という．

ここで，以後の節で用いる行列の演算について必要事項をまとめておく．

行列（マトリクス，matrix）とは，式 (6.3) で登場したように，数値を 2 次元的に行と列に並べたものにすぎず，恐れることはない．しかし，表記法と基本的な算法は，人間（数学者）がつくった約束事であるから，なぜそうなるかと考えずに，そのまま覚えるしかない．以下に，本書の表記法と本書に必要な演算法をまとめている．

① 本書では，行列 $A$ は $[A]$ または $\boldsymbol{A}$ で表し，その $i$ 行 $j$ 列の要素を $A_{ij}$ と表す．とくに，$A$ が，$m$ 行 $n$ 列の行列であることを示す必要があるときは，$_m^n[A], {}_m^n\boldsymbol{A}$ と表す．

② 縦に 1 列だけの行列を**列ベクトル**という．列ベクトル $A$ は，$\{A\}$ と表す．

③ $A$ の行と列の要素を入れ換えた行列を $A$ の**転置行列** (transposed matrix) といい，$[A]^T$ または $\boldsymbol{A}^T$ と表し，転置行列 $A$ または $A$ トランスポーズドと読む．たとえば，

$$A = \begin{bmatrix} 1 & 2 & 3 & 4 \\ 5 & 6 & 7 & 8 \end{bmatrix} \text{であれば } A^T = \begin{bmatrix} 1 & 5 \\ 2 & 6 \\ 3 & 7 \\ 4 & 8 \end{bmatrix} \text{となる.}$$

④ 横に 1 列だけの行列を**行ベクトル**という．$A$ が列ベクトルであれば，$A^T$ は行ベクトルとなる．たとえば，

$$\{A\} = \begin{bmatrix} 1 \\ 2 \\ 3 \\ 4 \end{bmatrix} \text{であれば } \{A\}^T = \begin{bmatrix} 1 & 2 & 3 & 4 \end{bmatrix} \text{となる.}$$

⑤ 行数と列数が等しい行列を**正方行列**という．正方行列 $A$ において，その $i$ 行 $j$ 列の要素 $A_{ij}$ と $j$ 行 $i$ 列の要素 $A_{ji}$ が等しいとき，$A$ を**対称行列**という．たとえば，

$$_3\boldsymbol{A} = \begin{bmatrix} 1 & 2 & 3 \\ 2 & 4 & 5 \\ 3 & 5 & 6 \end{bmatrix}$$

は対称行列である．対称という意味の英語 symmetry の頭 3 文字を使って，

$$_3\boldsymbol{A} = \begin{bmatrix} 1 & 2 & 3 \\ & 4 & 5 \\ \text{Sym.} & & 6 \end{bmatrix} \text{とも表す.}$$

⑥ 正方行列の左上から右下への対角線上の要素の値（主対角要素）がすべて 1 で，ほかのすべての要素の値が 0 である行列を**単位行列**とよび，$[I]$ または $I$ で表す．たとえば，

$$\overset{3}{_3I} = \begin{bmatrix} 1 & 0 & 0 \\ 0 & 1 & 0 \\ 0 & 0 & 1 \end{bmatrix} \text{は単位行列である．}$$

⑦ $A, B, C$ が $m$ 行 $n$ 列の行列であるとき，$\overset{n}{_mA} \pm \overset{n}{_mB} = \overset{n}{_mC}$ とすると $A_{ij} \pm B_{ij} = C_{ij}$ である．たとえば，

$$\begin{bmatrix} 1 & 2 & -3 \\ 4 & 5 & 6 \end{bmatrix} + \begin{bmatrix} 7 & -8 & 9 \\ 1 & 2 & -3 \end{bmatrix} = \begin{bmatrix} 8 & -6 & 6 \\ 5 & 7 & 3 \end{bmatrix}$$

$$\begin{bmatrix} 1 & 2 & -3 \\ 4 & 5 & 6 \end{bmatrix} - \begin{bmatrix} 7 & -8 & 9 \\ 1 & 2 & -3 \end{bmatrix} = \begin{bmatrix} -6 & 10 & -12 \\ 3 & 3 & 9 \end{bmatrix}$$

となる．また，加算の順序を入れ換えても答は変わらないから，$A + B = B + A$ である．

⑧ 行列の乗算は，$\overset{n}{_mA} \cdot \overset{l}{_nB} = \overset{l}{_mC}$ と書き，$C_{ij} = A_{i1}B_{1j} + A_{i2}B_{2j} + \cdots + A_{in}B_{nj}$ という演算を意味する．このとき，左の行列 $A$ の列数と右の行列 $B$ の行数が等しくなければならない．したがって，$\overset{n}{_mA}, \overset{m}{_nB}$ のときは，$B \cdot A$ が存在するが，$A \cdot B$ と $B \cdot A$ の結果は普通異なる．乗算を筆算で行う場合は $A$ と $B$ をずらして書き，左の行列 $A$ の $i$ 番目の行ベクトルと右の行列 $B$ の $j$ 番目の列ベクトルの積和をとり，結果を $i$ 行 $j$ 列に書いていけば，行列 $C$ が得られる．たとえば，

$$\overset{3}{_2A} = \begin{bmatrix} 1 & 2 & 3 \\ 4 & 5 & 6 \end{bmatrix}, \quad \overset{4}{_3B} = \begin{bmatrix} 1 & 2 & 3 & 4 \\ 4 & 5 & 6 & 7 \\ 7 & 8 & 9 & 1 \end{bmatrix} \text{のとき} \overset{4}{_2C} = \overset{3}{_2A} \cdot \overset{4}{_3B} \text{は，}$$

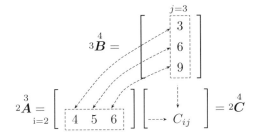

$$C_{ij} = A_{i1}B_{1j} + A_{i2}B_{2j} + \cdots + A_{in}B_{nj}$$

$$C_{23} = 4 \times 3 + 5 \times 6 + 6 \times 9 = 96$$

のように計算される.

⑨ ${}^{n}_{n}\boldsymbol{A} \cdot {}^{n}_{n}\boldsymbol{I} = {}^{n}_{n}\boldsymbol{I} \cdot {}^{n}_{n}\boldsymbol{A} = {}^{n}_{n}\boldsymbol{A}$ である.

⑩ ${}^{n}_{n}\boldsymbol{A} \cdot {}^{n}_{n}\boldsymbol{B} = {}^{n}_{n}\boldsymbol{I}$ となるような $\boldsymbol{B}$ を $\boldsymbol{A}$ の**逆行列**といい, $\boldsymbol{A}^{-1}$ と表す. すなわち, 次式の関係が成立する.

$$\boldsymbol{A} \cdot \boldsymbol{A}^{-1} = \boldsymbol{A}^{-1} \cdot \boldsymbol{A} = \boldsymbol{I} \tag{6.5}$$

逆行列 $\boldsymbol{A}^{-1}$ が存在するためには, $\boldsymbol{A}$ の次に説明する行列式がゼロでないことが必要十分条件である. 行列式がゼロになり, 逆行列が存在しない場合, **行列が特異である**という.

⑪ 行列は, 単に数値が行と列に並んでいる配置を示しているだけであるが, 行列式は, 行列の要素をあるルールで展開した式であり, 正方行列にのみ定義される. 正方行列 $\boldsymbol{A}$ の行列式は $|\boldsymbol{A}|$ または $\det \boldsymbol{A}$ と表記され, たとえば,

$$\boldsymbol{A} = \begin{bmatrix} a & b & c \\ d & e & f \\ g & h & i \end{bmatrix}$$

の場合,

$$|\boldsymbol{A}| = \det \boldsymbol{A} = aei + bfg + cdh - (ceg + bdi + afh)$$

となる.

⑫ 行列の積の転置行列は, 後ろから逆の順序で並べた転置行列の積になる. すなわち

$$(\boldsymbol{A} \cdot \boldsymbol{B} \cdot \boldsymbol{C})^{T} = \boldsymbol{C}^{T} \cdot \boldsymbol{B}^{T} \cdot \boldsymbol{A}^{T} \tag{6.6}$$

となる.

⑬ 行列の微分および積分は, その要素をそれぞれ微分および積分すればよい. すなわち

$$\int \boldsymbol{A} dx = \boldsymbol{B} \quad とすると \quad \int A_{ij} dx = B_{ij}$$

であり,

$$\frac{\partial \boldsymbol{A}}{\partial x} = \boldsymbol{B} \quad \text{とすると} \quad \frac{\partial A_{ij}}{\partial x} = B_{ij}$$

となる.

⑭ 式 (6.3) に示したように，$d_1 \sim d_n$ を未知数とし，$F_1 \sim F_n$ と $k_{ij}$ を既知数とする $n$ 元連立方程式は，$\boldsymbol{F} = \boldsymbol{k} \cdot \boldsymbol{d}$ のように書ける．これを $\boldsymbol{d}$ について解くには，両辺の左から $\boldsymbol{k}^{-1}$ を乗じて，$\boldsymbol{k}^{-1} \boldsymbol{k} = \boldsymbol{I}$ を考慮すると

$$\boldsymbol{k}^{-1} \cdot \boldsymbol{F} = \boldsymbol{k}^{-1} \cdot \boldsymbol{k} \cdot \boldsymbol{d} = \boldsymbol{I} \cdot \boldsymbol{d} \quad \text{すなわち} \quad \boldsymbol{d} = \boldsymbol{k}^{-1} \cdot \boldsymbol{F}$$

となる.

　元数が多くなると，通常逆行列の計算は行わず，消去法などでもとの連立方程式 $\boldsymbol{F} = \boldsymbol{k} \cdot \boldsymbol{d}$ を直接解くことになるが，いずれにせよ，これで $\boldsymbol{d}$ が求められたことを意味している.

⑮ $n$ 次の行ベクトル $\{a\}^T$ と $n$ 次の列ベクトル $\{b\}$ の積は，内積とよばれる．すなわち

$$\{a\}^T = \begin{bmatrix} a_1 & a_2 & \cdots & a_n \end{bmatrix}, \quad \{b\} = \begin{bmatrix} b_1 \\ b_2 \\ \vdots \\ b_n \end{bmatrix} \quad \text{とすれば}$$

$$\{a\}^T \cdot \{b\} = \begin{bmatrix} a_1 & a_2 & \cdots & a_n \end{bmatrix} \begin{bmatrix} b_1 \\ b_2 \\ \vdots \\ b_n \end{bmatrix} = a_1 b_1 + a_2 b_2 + \cdots + a_n b_n = \sum_{i=1}^{n} a_i b_i$$

となる．エネルギーや仕事の表現に，この内積が用いられる.

## 6.3 軸力部材の剛性マトリクスを求める

6.1 節で示した撓性マトリクスより剛性マトリクスのほうが容易に求められるので，以下では剛性マトリクスの求め方とその結果を示す.

　**図 6.4**(a) に示すバネ要素（バネ係数 $k$）の剛性マトリクスを，つり合い式より求める．両端の節点 1, 2 に作用する $x$ 軸方向の節点力 $x_1, x_2$ と，$x$ 軸方向変位 $u_1, u_2$ の関係を求めればよい．変位および節点力の正方向は，どちらの節点に関するものも，座標軸 $x$ の正方向に一致する向きとする．ここで，図 (b) に示すように，節点 1 の右，節点 2 の左で切断すると，断面には，バネの伸び $(u_2 - u_1)$ によって軸力 $N$ が

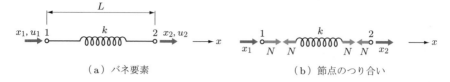

**図 6.4　バネ要素のつり合いと剛性マトリクスの誘導**

生じており，バネ定数を $k$ とすると $N = k(u_2 - u_1)$ となる．

いま，節点 1 の力のつり合いを考えると

$$x_1 + N = 0, \quad x_1 = -N = -k(u_2 - u_1) \tag{6.7}$$

同様に，節点 2 の力のつり合いを考えると

$$x_2 - N = 0, \quad x_2 = N = k(u_2 - u_1) \tag{6.8}$$

となり，この 2 式を行列表示すると

$$\begin{bmatrix} x_1 \\ x_2 \end{bmatrix} = \begin{bmatrix} k & -k \\ -k & k \end{bmatrix} \begin{bmatrix} u_1 \\ u_2 \end{bmatrix} \quad \text{または} \quad \boldsymbol{x} = \boldsymbol{k} \cdot \boldsymbol{u} \tag{6.9}$$

となる．ここで，$\boldsymbol{k}$ が剛性マトリクスであり，$\boldsymbol{x} = [x_1 \ x_2]^T$ を**節点力ベクトル**，$\boldsymbol{u} = [u_1 \ u_2]^T$ を**（節点）変位ベクトル**という．

　次に，**図 6.5**(a) に示すように，バネ定数がそれぞれ $k_a, k_b$ である 2 本のバネ a, b を直列に連結した複合バネの剛性マトリクスを導いてみよう．節点 1 の右，節点 2 の左右，節点 3 の左で切断して，図 (b) のような自由物体図を描く．ここで，各節点の節点力を $x_1, x_2, x_3$，$x$ 軸方向変位を $u_1, u_2, u_3$ とし，バネ a の軸力を $N_a$，バネ b の軸力を $N_b$ とすると，バネ a について，

$$N_a = k_a(u_2 - u_1) \tag{6.10}$$

バネ b について，

$$N_b = k_b(u_3 - u_2) \tag{6.11}$$

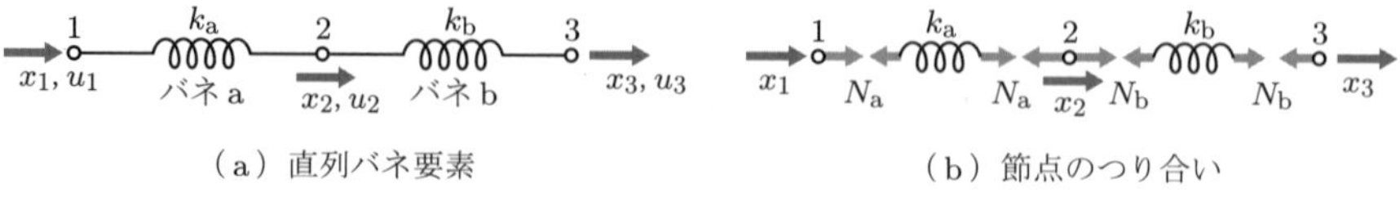

（a）直列バネ要素　　　　　　　　　（b）節点のつり合い

**図 6.5　直列バネ要素のつり合いと剛性マトリクスの誘導**

となる．次に，節点 1 のつり合いを考えると，

$$x_1 + N_a = 0 \quad \rightarrow \quad x_1 = -N_a = -k_a(u_2 - u_1) \tag{6.12}$$

となる．同様に，節点 2, 3 のつり合いを考えると，それぞれ

$$x_2 - N_a + N_b = 0 \quad \rightarrow \quad x_2 = N_a - N_b = -k_a u_1 + (k_a + k_b)u_2 - k_b u_3 \tag{6.13}$$

$$x_3 - N_b = 0 \quad \rightarrow \quad x_3 = N_b = k_b(u_3 - u_2) \tag{6.14}$$

となる．

式 (6.12)〜(6.14) を行列表示すると

$$\begin{bmatrix} x_1 \\ x_2 \\ x_3 \end{bmatrix} = \begin{bmatrix} k_a & -k_a & 0 \\ -k_a & k_a + k_b & -k_b \\ 0 & -k_b & k_b \end{bmatrix} \begin{bmatrix} u_1 \\ u_2 \\ u_3 \end{bmatrix} \quad \text{または} \quad \boldsymbol{x} = \boldsymbol{k} \cdot \boldsymbol{u} \tag{6.15}$$

となる．

ところで，この剛性マトリクス $\boldsymbol{k}$ は，バネ a, b をそれぞれ単独に考えると，式 (6.9) で求められた単一バネの剛性マトリクスを足し合わせることによりつくり出せる．すなわち，バネ a の剛性マトリクス

$$\boldsymbol{k}_a = \begin{matrix} & u_1 & u_2 \\ & \begin{bmatrix} k_a & -k_a \\ -k_a & k_a \end{bmatrix} \end{matrix} \xrightarrow{\text{拡張}} \begin{matrix} u_1 & u_2 & u_3 \\ \begin{bmatrix} k_a & -k_a & 0 \\ -k_a & k_a & 0 \\ 0 & 0 & 0 \end{bmatrix} \end{matrix} \tag{6.16}$$

と，バネ b の剛性マトリクス

$$\boldsymbol{k}_b = \begin{matrix} & u_2 & u_3 \\ & \begin{bmatrix} k_b & -k_b \\ -k_b & k_b \end{bmatrix} \end{matrix} \xrightarrow{\text{拡張}} \begin{matrix} u_1 & u_2 & u_3 \\ \begin{bmatrix} 0 & 0 & 0 \\ 0 & k_b & -k_b \\ 0 & -k_b & k_b \end{bmatrix} \end{matrix} \tag{6.17}$$

を足し合わせて

$$\boldsymbol{k} = \boldsymbol{k}_a + \boldsymbol{k}_b = \begin{matrix} u_1 & u_2 & u_3 \\ \begin{bmatrix} k_a & -k_a & 0 \\ -k_a & k_a + k_b & -k_b \\ 0 & -k_b & k_b \end{bmatrix} \end{matrix} \tag{6.18}$$

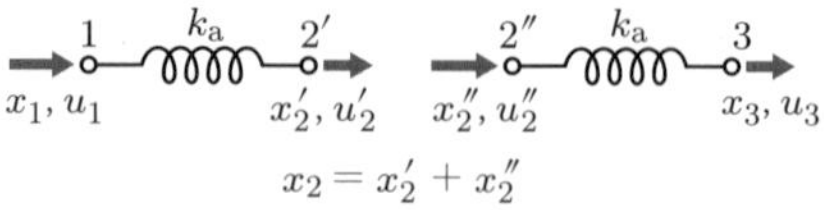

図 6.6　単一バネの連結により直列バネを得る

として得られる. 以上の手順の意味を考えるために, 図 6.5(a) と同じ複合バネを**図 6.6**に示すように二つのバネに分け, 式 (6.9) を利用して, バネ a とバネ b の剛性方程式をたてると

$$
\begin{bmatrix} x_1 \\ x_2' \end{bmatrix} = \begin{bmatrix} k_{\mathrm{a}} & -k_{\mathrm{a}} \\ -k_{\mathrm{a}} & k_{\mathrm{a}} \end{bmatrix} \begin{bmatrix} u_1 \\ u_2' \end{bmatrix} \tag{6.19}
$$

$$
\begin{bmatrix} x_2'' \\ x_3 \end{bmatrix} = \begin{bmatrix} k_{\mathrm{b}} & -k_{\mathrm{b}} \\ -k_{\mathrm{b}} & k_{\mathrm{b}} \end{bmatrix} \begin{bmatrix} u_2'' \\ u_3 \end{bmatrix} \tag{6.20}
$$

となる. ここで, 図 6.5(a) と同じ構造にするために, 節点 2′ と節点 2″ を結合して, 節点 2 とよぶことにすると

$$
u_2' = u_2'' = u_2 \tag{6.21}
$$

と書ける. これは隣接部材の節点変位の連続 (適合) 条件を表している. このとき, 節点力も図 (a) の節点 2 と同じになるためには

$$
x_2' + x_2'' = x_2 \tag{6.22}
$$

となればよい. これは, 節点におけるつり合い条件になっている. 以上を整理すれば, 式 (6.15) が得られる. すなわち, 式 (6.19) の 1 行目の式に $u_2' = u_2$ を考慮すると

$$
x_1 = k_{\mathrm{a}} u_1 - k_{\mathrm{a}} u_2' = k_{\mathrm{a}} u_1 - k_{\mathrm{a}} u_2 \tag{6.23}
$$

となる. 次に, 式 (6.19) の 2 行目の式と, 式 (6.20) の 1 行目の式を, 式 (6.22) に代入して

$$
\begin{aligned}
x_2 = x_2' + x_2'' &= (-k_{\mathrm{a}} u_1 + k_{\mathrm{a}} u_2') + (k_{\mathrm{b}} u_2'' - k_{\mathrm{b}} u_3) \\
&= -k_{\mathrm{a}} u_1 + (k_{\mathrm{a}} + k_{\mathrm{b}}) u_2 - k_{\mathrm{b}} u_3
\end{aligned} \tag{6.24}
$$

となる. また, 式 (6.20) の 2 行目の式に $u_2'' = u_2$ を考慮すると

$$
x_3 = -k_{\mathrm{b}} u_2'' + k_{\mathrm{b}} u_3 = -k_{\mathrm{b}} u_2 + k_{\mathrm{b}} u_3 \tag{6.25}
$$

となる. 式 (6.23)～(6.25) を行列表示すると, 式 (6.15) と同じ次式を得る.

$$\begin{bmatrix} x_1 \\ x_2 \\ x_3 \end{bmatrix} = \begin{bmatrix} k_{\mathrm{a}} & -k_{\mathrm{a}} & 0 \\ -k_{\mathrm{a}} & k_{\mathrm{a}} + k_{\mathrm{b}} & -k_{\mathrm{b}} \\ 0 & -k_{\mathrm{b}} & k_{\mathrm{b}} \end{bmatrix} \begin{bmatrix} u_1 \\ u_2 \\ u_3 \end{bmatrix} \qquad (6.15)$$

　以上の考察より，式 (6.16) ～ (6.18) の手順は，式 (6.21) で表される節点での変位の適合条件（連続条件）と，式 (6.22) で表される節点での力のつり合い条件を満足しつつ，部材どうしを結合していくことを意味している．すなわち，**一つの節点にいくつもの部材が集まるような複雑な構造物の剛性マトリクスでも，個々の部材の剛性マトリクスさえ得られれば，これを単純に重ね合わせ，足し合わせることによりつくり出すことができる**．このことは，以後の第 7 章，第 8 章で学ぶ有限要素法にも共通する剛性マトリクスの最重要な性質であり，機械的なコンピュータ演算に適する最大の理由である．

　部材の断面力を節点変位の関数として表した行列を**応力マトリクス**と名付けると，応力マトリクスは

$$\left. \begin{aligned} N_{\mathrm{a}} &= k_{\mathrm{a}}(u_2 - u_1) \\ N_{\mathrm{b}} &= k_{\mathrm{b}}(u_3 - u_2) \end{aligned} \right\} \qquad (6.26)$$

を行列表示して

$$\begin{bmatrix} N_{\mathrm{a}} \\ N_{\mathrm{b}} \end{bmatrix} = \begin{bmatrix} -k_{\mathrm{a}} & k_{\mathrm{a}} & 0 \\ 0 & -k_{\mathrm{b}} & k_{\mathrm{b}} \end{bmatrix} \begin{bmatrix} u_1 \\ u_2 \\ u_3 \end{bmatrix} \qquad (6.27)$$

となる．

**TRY!** ▶ 演習問題 6.1 を解いてみよう．

　さらに，剛性マトリクスには，このほかにも，以下のような性質がある．

① 対称マトリクスである：式 (6.15) にみるように，主対角要素に対して対称な位置の要素は互いに等しい．これは，式 (6.2) において，「点 1 の荷重 $F_1 = 1$ による点 2 の変位 $d_2 = C_{21}$ は，点 2 の荷重 $F_2 = 1$ による点 1 の変位 $d_1 = C_{12}$ に等しい」という形で，ベッティやマクスウェルの相反定理により，撓性マトリクス $C$ が対称であることがわかり，その逆行列 $k$ もまた対称となることにより証明される．

② どの行の要素の和もゼロになる：剛性マトリクスの行列式の値はゼロとなり，このままでは剛性マトリクスは特異となる．したがって，逆行列は存在せず，剛性方程式として解けない．これは，各行がつり合い式を表していることによるが，

系全体が剛体運動をすることが可能であり，変位が定まらないことを意味している．したがって，剛体運動を防ぐ変位の拘束条件（境界条件）を与えることにより，解を求めることができる．

③ 主対角要素はすべて正である：これは，正の節点力に対して，正の節点変位を生じることを意味しており，当然である．

これらの性質は，コンピュータによる数値計算などにおいて途中の計算のチェックに利用するとよい．

## ◆ 6.4　剛性方程式を解いて変位や応力を求める

6.3 節で導いたように，**図 6.7**(a) の系の剛性方程式は，

$$
\begin{bmatrix} x_1 \\ x_2 \\ x_3 \end{bmatrix} = \begin{bmatrix} k_a & -k_a & 0 \\ -k_a & k_a + k_b & -k_b \\ 0 & -k_b & k_b \end{bmatrix} \begin{bmatrix} u_1 \\ u_2 \\ u_3 \end{bmatrix}
$$

のように，式 (6.15) の形で与えられる．しかし，このままでは，この方程式は不定の解しか与えないので，剛体運動を防ぐ境界条件を与える必要がある．

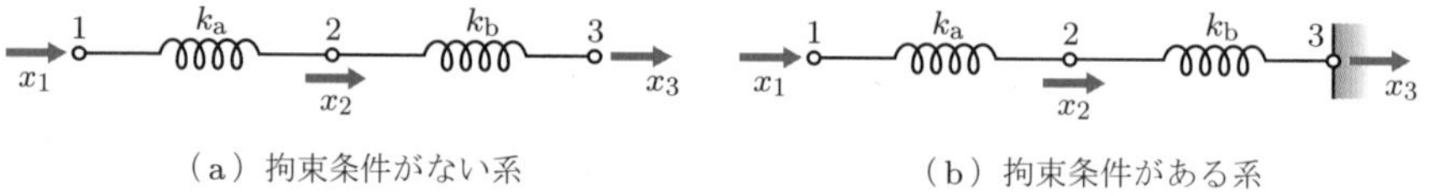

（a）拘束条件がない系　　　　　（b）拘束条件がある系

◆図 6.7　剛性方程式の解法

いま，図 6.7(b) のように，節点 3 を固定すると $u_3 = 0$ となり，$u_1, u_2$ が未知変位となる．この条件は，次のように書ける．

$$
\begin{bmatrix} x_1 \\ x_2 \\ \hdashline x_3 \end{bmatrix} \begin{bmatrix} k_a & -k_a & 0 \\ -k_a & k_a + k_b & -k_b \\ \hdashline 0 & -k_b & k_b \end{bmatrix} \begin{bmatrix} u_1 \\ u_2 \\ \hdashline u_3 = 0 \end{bmatrix} \tag{6.28}
$$

ここで，$x_1, x_2$ は荷重であるが，$x_3$ は未知の支点反力となる．

式 (6.28) を展開すると

$$
\begin{bmatrix} x_1 \\ x_2 \end{bmatrix} = \begin{bmatrix} k_a & -k_a \\ -k_a & k_a + k_b \end{bmatrix} \begin{bmatrix} u_1 \\ u_2 \end{bmatrix} \tag{6.29}
$$

および

$$[x_3] = [0 \ -k_\mathrm{b}] \begin{bmatrix} u_1 \\ u_2 \end{bmatrix} \tag{6.30}$$

となるが，これらの行列は特異ではなく，解くことができる．

式 (6.29) を $u_1$, $u_2$ について連立方程式として解いてマトリクス表示すると，次式が得られる．

$$\begin{bmatrix} u_1 \\ u_2 \end{bmatrix} = \begin{bmatrix} \dfrac{1}{k_\mathrm{a}} + \dfrac{1}{k_\mathrm{b}} & \dfrac{1}{k_\mathrm{b}} \\ \dfrac{1}{k_\mathrm{b}} & \dfrac{1}{k_\mathrm{b}} \end{bmatrix} \begin{bmatrix} x_1 \\ x_2 \end{bmatrix} \tag{6.31}$$

これを式 (6.30) に代入すると

$$[x_3] = [0 \ -k_\mathrm{b}] \begin{bmatrix} \dfrac{1}{k_\mathrm{a}} + \dfrac{1}{k_\mathrm{b}} & \dfrac{1}{k_\mathrm{b}} \\ \dfrac{1}{k_\mathrm{b}} & \dfrac{1}{k_\mathrm{b}} \end{bmatrix} \begin{bmatrix} x_1 \\ x_2 \end{bmatrix} = [-1 \ -1] \begin{bmatrix} x_1 \\ x_2 \end{bmatrix}$$

となる．すなわち

$$x_3 = -x_1 - x_2 \tag{6.32}$$

であり，当然の結果となる．

また，求められた解 $u_1$, $u_2$, $u_3$ を式 (6.27) の応力マトリクスに代入すると，

$$\begin{bmatrix} N_\mathrm{a} \\ N_\mathrm{b} \end{bmatrix} = \begin{bmatrix} -k_\mathrm{a} & k_\mathrm{a} & 0 \\ 0 & -k_\mathrm{b} & k_\mathrm{b} \end{bmatrix} \begin{bmatrix} u_1 \\ u_2 \\ u_3 = 0 \end{bmatrix}$$

$$= \begin{bmatrix} -k_\mathrm{a} & k_\mathrm{a} \\ 0 & -k_\mathrm{b} \end{bmatrix} \begin{bmatrix} \dfrac{1}{k_\mathrm{a}} + \dfrac{1}{k_\mathrm{b}} & \dfrac{1}{k_\mathrm{b}} \\ \dfrac{1}{k_\mathrm{b}} & \dfrac{1}{k_\mathrm{b}} \end{bmatrix} \begin{bmatrix} x_1 \\ x_2 \end{bmatrix} = \begin{bmatrix} -1 & 0 \\ -1 & -1 \end{bmatrix} \begin{bmatrix} x_1 \\ x_2 \end{bmatrix} \tag{6.33}$$

となる．これより，軸力は次のようになる．

$$N_\mathrm{a} = -x_1, \quad N_\mathrm{b} = -x_1 - x_2 \tag{6.34}$$

**TRY!** ▶ 演習問題 6.2 を解いてみよう．

## ◆ 6.5　任意方向を向く軸力部材の剛性マトリクス

図 6.3 に示したようなトラス構造物を解くためには，6.4 節までに扱ったような座標軸に平行な部材だけでなく，座標軸に対して傾きをもった部材の剛性マトリクスが必要となる．

そこで，**図 6.8**(a) に示すバネ定数 $k$ の軸力部材の剛性マトリクスを，つり合い関係より誘導することを考えよう．（全体）座標系 $(X, Y)$ 以外に部材に沿った座標軸 $x$ とそれに直交する $y$ 軸を設定する．$x$ 軸の原点側の節点を $i$，ほかの節点を $j$ とし，$X$ 軸から時計まわりに測った $x$ 軸の方向角を $\theta$ とする．節点力を $X, Y$，節点変位を $U, V$ と表し，関連する節点の記号を添え字に付けて用いることとし，図のように座標軸の正方向を向く場合を正とする．節点 $i$ の $x$ 方向変位 $u_i$ は

$$u_i = U_i \cos\theta + V_i \sin\theta \tag{6.35}$$

となり，節点 $j$ の変位 $u_j$ は

$$u_j = U_j \cos\theta + V_j \sin\theta \tag{6.36}$$

となる．したがって，軸力 $N$ は

$$N = k(u_j - u_i) = k(U_j - U_i)\cos\theta + k(V_j - V_i)\sin\theta \tag{6.37}$$

と表せる．

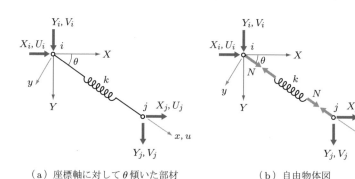

（a）座標軸に対して $\theta$ 傾いた部材　　　（b）自由物体図

**図 6.8　任意方向を向く軸力部材**

節点 $i$ における $X, Y$ 方向のつり合い式は，図 6.8(b) を参考にして

$$X_i + N\cos\theta = 0$$

$$\rightarrow \quad X_i = -N\cos\theta = -k(U_j - U_i)\cos^2\theta - k(V_j - V_i)\sin\theta \cdot \cos\theta \tag{6.38}$$

$$Y_i + N\sin\theta = 0$$
$$\rightarrow \quad Y_i = -N\sin\theta = -k(U_j - U_i)\cos\theta \cdot \sin\theta - k(V_j - V_i)\sin^2\theta \tag{6.39}$$

となり，さらに節点 $j$ における $X, Y$ 方向のつり合い式は，それぞれ

$$X_j - N\cos\theta = 0$$
$$\rightarrow \quad X_j = N\cos\theta = k(U_j - U_i)\cos^2\theta + k(V_j - V_i)\sin\theta \cdot \cos\theta \tag{6.40}$$

$$Y_j - N\sin\theta = 0$$
$$\rightarrow \quad Y_j = N\sin\theta = k(U_j - U_i)\cos\theta \cdot \sin\theta + k(V_j - V_i)\sin^2\theta \tag{6.41}$$

となる．式 $(6.38) \sim (6.41)$ の $\cos\theta$ を $c$, $\sin\theta$ を $s$ と略記して行列表示すると，

$$\begin{bmatrix} X_i \\ Y_i \\ X_j \\ Y_j \end{bmatrix} = k \begin{bmatrix} c^2 & sc & -c^2 & -sc \\ sc & s^2 & -sc & -s^2 \\ -c^2 & -sc & c^2 & sc \\ -sc & -s^2 & sc & s^2 \end{bmatrix} \begin{bmatrix} U_i \\ V_i \\ U_j \\ V_j \end{bmatrix} \tag{6.42}$$

となる．これが，**任意方向に傾いた軸力部材の剛性方程式**である．

**TRY!** ▶ 演習問題 6.3 を解いてみよう．

6.5 節までの結果を用いてトラス構造の解析が可能である．ここでは，直接剛性法というコンピュータ演算に適した剛性マトリクスの誘導と演算法を学ぶ．6.5 節までの方法とほぼ同じであるが，部材軸方向にとった**部材（局所）座標系** (local system) と，構造物全体に都合良いようにとった**全体（基準）座標系** (global system) との間の座標変換行列を用いる点が異なる．

まず，トラス部材の剛性マトリクスを求めておこう．先に示した図 6.4(a) において，節点 1, 2 の間にあるバネを，長さ $L$，断面積 $A$，ヤング係数 $E$ のトラス部材で置き換えたとし，節点 2 が固定され，力 $x_1$ が作用している状態を考える．力と変位の関係は，応力とひずみの関係 $\sigma = E\varepsilon$ に $\sigma = x_1/A$, $\varepsilon = u_1/L$ を代入して

$$x_1 = \frac{EA}{L}u_1 \tag{6.43}$$

となる．この式より，$EA/L$ がバネの場合の $k$ に対応することがわかるので，式 (6.9) は

$$\begin{bmatrix} x_1 \\ x_2 \end{bmatrix} = \frac{EA}{L} \begin{bmatrix} 1 & -1 \\ -1 & 1 \end{bmatrix} \begin{bmatrix} u_1 \\ u_2 \end{bmatrix} \tag{6.44}$$

と書ける．これが，$x$ 軸が部材軸に一致した部材座標系に対するトラス部材の剛性マトリクスである．

次に，図 6.9 に示すように，任意方向を向くトラス部材 ($k = EA/L$) について，全体座標系 ($X, Y$) と $x$ 軸が部材軸に沿った部材座標系 ($x, y$) を設定し，全体座標に対するこの部材の剛性マトリクスを座標変換の考え方を使って求める．ここで，$X$ 軸は，右向き水平方向とする．本書では，$Y$ 軸は，重力場における構造物の下向きのたわみが正になるように考えて，鉛直下向きにとる[*1]．$X$ 軸と $x$ 軸のなす角を $\theta$ とする．この場合，$\theta$ の符号は $X$ 軸を時計まわりに回転させて $x$ 軸に重ねるように測った場合を正とする．節点番号は，$x$ 軸の原点に近い側を $i$，遠い側を $j$ とする．

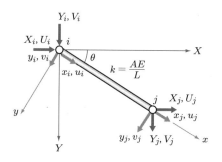

● 図 6.9　トラス部材と座標系

節点変位と節点力は，局所座標に関する量を小文字で，全体座標に関する量を大文字で表すことにし，図示のように記号と正方向を定義する．

部材 $ij$ を $x$ 方向の単一バネと考えると，いままでの結果を用いて，剛性方程式は

$$\begin{bmatrix} x_i \\ x_j \end{bmatrix} = k \begin{bmatrix} 1 & -1 \\ -1 & 1 \end{bmatrix} \begin{bmatrix} u_i \\ u_j \end{bmatrix} \tag{6.45}$$

となる．ここで，$y$ 方向の力とモーメントのつり合いより，$y_i = y_j = 0$ となることを考慮すると，次のように $4 \times 4$ の行列に拡張できる．

---

[*1] 鉛直上向きにとる書籍が多い．その場合には，符号が異なるので注意が必要である．

$$
\begin{bmatrix} x_i \\ y_i \\ x_j \\ y_j \end{bmatrix} = k \begin{bmatrix} 1 & 0 & -1 & 0 \\ 0 & 0 & 0 & 0 \\ -1 & 0 & 1 & 0 \\ 0 & 0 & 0 & 0 \end{bmatrix} \begin{bmatrix} u_i \\ v_i \\ u_j \\ v_j \end{bmatrix} \qquad または \quad \boldsymbol{x} = \boldsymbol{k} \cdot \boldsymbol{u} \tag{6.46}
$$

次に，$(x, y)$ 方向の量と $(X, Y)$ 方向の量の関係を求める．まず，**図 6.10**(a) に示すように，節点 $i$ が $i'$ に変位した場合を考えると

$$
\left. \begin{array}{l} u_i = U_i \cos\theta + V_i \sin\theta \\ v_i = -U_i \sin\theta + V_i \cos\theta \end{array} \right\} \tag{6.47}
$$

となり，同様に節点 $j$ に関しても

$$
\left. \begin{array}{l} u_j = U_j \cos\theta + V_j \sin\theta \\ v_j = -U_j \sin\theta + V_j \cos\theta \end{array} \right\} \tag{6.48}
$$

の関係が得られる．これを行列表示すると

$$
\begin{bmatrix} u_i \\ v_i \\ u_j \\ v_j \end{bmatrix} = \begin{bmatrix} c & s & 0 & 0 \\ -s & c & 0 & 0 \\ 0 & 0 & c & s \\ 0 & 0 & -s & c \end{bmatrix} \begin{bmatrix} U_i \\ V_i \\ U_j \\ V_j \end{bmatrix} \qquad または \quad \boldsymbol{u} = \boldsymbol{T} \cdot \boldsymbol{U} \tag{6.49}
$$

となる．節点力に対しても同様に

$$
\begin{bmatrix} x_i \\ y_i \\ x_j \\ y_j \end{bmatrix} = \begin{bmatrix} c & s & 0 & 0 \\ -s & c & 0 & 0 \\ 0 & 0 & c & s \\ 0 & 0 & -s & c \end{bmatrix} \begin{bmatrix} X_i \\ Y_i \\ X_j \\ Y_j \end{bmatrix} \qquad または \quad \boldsymbol{x} = \boldsymbol{T} \cdot \boldsymbol{X} \tag{6.50}
$$

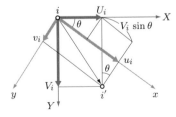
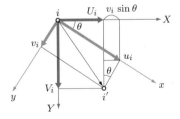

（a）全体座標系 → 部材座標系　　（b）部材座標系 → 全体座標系

**図 6.10　座標変換**

6.6　コンピュータに適した剛性マトリクスの作成法 | 99

となる．この行列 $T$ のことを**全体座標系から部材座標系への座標変換行列**という．

ところで，いま，逆に $(X, Y)$ 系の量を $(x, y)$ 系の量で表してみると，図 6.10(b) を参考にして

$$
\left.
\begin{aligned}
U_i &= u_i \cos\theta - v_i \sin\theta \\
V_i &= u_i \sin\theta + v_i \cos\theta \\
U_j &= u_j \cos\theta - v_j \sin\theta \\
V_j &= u_j \sin\theta + v_j \cos\theta
\end{aligned}
\right\}
\tag{6.51}
$$

となる．これを行列表示すると

$$
\begin{bmatrix} U_i \\ V_i \\ U_j \\ V_j \end{bmatrix}
=
\begin{bmatrix}
c & -s & 0 & 0 \\
s & c & 0 & 0 \\
0 & 0 & c & -s \\
0 & 0 & s & c
\end{bmatrix}
\begin{bmatrix} u_i \\ v_i \\ u_j \\ v_j \end{bmatrix}
\qquad \text{または} \quad \boldsymbol{U} = \overline{\boldsymbol{T}} \cdot \boldsymbol{u}
\tag{6.52}
$$

となる．ここで，$\overline{\boldsymbol{T}}$ を式 (6.49) の $\boldsymbol{T}$ と比較してみると，$\overline{\boldsymbol{T}}$ は $\boldsymbol{T}$ の転置行列 $\boldsymbol{T}^T$ になっていることがわかる．一方，式 (6.49) を解くと

$$
\begin{bmatrix} U_i \\ V_i \\ U_j \\ V_j \end{bmatrix}
=
\begin{bmatrix}
c & s & 0 & 0 \\
-s & c & 0 & 0 \\
0 & 0 & c & s \\
0 & 0 & -s & c
\end{bmatrix}^{-1}
\begin{bmatrix} u_i \\ v_i \\ u_j \\ v_j \end{bmatrix}
\qquad \text{または} \quad \boldsymbol{U} = \boldsymbol{T}^{-1} \cdot \boldsymbol{u}
\tag{6.53}
$$

となる．

式 (6.49), (6.52), (6.53) を比較することにより，結局

$$
\overline{\boldsymbol{T}} = \boldsymbol{T}^{-1} = \boldsymbol{T}^T
\tag{6.54}
$$

という関係が得られる．すなわち，一般に**座標変換行列の逆行列は転置行列になる**．転置行列は簡単に得られるから，座標変換行列のこの性質は便利に用いられる．

さて，いま，式 (6.46) の左辺の $\boldsymbol{x}$ に式 (6.50) を，右辺の $\boldsymbol{u}$ に式 (6.49) を代入すると

$$
\boldsymbol{T} \cdot \boldsymbol{X} = \boldsymbol{k} \cdot \boldsymbol{T} \cdot \boldsymbol{U}
\tag{6.55}
$$

となる．両辺の左から $\boldsymbol{T}^{-1}$ をかけると

$$T^{-1} \cdot T \cdot X = T^{-1} \cdot k \cdot T \cdot U \tag{6.56}$$

となる．$T^{-1} \cdot T = I, T^{-1} = T^T$ を考慮すると

$$X = T^T \cdot k \cdot T \cdot U \tag{6.57}$$

となる．ここで

$$K = T^T \cdot k \cdot T \tag{6.58}$$

とおくと

$$X = K \cdot U \tag{6.59}$$

となる．すなわち，部材座標系に関する剛性マトリクス $k$ が式 (6.46) のように与えられると，式 (6.49) で与えられる変換行列 $T$ を用いて，全体座標系の剛性方程式である式 (6.59) を簡単に導くことができる．

式 (6.57) を具体的に書くと

$$
\begin{bmatrix} X_i \\ Y_i \\ X_j \\ Y_j \end{bmatrix}
=
\begin{bmatrix} c & -s & 0 & 0 \\ s & c & 0 & 0 \\ 0 & 0 & c & -s \\ 0 & 0 & s & c \end{bmatrix}
\begin{bmatrix} k & 0 & -k & 0 \\ 0 & 0 & 0 & 0 \\ -k & 0 & k & 0 \\ 0 & 0 & 0 & 0 \end{bmatrix}
\begin{bmatrix} c & s & 0 & 0 \\ -s & c & 0 & 0 \\ 0 & 0 & c & s \\ 0 & 0 & -s & c \end{bmatrix}
\begin{bmatrix} U_i \\ V_i \\ U_j \\ V_j \end{bmatrix}
$$

$$
= k
\begin{bmatrix} c^2 & sc & -c^2 & -sc \\ sc & s^2 & -sc & -s^2 \\ -c^2 & -sc & c^2 & sc \\ -sc & -s^2 & sc & s^2 \end{bmatrix}
\begin{bmatrix} U_i \\ V_i \\ U_j \\ V_j \end{bmatrix}
\tag{6.60}
$$

となり，この結果は，6.5 節でつり合いより求めた式 (6.42) に一致する．この節の誘導のほうが難しそうにみえるが，コンピュータを用いる場合は，式 (6.60) の演算は，行列 $T$ と $k$ を与えるだけでコンピュータ内で自動的に行われるので，構造物が複雑になっても簡単に計算できる利点がある．

式 (6.59) で与えられる剛性方程式は，一部材についてのものであるが，多くの部材を有する構造物の解析も，6.3 節の直列バネの剛性方程式の作成方法と同じく，式 (6.59) の重ね合せで構造全体の剛性方程式をつくることができる．さらに，6.4 節で説明した直列バネの解法と同様に，構造全体の剛性方程式に境界条件を考慮して解くことにより，未知変位が求められる．部材軸方向の伸び量を，求められた未知変位より計算することで，部材力 $N$ は

$$N = k(U_j - U_i)\cos\theta + k(V_j - V_i)\sin\theta \tag{6.61}$$

と表せる．これを行列表示して次式を得る．

$$N = k \begin{bmatrix} -c & -s & c & s \end{bmatrix} \begin{bmatrix} U_i \\ V_i \\ U_j \\ V_j \end{bmatrix} \tag{6.62}$$

## ◇ 6.7  不静定トラスも解ける！

図 6.11 に示す不静定トラスを解く（節点 4 の変位と各部材力を求める）場合を例に説明する．すべての部材について断面積は $A$，ヤング係数は $E$ とする．部材座標は節点番号の小さいほうから大きいほうに向かって設定するものとし，全体座標系の $X$ 軸から時計まわりに各部材座標系の $x$ 軸までの角をそれぞれ $\theta_{14}$, $\theta_{24}$, $\theta_{34}$ とする．

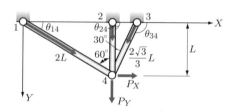

◆図 6.11  不静定トラスを解く

部材 1–4 の部材座標に関する剛性方程式は，次式となる．

$$\begin{bmatrix} x_1 \\ y_1 \\ x_4 \\ y_4 \end{bmatrix} = \frac{EA}{2L} \begin{bmatrix} 1 & 0 & -1 & 0 \\ 0 & 0 & 0 & 0 \\ -1 & 0 & 1 & 0 \\ 0 & 0 & 0 & 0 \end{bmatrix} \begin{bmatrix} u_1 \\ v_1 \\ u_4 \\ v_4 \end{bmatrix} = \boldsymbol{k}_{14} \cdot \boldsymbol{u} \tag{6.63}$$

座標変換行列は，$\cos\theta_{14} = \sqrt{3}/2$, $\sin\theta_{14} = 1/2$ であるから，式 (6.49) を用いて

$$\boldsymbol{T}_{14} = \begin{bmatrix} \dfrac{\sqrt{3}}{2} & \dfrac{1}{2} & 0 & 0 \\ -\dfrac{1}{2} & \dfrac{\sqrt{3}}{2} & 0 & 0 \\ 0 & 0 & \dfrac{\sqrt{3}}{2} & \dfrac{1}{2} \\ 0 & 0 & -\dfrac{1}{2} & \dfrac{\sqrt{3}}{2} \end{bmatrix} \tag{6.64}$$

となる．全体座標系での剛性マトリクス $K_{14}$ は，$K_{14} = T_{14}^T \cdot k_{14} \cdot T_{14}$ を計算するか，式 (6.60) の結果を用いて，次式のように得られる．

$$
K_{14} = \frac{EA}{2L}
\begin{bmatrix}
\dfrac{3}{4} & \dfrac{\sqrt{3}}{4} & -\dfrac{3}{4} & -\dfrac{\sqrt{3}}{4} \\
& \dfrac{1}{4} & -\dfrac{\sqrt{3}}{4} & -\dfrac{1}{4} \\
& & \dfrac{3}{4} & \dfrac{\sqrt{3}}{4} \\
\text{Sym.} & & & \dfrac{1}{4}
\end{bmatrix}
=
\frac{EA}{L}
\begin{matrix}
U_1 & V_1 & U_4 & V_4
\end{matrix}
\begin{bmatrix}
\dfrac{3}{8} & \dfrac{\sqrt{3}}{8} & -\dfrac{3}{8} & -\dfrac{\sqrt{3}}{8} \\
& \dfrac{1}{8} & -\dfrac{\sqrt{3}}{8} & -\dfrac{1}{8} \\
& & \dfrac{3}{8} & \dfrac{\sqrt{3}}{8} \\
\text{Sym.} & & & \dfrac{1}{8}
\end{bmatrix}
\tag{6.65}
$$

同様に，部材 2–4 の部材座標に関する剛性方程式と座標変換行列は，$\cos\theta_{24} = 0$，$\sin\theta_{24} = 1$ であるから

$$
\begin{bmatrix}
x_2 \\ y_2 \\ x_4 \\ y_4
\end{bmatrix}
= \frac{EA}{L}
\begin{bmatrix}
1 & 0 & -1 & 0 \\
0 & 0 & 0 & 0 \\
-1 & 0 & 1 & 0 \\
0 & 0 & 0 & 0
\end{bmatrix}
\begin{bmatrix}
u_2 \\ v_2 \\ u_4 \\ v_4
\end{bmatrix}
= \boldsymbol{k}_{24} \cdot \boldsymbol{u}
\tag{6.66}
$$

$$
\boldsymbol{T}_{24} =
\begin{bmatrix}
0 & 1 & 0 & 0 \\
-1 & 0 & 0 & 0 \\
0 & 0 & 0 & 1 \\
0 & 0 & -1 & 0
\end{bmatrix}
\tag{6.67}
$$

となり，全体座標系での剛性マトリクス $K_{24}$ は，次のようになる．

$$
K_{24} = \frac{EA}{L}
\begin{matrix}
U_2 & V_2 & U_4 & V_4
\end{matrix}
\begin{bmatrix}
0 & 0 & 0 & 0 \\
0 & 1 & 0 & -1 \\
0 & 0 & 0 & 0 \\
0 & -1 & 0 & 1
\end{bmatrix}
\tag{6.68}
$$

次に，部材 3–4 の部材座標に関する剛性方程式と座標変換行列は，$\cos\theta_{34} = -1/2$，$\sin\theta_{34} = \sqrt{3}/2$ であるから

$$\begin{bmatrix} x_3 \\ y_3 \\ x_4 \\ y_4 \end{bmatrix} = \frac{EA}{2\sqrt{3}L/3} \begin{bmatrix} 1 & 0 & -1 & 0 \\ 0 & 0 & 0 & 0 \\ -1 & 0 & 1 & 0 \\ 0 & 0 & 0 & 0 \end{bmatrix} \begin{bmatrix} u_3 \\ v_3 \\ u_4 \\ v_4 \end{bmatrix} = \boldsymbol{k}_{34} \cdot \boldsymbol{u} \tag{6.69}$$

$$\boldsymbol{T}_{34} = \begin{bmatrix} -\dfrac{1}{2} & -\dfrac{\sqrt{3}}{2} & 0 & 0 \\[2ex] -\dfrac{\sqrt{3}}{2} & \dfrac{1}{2} & 0 & 0 \\[2ex] 0 & 0 & -\dfrac{1}{2} & \dfrac{\sqrt{3}}{2} \\[2ex] 0 & 0 & -\dfrac{\sqrt{3}}{2} & \dfrac{1}{2} \end{bmatrix} \tag{6.70}$$

となる．したがって，全体座標系での剛性マトリクス $\boldsymbol{K}_{34}$ は

$$\boldsymbol{K}_{34} = \frac{\sqrt{3}EA}{2L} \begin{bmatrix} \dfrac{1}{4} & -\dfrac{\sqrt{3}}{4} & -\dfrac{1}{4} & \dfrac{\sqrt{3}}{4} \\[2ex] & \dfrac{3}{4} & \dfrac{\sqrt{3}}{4} & -\dfrac{3}{4} \\[2ex] \text{Sym.} & & \dfrac{1}{4} & -\dfrac{\sqrt{3}}{4} \\[2ex] & & & \dfrac{3}{4} \end{bmatrix}$$

$$= \frac{EA}{L} \begin{matrix} \begin{matrix} U_3 \quad\; V_3 \quad\; U_4 \quad\; V_4 \end{matrix} \\ \begin{bmatrix} \dfrac{\sqrt{3}}{8} & -\dfrac{3}{8} & -\dfrac{\sqrt{3}}{8} & \dfrac{3}{8} \\[2ex] & \dfrac{3\sqrt{3}}{8} & \dfrac{3}{8} & -\dfrac{3\sqrt{3}}{8} \\[2ex] \text{Sym.} & & \dfrac{\sqrt{3}}{8} & -\dfrac{3}{8} \\[2ex] & & & \dfrac{3\sqrt{3}}{8} \end{bmatrix} \end{matrix} \tag{6.71}$$

となる．構造全体の剛性方程式の枠をつくって，式 (6.65), (6.68), (6.71) を該当する位置に足し込むと，下記の式を得る．

$$
\begin{bmatrix} X_1 \\ Y_1 \\ X_2 \\ Y_2 \\ X_3 \\ Y_3 \\ X_4 \\ Y_4 \end{bmatrix}
= \frac{EA}{L}
\begin{array}{cccccccc}
U_1 & V_1 & U_2 & V_2 & U_3 & V_3 & U_4 & V_4
\end{array}
\begin{bmatrix}
\frac{3}{8} & \frac{\sqrt{3}}{8} & 0 & 0 & 0 & 0 & -\frac{3}{8} & -\frac{\sqrt{3}}{8} \\[4pt]
 & \frac{1}{8} & 0 & 0 & 0 & 0 & -\frac{\sqrt{3}}{8} & -\frac{1}{8} \\[4pt]
 & & 0 & 0 & 0 & 0 & 0 & 0 \\[4pt]
 & & & 1 & 0 & 0 & 0 & -1 \\[4pt]
 & & & & \frac{\sqrt{3}}{8} & -\frac{3}{8} & -\frac{\sqrt{3}}{8} & \frac{3}{8} \\[4pt]
 & \text{Sym.} & & & & \frac{3\sqrt{3}}{8} & \frac{3}{8} & -\frac{3\sqrt{3}}{8} \\[4pt]
 & & & & & & \frac{3}{8}+\frac{\sqrt{3}}{8} & \frac{\sqrt{3}}{8}-\frac{3}{8} \\[4pt]
 & & & & & & & \frac{1}{8}+1+\frac{3\sqrt{3}}{8}
\end{bmatrix}
\begin{bmatrix} U_1 \\ V_1 \\ U_2 \\ V_2 \\ U_3 \\ V_3 \\ U_4 \\ V_4 \end{bmatrix}
\tag{6.72}
$$

荷重条件 $X_4 = P_X$, $Y_4 = P_Y$ と境界条件 $U_1 = V_1 = U_2 = V_2 = U_3 = V_3 = 0$ を考慮すると

$$
\begin{bmatrix} P_X \\ P_Y \end{bmatrix}
= \frac{EA}{L}
\begin{bmatrix}
\dfrac{3+\sqrt{3}}{8} & \dfrac{\sqrt{3}-3}{8} \\[10pt]
\dfrac{\sqrt{3}-3}{8} & \dfrac{9+3\sqrt{3}}{8}
\end{bmatrix}
\begin{bmatrix} U_4 \\ V_4 \end{bmatrix}
\tag{6.73}
$$

となる．未知変位について解くと

$$
\begin{bmatrix} U_4 \\ V_4 \end{bmatrix}
= \frac{L}{EA}
\begin{bmatrix}
\sqrt{3} & \dfrac{2\sqrt{3}}{3}-1 \\[10pt]
\dfrac{2\sqrt{3}}{3}-1 & \dfrac{\sqrt{3}}{3}
\end{bmatrix}
\begin{bmatrix} P_X \\ F_Y \end{bmatrix}
\tag{6.74}
$$

となる．未知反力は

$$
\begin{bmatrix} X_1 \\ Y_1 \\ X_2 \\ Y_2 \\ X_3 \\ Y_3 \end{bmatrix}
= \frac{EA}{L}
\begin{bmatrix}
-\dfrac{3}{8} & -\dfrac{\sqrt{3}}{8} \\[2mm]
\dfrac{\sqrt{3}}{8} & -\dfrac{1}{8} \\[2mm]
0 & 0 \\[2mm]
0 & -1 \\[2mm]
-\dfrac{\sqrt{3}}{8} & -\dfrac{3}{8} \\[2mm]
\dfrac{3}{8} & -\dfrac{3\sqrt{3}}{8}
\end{bmatrix}
\begin{bmatrix} U_4 \\ V_4 \end{bmatrix}
=
\begin{bmatrix}
-\dfrac{3}{8} & -\dfrac{\sqrt{3}}{8} \\[2mm]
-\dfrac{\sqrt{3}}{8} & -\dfrac{1}{8} \\[2mm]
0 & 0 \\[2mm]
0 & -1 \\[2mm]
-\dfrac{\sqrt{3}}{8} & \dfrac{3}{8} \\[2mm]
\dfrac{3}{8} & -\dfrac{3\sqrt{3}}{8}
\end{bmatrix}
\begin{bmatrix}
\sqrt{3} & \dfrac{2\sqrt{3}}{3}-1 \\[2mm]
\dfrac{2\sqrt{3}}{3}-1 & \dfrac{\sqrt{3}}{3}
\end{bmatrix}
\begin{bmatrix} P_X \\ P_Y \end{bmatrix}
$$

$$
=
\begin{bmatrix}
-\dfrac{\sqrt{3}+1}{4} & \dfrac{1-\sqrt{3}}{4} \\[3mm]
-\dfrac{3+\sqrt{3}}{12} & \dfrac{\sqrt{3}-3}{12} \\[3mm]
0 & 0 \\[3mm]
\dfrac{3-2\sqrt{3}}{3} & -\dfrac{\sqrt{3}}{3} \\[3mm]
\dfrac{\sqrt{3}-3}{4} & \dfrac{\sqrt{3}-1}{4} \\[3mm]
\dfrac{3(\sqrt{3}-1)}{4} & \dfrac{\sqrt{3}-3}{4}
\end{bmatrix}
\begin{bmatrix} P_X \\ P_Y \end{bmatrix}
\tag{6.75}
$$

として求められる.

部材力 $N_{14}$, $N_{24}$, $N_{34}$ は, 式 (6.74) を式 (6.62) に用いて, それぞれ次のようになる.

$$
N_{14} = \frac{EA}{2L}
\begin{bmatrix} -\dfrac{\sqrt{3}}{2} & -\dfrac{1}{2} & \dfrac{\sqrt{3}}{2} & \dfrac{1}{2} \end{bmatrix}
\begin{bmatrix} U_1 = 0 \\ V_1 = 0 \\ U_4 \\ V_4 \end{bmatrix}
$$

$$
=
\begin{bmatrix} -\dfrac{\sqrt{3}}{4} & -\dfrac{1}{4} & \dfrac{\sqrt{3}}{4} & \dfrac{1}{4} \end{bmatrix}
\begin{bmatrix}
0 & 0 \\[2mm]
0 & 0 \\[2mm]
\sqrt{3} & \dfrac{2\sqrt{3}}{3}-1 \\[2mm]
\dfrac{2\sqrt{3}}{3}-1 & \dfrac{\sqrt{3}}{3}
\end{bmatrix}
\begin{bmatrix} P_X \\ P_Y \end{bmatrix}
$$

$$= \begin{bmatrix} \dfrac{3+\sqrt{3}}{6} & \dfrac{3-\sqrt{3}}{6} \end{bmatrix} \begin{bmatrix} P_X \\ P_Y \end{bmatrix} \tag{6.76}$$

$$N_{24} = \begin{bmatrix} \dfrac{2\sqrt{3}-3}{3} & \dfrac{\sqrt{3}}{3} \end{bmatrix} \begin{bmatrix} P_X \\ P_Y \end{bmatrix} \tag{6.77}$$

$$N_{34} = \begin{bmatrix} \dfrac{\sqrt{3}-3}{2} & \dfrac{\sqrt{3}-1}{2} \end{bmatrix} \begin{bmatrix} P_X \\ P_Y \end{bmatrix} \tag{6.78}$$

ここで，たとえば，$P_X = 0$, $P_Y = P$ とおくと，式 $(6.76)\sim(6.78)$ より $N_{14} = (3-\sqrt{3})P/6$, $N_{24} = \sqrt{3}P/3$, $N_{34} = (\sqrt{3}-1)P/2$，また式 $(6.74)$ より $V_4 = \sqrt{3}LP/(3EA)$ となり，演習問題 5.12 の答と同じ結果となることが確認できる．

この程度の構造物の解析では筆算で行う限り，第 5 章で学んだ単位荷重法などで解くほうが速いようにも思えるが，通常，上記の計算はコンピュータで行うので，構造物がどれだけ複雑になっても瞬時に解くことができる．

**TRY!** ▶ 演習問題 6.4 を解いてみよう．

---

演習問題

**6.1** 図 **6.12** に示すバネ系の剛性方程式を求めよ．

**6.2** 図 **6.13** に示すバネ系の剛性方程式を作成し，節点 2 の変位 $u_2$ を求めよ．

**6.3** 図 **6.14** に示すバネ系の剛性方程式を作成し，節点 2 の変位 $U_2$ を求めよ．

**6.4** 図 **6.15** に示すトラスの剛性方程式を作成し，節点 1 の変位と各部材の部材力を求めよ．さらに，$P_X = 0, P_Y = P$ のときの部材力と変位 $V_1$ が，演習問題 2.4 の答と一致することを確認せよ．

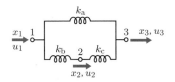

🔖 図 6.12　並列バネ系の剛性方程式

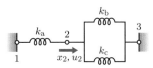

🔖 図 6.13　バネ系の変位 $u_2$

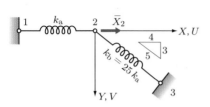

◗図 6.14　バネ系の変位 $U_2$

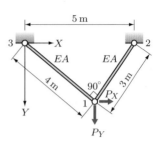

◗図 6.15　トラスの節点変位と
部材力

　第 6 章　剛性マトリクスによりトラスを解く

## 第 7 章

# 剛性マトリクスにより ラーメンを解く

## 7.1 有限要素法って何ですか？

　有限要素法は，第6章で学んだマトリクス解析法を発展させた方法で，物体を仮想的に有限の大きさの要素（有限要素）に分割して，物体を要素の集合体として解析する方法である．トラス構造の場合は，トラスの一部材を一要素と考えることにより，構造全体の解析ができたので，初歩的な有限要素法と考えることができる．この章では，軸力と曲げを受ける棒状の要素について，剛性マトリクスを導き，それを用いてはりやラーメンの解析ができることを示す．

　有限要素法は，1次元の部材からなる骨組構造だけでなく，2次元の板やシェル構造，3次元の回転体や立体までも扱うことができる一般的な構造解析の手法である．板やシェル構造を解析するためには，棒状の要素のかわりに板状の三角形要素などを用いるが，導かれた剛性マトリクスで剛性方程式をつくり，節点変位について多元連立方程式を解くことにより，応力などが解析できる．詳細については，ほかの有限要素法の書籍を参考にされたい．

　有限要素法で用いる一つの要素は，いくつかの節点をもち（トラスやはりのような棒状要素の場合，両端の二つの節点），節点のみで互いに連結され，構造物を形成していると考える．したがって，トラス構造と同様に，荷重は節点にのみ作用し（節点力），変位も節点の変位（節点変位）のみを未知数として取り扱う．

　有限要素法の基本は，一つの要素の節点変位と節点力の関係，すなわち剛性方程式（剛性マトリクス）を導くことである．剛性方程式はつり合い式であるから，簡単な場合は，第6章のように自由物体のつり合い関係からも導くことができる．しかし，自由度の多い有限要素については，第1～4章で学んだカステリアーノの定理などのエネルギーに関する諸原理を用いると，複雑な構造物に対しても適用可能な一般的で見通しのよい方法となる．つり合い式は，仮想仕事の原理，カステリアーノの定理，または最小ポテンシャルエネルギーの原理などを用いて求められるが，これらを適用する際，ひずみエネルギーを計算する必要がある．

ひずみエネルギーを計算するためには，要素内のひずみと応力を知る必要がある．ひずみは変位と微分の関係にあるので，要素内の変位がわかればよい．ところが，先に述べたように，有限要素法では節点変位のみを未知数として扱うので，要素内の変位は直接求められない．そこで，要素内の変位を節点での適合条件のみを満足するように，節点変位の関数（変位関数という）で近似する．このようにして，節点変位でひずみエネルギーを表現できるようにする．これが有限要素法の特徴であり，近似的に等価なひずみエネルギーが生じるつり合い状態を求めることになる．したがって，近似度のよい変位関数を用いて，かつ，要素分割を細かくすれば，それだけ精度の高いひずみエネルギーが計算されるので，得られる結果も正解に近づくことになる．

本来，有限要素法は，ひとたび誰かが剛性マトリクスを誘導すれば，それを用いて機械的に解析できるので，誘導の方法にこだわる必要はないのであるが，いろいろな方法で定式化が可能なことを示すために，この章では軸力と曲げを受ける棒要素を，カステリアーノの定理を用いて誘導する．

有限要素法の定式化の流れを**図 7.1** にまとめてある（式は簡単のため，軸力要素の場合を例に示した）．図示の方法を箇条書きにすると，以下のようになる．

① 変位関数を仮定して，節点変位を要素内の変位と関係づける．
② 要素内の変位は，ひずみと微分関係で結ばれる．
③ ひずみと応力は，フックの法則で結びつけられる．
④ ①〜③の結果，ひずみエネルギーが節点変位の関数として表現できる．
⑤ カステリアーノの定理か，仮想仕事の原理により，節点変位と節点力を関係づけると，剛性方程式（剛性マトリクス）が導かれる．

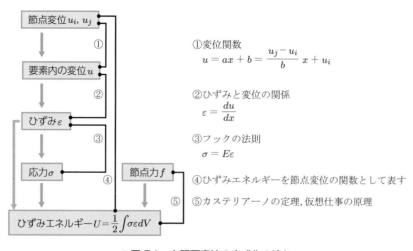

**◉図 7.1　有限要素法の定式化の流れ**

つまり，ひずみエネルギーを節点変位の関数として表すことが重要である．以下の節の説明は，必ずしも上記の流れの順序で登場しないが，それぞれの部分が図 7.1 のどこに対応するかを考えながら学ぶと，理解しやすいと思う．

## 7.2 軸方向力と曲げを受ける棒要素の剛性マトリクス

### ■ (1) ひずみエネルギー

軸方向の応力 $\sigma$ と軸方向ひずみ $\varepsilon$ のみを考える棒状物体の場合，物体のひずみエネルギー $U$ は次式で表すことができる．

$$U = \frac{1}{2} \int \sigma \varepsilon dV \tag{7.1}$$

ここで，$dV$ は，物体の体積に対して積分することを意味し，直交座標 $x, y, z$ を考える場合は，$\int dV = \iiint dz\, dy\, dx$ と書いたり，微小断面積を $dA(= dz\, dy)$，材軸方向の座標を $x$ とするとき，$\int dV = \int \left( \int dA \right) dx$ と書いたりする．

棒状弾性体の場合はフックの法則が成り立つから

$$\sigma = E\varepsilon \tag{7.2}$$

である．これを式 (7.1) に代入すると，ひずみエネルギーは

$$U = \frac{1}{2} E \int \varepsilon^2 dV \tag{7.3}$$

と表すことができる．

### ■ (2) ひずみの微分による表現

ひずみと変位の関係を求める前に，ひずみが変位の微分で表現できることを説明しておく．**図 7.2** に示すように，長さ $l$ の棒 AB の A 端を固定し，B 端に引張力 $P$ を作用させるとき，棒は全体として $\Delta l$ だけ伸びる．このとき，棒上に $\Delta x$ の間隔で印した標点 C, D 間の距離の変化量と，点 C, D の軸 $(x)$ 方向変位との関係を求めてみよう．図 (b) に示すように，点 C, D の $x$ 方向変位をそれぞれ $u, u + \Delta u$ とすると，点 CD 間の平均的軸ひずみ $\varepsilon$ は，定義により

$$\varepsilon = \frac{(u + \Delta u) - u}{\Delta x} = \frac{\Delta u}{\Delta x}$$

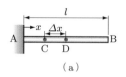

(a)

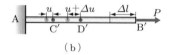

(b)

●図7.2　棒の伸縮におけるひずみと変位の関係

となる.

　いま，$\Delta x$ を限りなく微小と考えると，点 C でのひずみ（度）が次式で表される.

$$\varepsilon = \lim_{\Delta x \to 0} \frac{\Delta u}{\Delta x} = \frac{du}{dx} \tag{7.4}$$

## ■（3）ひずみと変位の関係を求める

　**図 7.3** に示すように，節点 $i, j$ で切り取られる部材長 $L$ の棒要素について考える.
部材の図心を連ねた軸が $x$ 軸と一致するように，座標系を設定する. 座標系は右手系
（右手の親指を $x$ 軸方向に，人差し指を $y$ 軸方向に向けたとき，中指の方向が $z$ 軸方
向となる座標系）とし，重力場での解析に便利なように，$y$ 軸を下向きにとることに
する.

　いま，図心点の $x, y$ 方向の変位を $u, v$ とし，部材軸上の点 O が変位 $(u, v)$ を生
じたとき，断面内の任意点 P$(y)$ の変位 $(u_\mathrm{P}, v_\mathrm{P})$ は，図を参照して

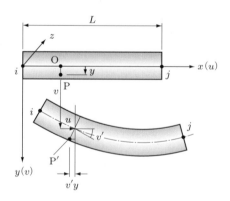

●図 7.3　棒要素の変位と変形

$$
\left.\begin{array}{l}
u_{\mathrm{P}} = u - v'y \\
v_{\mathrm{P}} = v
\end{array}\right\} \tag{7.5}
$$

となる．ここで，$(\ )'$ は $x$ に関する微分を表す．

点 P の軸ひずみは，式 (7.5) に示したように，軸方向変位の変化率で表されるから，次式を得る．

$$
\varepsilon = \frac{du_{\mathrm{P}}}{dx} = u' - v''y \tag{7.6}
$$

### ■ (4) ひずみエネルギーを要素内の変位で表現する

式 (7.6) を式 (7.3) に代入すると

$$
\begin{aligned}
U &= \frac{1}{2}E\int \varepsilon^2 dV = \frac{1}{2}E\int (u' - v''y)^2 dV \\
&= \frac{1}{2}E\int \{(u')^2 - 2u'v''y + (v'')^2 y^2\}dV
\end{aligned} \tag{7.7}
$$

となる．ここで，$\displaystyle\int dV = \int \left(\int dA\right)dx$ と考える．変位は $\displaystyle\int dA$ の積分には関係しないので，$\displaystyle\int dA$ の積分を先に実行し，$\displaystyle\int dA = A$，$\displaystyle\int ydA = 0$（断面 1 次モーメント），$\displaystyle\int y^2 dA = I$（断面 2 次モーメント）を考慮すると，次のようになる．

$$
\begin{aligned}
U &= \frac{1}{2}E\left\{\iint (u')^2 dAdx - 2\iint u'v''ydAdx + \iint (v'')^2 y^2 dAdx\right\} \\
&= \frac{1}{2}E\left\{A\int_0^L (u')^2 dx + I\int_0^L (v'')^2 dx\right\}
\end{aligned} \tag{7.8}
$$

これで，ひずみエネルギーが要素の図心上の任意点の変位で表されたことになる．

### ■ (5) 変位関数の導入

要素の図心上の任意点の変位 $(u, v)$ を，両端の節点 $i$，$j$ の変位 $(u_i, v_i)$，$(u_j, v_j)$ で表すことを考える．要素の $x$ 軸方向の伸縮は一様であるから，軸方向変位 $u$ は $x$ の 1 次関数で仮定する．すなわち

$$
u = \alpha_1 + \alpha_2 x \tag{7.9}
$$

である．ここに，$\alpha_1$ は未定係数である．要素の変位 $v$ は，たわみであるから，集中荷重を受けるはりのたわみ曲線が $x$ の 3 次式になること（上巻 [例題 8.2] 参照）から，変位 $v$ は $x$ の 3 次関数で仮定する．すなわち

$$v = \alpha_3 + \alpha_4 x + \alpha_5 x^2 + \alpha_6 x^3 \tag{7.10}$$

である．また，たわみ角 $\theta = v'$ は

$$\theta = \alpha_4 + 2a_5 x + 3\alpha_6 x^2 \tag{7.11}$$

と表すことができる．

　ここで，節点 $i, j$ の変位ベクトルとして $\boldsymbol{u} = \{u_i,\ v_i,\ \theta_i,\ u_j,\ v_j,\ \theta_j\}^T$ を考える．各変位の正方向をあとで用いる節点力の正方向とともに**図 7.4** に示す．すなわち，両端の節点とも座標軸方向の変位を正とし，たわみ角は $z$ 軸方向に進む右ネジの回転方向（時計まわり）を正とする．

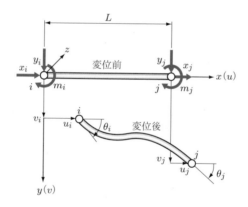

● 図 7.4　節点変位ベクトルの正方向

　さて，式 (7.9), (7.10) に導入した未定係数 $\alpha_1 \sim \alpha_6$ は，これらの変位が点 $i$ $(x = 0)$ で $u = u_i$, $v = v_i$, $\theta = \theta_i$ となり，点 $j$ $(x = L)$ で $u = u_j$, $v = v_j$, $\theta = \theta_j$ という変形条件（境界条件）より決定される．すなわち，式 (7.9)～(7.11) に $x = 0$ を代入して

$$\left.\begin{array}{l} u_i = \alpha_1 \\ v_i = \alpha_3 \\ \theta_i = \alpha_4 \end{array}\right\} \tag{7.12}$$

となり，式 (7.9)～(7.11) に $x = L$ を代入して

$$\left.\begin{aligned}
u_j &= \alpha_1 + \alpha_2 L \\
v_j &= \alpha_3 + \alpha_4 L + \alpha_5 L^2 + \alpha_6 L^3 \\
\theta_j &= \alpha_4 + 2\alpha_5 L + 3\alpha_6 L^2
\end{aligned}\right\} \tag{7.13}$$

となるから，これを行列表示すると

$$\begin{bmatrix} u_i \\ v_i \\ \theta_i \\ u_j \\ v_j \\ \theta_j \end{bmatrix} = \begin{bmatrix} 1 & 0 & 0 & 0 & 0 & 0 \\ 0 & 0 & 1 & 0 & 0 & 0 \\ 0 & 0 & 0 & 1 & 0 & 0 \\ 1 & L & 0 & 0 & 0 & 0 \\ 0 & 0 & 1 & L & L^2 & L^3 \\ 0 & 0 & 0 & 1 & 2L & 3L^2 \end{bmatrix} \begin{bmatrix} \alpha_1 \\ \alpha_2 \\ \alpha_3 \\ \alpha_4 \\ \alpha_5 \\ \alpha_6 \end{bmatrix} \quad \text{または} \quad \boldsymbol{u} = \boldsymbol{C} \cdot \boldsymbol{\alpha} \tag{7.14}$$

となる．これを $\alpha_i$ について解くと次式が得られる．

$$\begin{bmatrix} \alpha_1 \\ \alpha_2 \\ \alpha_3 \\ \alpha_4 \\ \alpha_5 \\ \alpha_6 \end{bmatrix} = \begin{bmatrix} 1 & 0 & 0 & 0 & 0 & 0 \\ -\dfrac{1}{L} & 0 & 0 & \dfrac{1}{L} & 0 & 0 \\ 0 & 1 & 0 & 0 & 0 & 0 \\ 0 & 0 & 1 & 0 & 0 & 0 \\ 0 & -\dfrac{3}{L^2} & -\dfrac{2}{L} & 0 & \dfrac{3}{L^2} & -\dfrac{1}{L} \\ 0 & \dfrac{2}{L^3} & \dfrac{1}{L^2} & 0 & -\dfrac{2}{L^3} & \dfrac{1}{L^2} \end{bmatrix} \begin{bmatrix} u_i \\ v_i \\ \theta_i \\ u_j \\ v_j \\ \theta_j \end{bmatrix} \quad \text{または} \quad \boldsymbol{\alpha} = \boldsymbol{C}^{-1} \cdot \boldsymbol{u}$$

$$\tag{7.15}$$

### ■ (6) ひずみエネルギーを節点変位で表す

式 (7.8) の計算に必要な量を節点変位で表すと

$$u' = \alpha_2 = -\frac{1}{L}u_i + \frac{1}{L}u_j \tag{7.16}$$

$$\begin{aligned}
v'' = 2\alpha_5 + 6\alpha_6 x &= 2\left(-\frac{3}{L^2}v_i - \frac{2}{L}\theta_i + \frac{3}{L^2}v_j - \frac{1}{L}\theta_j\right) \\
&\quad + 6\left(\frac{2}{L^3}v_i + \frac{1}{L^2}\theta_i - \frac{2}{L^3}v_j + \frac{1}{L^2}\theta_j\right)x
\end{aligned} \tag{7.17}$$

となるから，これを式 (7.8) に代入して積分を実行すると，$\displaystyle\int_0^L dx = L$ を考慮して

$$
\begin{aligned}
U = \frac{1}{2}E\Bigg[ & A\int_0^L \left(-\frac{1}{L}u_i + \frac{1}{L}u_j\right)^2 dx+ \\
& + I\int_0^L \left\{2\left(-\frac{3}{L^2}v_i - \frac{2}{L}\theta_i + \frac{3}{L^2}v_j - \frac{1}{L}\theta_j\right) \right. \\
& \left. +6\left(\frac{2}{L^3}v_i + \frac{1}{L^2}\theta_i - \frac{2}{L^3}v_j + \frac{1}{L^2}\theta_j\right)x\right\}^2 dx\Bigg] \\
= \frac{1}{2}E\Bigg( & \frac{A}{L}u_i{}^2 - \frac{2A}{L}u_iu_j + \frac{A}{L}u_j{}^2 + \frac{12I}{L^3}v_i{}^2 + \frac{12I}{L^2}v_i\theta_i \\
& - \frac{24I}{L^3}v_iv_j + \frac{12I}{L^2}v_i\theta_j + \frac{4I}{L}\theta_i{}^2 - \frac{12I}{L^2}\theta_iv_j + \frac{4I}{L}\theta_i\theta_j + \frac{12I}{L^3}v_j{}^2 \\
& - \frac{12I}{L^2}v_j\theta_j + \frac{4I}{L}\theta_j{}^2\Bigg)
\end{aligned}
\tag{7.18}
$$

となる．

### ■ (7) 節点力と節点変位の関係

節点変位ベクトル $\boldsymbol{u} = \{u_i,\ v_i,\ \theta_i,\ u_j,\ v_j,\ \theta_j\}$ に対応する節点力ベクトルを $\boldsymbol{f} = \{x_i,\ y_i,\ m_i,\ x_j,\ y_j,\ m_j\}$ として，カステリアーノの定理を式 (7.18) に用いて，各変位で偏微分すると

$$
\left.\begin{aligned}
x_i &= \frac{\partial U}{\partial u_i} = && \frac{EA}{L}u_i && -\frac{EA}{L}u_j \\
y_j &= \frac{\partial U}{\partial v_i} = && \frac{12EI}{L^3}v_i + \frac{6EI}{L^2}\theta_i && -\frac{12EI}{L^3}v_j + \frac{6EI}{L^2}\theta_j \\
m_i &= \frac{\partial U}{\partial \theta_i} = && \frac{6EI}{L^2}v_i + \frac{4EI}{L}\theta_i && -\frac{6EI}{L^2}v_j + \frac{2EI}{L}\theta_j \\
x_j &= \frac{\partial U}{\partial u_j} = -\frac{EA}{L}u_i && +\frac{EA}{L}u_j \\
y_j &= \frac{\partial U}{\partial v_j} = && -\frac{12EI}{L^3}v_i - \frac{6EI}{L^2}\theta_i && +\frac{12EI}{L^3}v_j - \frac{6EI}{L^2}\theta_j \\
m_j &= \frac{\partial U}{\partial \theta_j} = && \frac{6EI}{L^2}v_i + \frac{2EI}{L}\theta_i && -\frac{6EI}{L^2}v_j + \frac{4EI}{L}\theta_j
\end{aligned}\right\}
\tag{7.19}
$$

となる．これを行列表示すると，次式を得る．

$$
\begin{bmatrix} x_i \\ y_i \\ m_i \\ x_j \\ y_j \\ m_j \end{bmatrix} = \begin{bmatrix} \dfrac{EA}{L} & 0 & 0 & -\dfrac{EA}{L} & 0 & 0 \\[2mm] 0 & \dfrac{12EI}{L^3} & \dfrac{6EI}{L^2} & 0 & -\dfrac{12EI}{L^3} & \dfrac{6EI}{L^2} \\[2mm] 0 & \dfrac{6EI}{L^2} & \dfrac{4EI}{L} & 0 & -\dfrac{6EI}{L^2} & \dfrac{2EI}{L} \\[2mm] -\dfrac{EA}{L} & 0 & 0 & \dfrac{EA}{L} & 0 & 0 \\[2mm] 0 & -\dfrac{12EI}{L^3} & -\dfrac{6EI}{L^2} & 0 & \dfrac{12EI}{L^3} & -\dfrac{6EI}{L^2} \\[2mm] 0 & \dfrac{6EI}{L^2} & \dfrac{2EI}{L} & 0 & -\dfrac{6EI}{L^2} & \dfrac{4EI}{L} \end{bmatrix} \begin{bmatrix} u_i \\ v_i \\ \theta_i \\ u_j \\ v_j \\ \theta_j \end{bmatrix}
$$

または　$\boldsymbol{f} = \boldsymbol{k} \cdot \boldsymbol{u}$ (7.20)

これが，軸力と曲げを受ける棒要素の部材座標系における剛性方程式である．

## ■ (8) 構造全体の剛性方程式

まず，全体座標系の変位ベクトルを $\boldsymbol{U} = \{U_i,\ V_i,\ \theta_i,\ U_j,\ V_j,\ \theta_j\}^T$，節点ベクトルを $\boldsymbol{F} = \{X_i,\ Y_i,\ M_i,\ X_j,\ Y_j,\ M_j\}^T$ と定義し，回転角（たわみ角 $\theta$）と回転力（曲げモーメント $M$）については，部材座標系でも全体座標系でも等しいことを考慮して式 (6.49) を拡張すると，座標変換行列は次式で与えられる．

$$
\boldsymbol{T} = \begin{bmatrix} c & s & 0 & 0 & 0 & 0 \\ -s & c & 0 & 0 & 0 & 0 \\ 0 & 0 & 1 & 0 & 0 & 0 \\ 0 & 0 & 0 & c & s & 0 \\ 0 & 0 & 0 & -s & c & 0 \\ 0 & 0 & 0 & 0 & 0 & 1 \end{bmatrix}
$$ (7.21)

したがって，

$$
\left. \begin{array}{l} \boldsymbol{u} = \boldsymbol{T} \cdot \boldsymbol{U} \\ \boldsymbol{f} = \boldsymbol{T} \cdot \boldsymbol{F} \end{array} \right\}
$$ (7.22)

となる．式 (7.22) を式 (7.20) に代入すると

$$
\boldsymbol{T} \cdot \boldsymbol{F} = \boldsymbol{k} \cdot \boldsymbol{T} \cdot \boldsymbol{U}
$$ (7.23)

となるから, 左から $T^{-1}$ を乗じ, $T^{-1} \cdot T = I$ と $T^{-1} = T^T$ を考慮すると

$$F = T^T \cdot k \cdot T \cdot U \tag{7.24}$$

となる. ここで, $K = T^T \cdot k \cdot T$ とおくと

$$F = K \cdot U \tag{7.25}$$

となる. この $K$ が全体座標系での剛性マトリクスである.

　$K$ は, 式 (7.20), (7.21) を用いて計算して示すこともできるが, 通常, 計算機の中で計算される. 構造物全体の剛性方程式は, 2 節点で切り取られる各部材について式 (7.25) を作成し, 第 6 章のトラスの例でみたように行列を重ね合わせて足し込むことにより得られる. その結果, 構造物全体の剛性方程式は, 式 (7.25) と同じ形の式で表される. したがって, 式 (7.25) の形の剛性方程式に境界条件を与えて解けばよい.
TRY! ▶ 演習問題 7.1 を解いてみよう.

### ■ (9) 剛性方程式を解く

　ここで, 節点変位 $U$ を, 解くべき未知数 $U_\alpha$ と, 境界条件として与えられる既知の変位 $U_\beta$ に分ける. 節点力 $F$ も, 外力として与えられる既知の節点力 $F_\alpha$ と, 未知の節点力 (反力) $F_\beta$ に分けられる. 式 (7.25) を次式のように表すことができる.

$$\begin{bmatrix} F_\alpha \\ F_\beta \end{bmatrix} = \begin{bmatrix} K_{\alpha\alpha} & K_{\alpha\beta} \\ K_{\beta\alpha} & K_{\beta\beta} \end{bmatrix} \begin{bmatrix} U_\alpha \\ U_\beta \end{bmatrix} \tag{7.26}$$

かけ算を実行してこれを展開すると

$$F_\alpha = K_{\alpha\alpha} \cdot U_\alpha + K_{\alpha\beta} \cdot U_\beta \tag{7.27}$$

$$F_\beta = K_{\beta\alpha} \cdot U_\alpha + K_{\beta\beta} \cdot U_\beta \tag{7.28}$$

となる. ここで, 式 (7.27) の各項に左から $K_{\alpha\alpha}{}^{-1}$ を乗じて $U_\alpha$ について解くと

$$U_\alpha = K_{\alpha\alpha}{}^{-1}(F_\alpha - K_{\alpha\beta} \cdot U_\beta) \tag{7.29}$$

となり, これを式 (7.28) に代入すると, 未知力 $F_\beta$ が次式で求められる.

$$F_\beta = K_{\beta\alpha} \cdot K_{\alpha\alpha}{}^{-1} \cdot F_\alpha - (K_{\beta\alpha} \cdot K_{\alpha\alpha}{}^{-1} K_{\alpha\beta} - K_{\beta\beta})U_\beta \tag{7.30}$$

ところが, 通常, 境界条件として与えられる節点変位はゼロであることが多く, その場合は $U_\beta = 0$ であるから, 式 (7.29) は

$$U_\alpha = K_{\alpha\alpha}^{-1} \cdot F_\alpha \tag{7.31}$$

となり，式 (7.30) は

$$F_\beta = K_{\beta\alpha} \cdot K_{\alpha\alpha}^{-1} \cdot F_\alpha \tag{7.32}$$

となる．すなわち，式 (7.31) により未知変位が計算され，式 (7.32) で未知反力が計算される．

式 (7.31) において，未知節点変位 $U_\alpha$ を求める際の逆行列 $K^{-1}$ の計算をコンピュータで行うのは困難なので，通常，$F_\alpha = K \cdot U$ の形の連立方程式を消去法または掃出し計算で解いている．

### ■ (10) 断面力と応力度の計算

要素端の断面力は，式 (7.20) に式 (7.22) を代入して

$$f = k \cdot u = k \cdot T \cdot U \tag{7.33}$$

で求められる．さらに，要素内の応力度は，式 (7.33) で計算される断面力から，構造力学の公式 $\sigma = (M/I)y$ などより求めることができる．また，既知変位 $U$ を用いて，次のようにすれば直接求めることもできる．すなわち，式 (7.6) より

$$\sigma = E\varepsilon = E(u' - v''y)$$

となるから，この式に式 (7.9), (7.10) を代入すると

$$\sigma = E(\alpha_2 - 2y\alpha_5 - 6xy\alpha_6) = E \begin{bmatrix} 0 & 1 & 0 & 0 & -2y & -6xy \end{bmatrix} \begin{bmatrix} \alpha_1 \\ \alpha_2 \\ \alpha_3 \\ \alpha_4 \\ \alpha_5 \\ \alpha_6 \end{bmatrix}$$

$$= E \cdot B \cdot \alpha \tag{7.34}$$

となる．ここで，式 (7.15) の $\alpha = C^{-1} \cdot u$ と，式 (7.22) の $u = T \cdot U$ を考慮すると

$$\sigma = E \cdot B \cdot \alpha = E \cdot B \cdot C^{-1} \cdot u = E \cdot B \cdot C^{-1} \cdot T \cdot U \tag{7.35}$$

となる．

**例題**
**7.1**　図 7.5 に示すラーメンについて，節点 2 のたわみ角，$M$ 図，各要素の両端における曲げ応力度を計算せよ．ただし，ここでは手計算の労力を軽減するために，最終的に解を求める時点では，要素の軸方向変位を無視 $(A \to \infty)$ してよい．

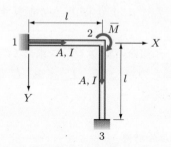

**図 7.5　2 部材ラーメン**

**解答**　式 (7.20) の剛性方程式において，1 行 1 列と 4 行 4 列の軸方向成分を取り去った式を用いると，曲げのみを考慮した通常のラーメンの解析ができるが，ここでは，途中までの誘導は軸方向成分も考慮して一般的に行う．

① 節点番号と全体座標 $(X, Y)$ を図 7.5 に示すように決める．部材座標 $x$ は $1 \to 2$ 方向と $2 \to 3$ 方向に設定する．

② 式 (7.20) を用いて，それぞれの部材の部材座標系における剛性方程式を書く．
　要素 1–2 : $\bm{k}_{12}$

$$
\begin{bmatrix} x_1 \\ y_1 \\ m_1 \\ x_2 \\ y_2 \\ m_2 \end{bmatrix}
=
\begin{bmatrix}
\dfrac{EA}{l} & 0 & 0 & -\dfrac{EA}{l} & 0 & 0 \\
0 & \dfrac{12EI}{l^3} & \dfrac{6EI}{l^2} & 0 & -\dfrac{12EI}{l^3} & \dfrac{6EI}{l^2} \\
0 & \dfrac{6EI}{l^2} & \dfrac{4EI}{l} & 0 & -\dfrac{6EI}{l^2} & \dfrac{2EI}{l} \\
-\dfrac{EA}{l} & 0 & 0 & \dfrac{EA}{l} & 0 & 0 \\
0 & -\dfrac{12EI}{l^3} & -\dfrac{6EI}{l^2} & 0 & \dfrac{12EI}{l^3} & -\dfrac{6EI}{l^2} \\
0 & \dfrac{6EI}{l^2} & \dfrac{2EI}{l} & 0 & -\dfrac{6EI}{l^2} & \dfrac{4EI}{l}
\end{bmatrix}
\begin{bmatrix} u_1 \\ v_1 \\ \theta_1 \\ u_2 \\ v_2 \\ \theta_2 \end{bmatrix}
$$

　要素 2–3 : $\bm{k}_{23}$

$$
\begin{bmatrix} x_2 \\ y_2 \\ m_2 \\ x_3 \\ y_3 \\ m_3 \end{bmatrix} = \begin{bmatrix} \dfrac{EA}{l} & 0 & 0 & -\dfrac{EA}{l} & 0 & 0 \\[2mm] 0 & \dfrac{12EI}{l^3} & \dfrac{6EI}{l^2} & 0 & -\dfrac{12EI}{l^3} & \dfrac{6EI}{l^2} \\[2mm] 0 & \dfrac{6EI}{l^2} & \dfrac{4EI}{l} & 0 & -\dfrac{6EI}{l^2} & \dfrac{2EI}{l} \\[2mm] -\dfrac{EA}{l} & 0 & 0 & \dfrac{EA}{l} & 0 & 0 \\[2mm] 0 & -\dfrac{12EI}{l^3} & -\dfrac{6EI}{l^2} & 0 & \dfrac{12EI}{l^3} & -\dfrac{6EI}{l^2} \\[2mm] 0 & \dfrac{6EI}{l^2} & \dfrac{2EI}{L} & 0 & -\dfrac{6EI}{l^2} & \dfrac{4EI}{l} \end{bmatrix} \begin{bmatrix} u_2 \\ v_2 \\ \theta_2 \\ u_3 \\ v_3 \\ \theta_3 \end{bmatrix}
$$

③ 座標変換行列により，式 (7.25) のそれぞれの要素の全体座標系における剛性方程式を作成する．要素 1–2 の座標変換行列は，式 (7.21) において $c = \cos\theta = 1, s = \sin\theta = 0$ として次のようになる．

$$
\boldsymbol{T}_{12} = \begin{bmatrix} 1 & 0 & 0 & 0 & 0 & 0 \\ 0 & 1 & 0 & 0 & 0 & 0 \\ 0 & 0 & 1 & 0 & 0 & 0 \\ 0 & 0 & 0 & 1 & 0 & 0 \\ 0 & 0 & 0 & 0 & 1 & 0 \\ 0 & 0 & 0 & 0 & 0 & 1 \end{bmatrix}
$$

式 (7.25) に相当する剛性方程式は，$\boldsymbol{K}_{12} = \boldsymbol{T}_{12}^{T} \cdot \boldsymbol{k}_{12} \cdot \boldsymbol{T}_{12}$ を計算すると $\boldsymbol{K}_{12} = \boldsymbol{k}_{12}$ となる．すなわち

$$
\begin{bmatrix} X_1 \\ Y_1 \\ M_1 \\ X_2 \\ Y_2 \\ M_2 \end{bmatrix} = \begin{bmatrix} \dfrac{EA}{l} & 0 & 0 & -\dfrac{EA}{l} & 0 & 0 \\[2mm] 0 & \dfrac{12EI}{l^3} & \dfrac{6EI}{l^2} & 0 & -\dfrac{12EI}{l^3} & \dfrac{6EI}{l^2} \\[2mm] 0 & \dfrac{6EI}{l^2} & \dfrac{4EI}{l} & 0 & -\dfrac{6EI}{l^2} & \dfrac{2EI}{l} \\[2mm] -\dfrac{EA}{l} & 0 & 0 & \dfrac{EA}{l} & 0 & 0 \\[2mm] 0 & -\dfrac{12EI}{l^3} & -\dfrac{6EI}{l^2} & 0 & \dfrac{12EI}{l^3} & -\dfrac{6EI}{l^2} \\[2mm] 0 & \dfrac{6EI}{l^2} & \dfrac{2EI}{l} & 0 & -\dfrac{6EI}{l^2} & \dfrac{4EI}{l} \end{bmatrix} \begin{bmatrix} U_1 \\ V_1 \\ \theta_1 \\ U_2 \\ V_2 \\ \theta_2 \end{bmatrix} \tag{1}
$$

となる．要素 2–3 の座標変換行列は，式 (7.21) において $c = \cos\theta = 0$,

$s = \sin\theta = 1$ として

$$
\boldsymbol{T}_{23} =
\begin{bmatrix}
0 & 1 & 0 & 0 & 0 & 0 \\
-1 & 0 & 0 & 0 & 0 & 0 \\
0 & 0 & 1 & 0 & 0 & 0 \\
0 & 0 & 0 & 0 & 1 & 0 \\
0 & 0 & 0 & -1 & 0 & 0 \\
0 & 0 & 0 & 0 & 0 & 1
\end{bmatrix}
$$

となる．6.2 節に示した行列乗算の方法を用いて，$\boldsymbol{K}_{23} = \boldsymbol{T}_{23}^{T} \cdot \boldsymbol{k}_{23} \cdot \boldsymbol{T}_{23}$ を計算すると，以下のようになる．

$$
\begin{bmatrix}
0 & -1 & 0 & 0 & 0 & 0 \\
1 & 0 & 0 & 0 & 0 & 0 \\
0 & 0 & 1 & 0 & 0 & 0 \\
0 & 0 & 0 & 0 & -1 & 0 \\
0 & 0 & 0 & 1 & 0 & 0 \\
0 & 0 & 0 & 0 & 0 & 1
\end{bmatrix}
$$

$$
\times
\begin{bmatrix}
\dfrac{EA}{l} & 0 & 0 & -\dfrac{EA}{l} & 0 & 0 \\[2mm]
0 & \dfrac{12EI}{l^3} & \dfrac{6EI}{l^2} & 0 & -\dfrac{12EI}{l^3} & \dfrac{6EI}{l^2} \\[2mm]
0 & \dfrac{6EI}{l^2} & \dfrac{4EI}{l} & 0 & -\dfrac{6EI}{l^2} & \dfrac{2EI}{l} \\[2mm]
-\dfrac{EA}{l} & 0 & 0 & \dfrac{EA}{l} & 0 & 0 \\[2mm]
0 & -\dfrac{12EI}{l^3} & -\dfrac{6EI}{l^2} & 0 & \dfrac{12EI}{l^3} & -\dfrac{6EI}{l^2} \\[2mm]
0 & \dfrac{6EI}{l^2} & \dfrac{2EI}{l} & 0 & -\dfrac{6EI}{l^2} & \dfrac{4EI}{l}
\end{bmatrix}
$$

$$
\times
\begin{bmatrix}
0 & 1 & 0 & 0 & 0 & 0 \\
-1 & 0 & 0 & 0 & 0 & 0 \\
0 & 0 & 1 & 0 & 0 & 0 \\
0 & 0 & 0 & 0 & 1 & 0 \\
0 & 0 & 0 & -1 & 0 & 0 \\
0 & 0 & 0 & 0 & 0 & 1
\end{bmatrix}
$$

$$= \begin{bmatrix} \dfrac{12EI}{l^3} & 0 & -\dfrac{6EI}{l^2} & -\dfrac{12EI}{l^3} & 0 & -\dfrac{6EI}{l^2} \\[2mm] 0 & \dfrac{EA}{l} & 0 & 0 & -\dfrac{EA}{l} & 0 \\[2mm] -\dfrac{6EI}{l^2} & 0 & \dfrac{4EI}{l} & \dfrac{6EI}{l^2} & 0 & \dfrac{2EI}{l} \\[2mm] -\dfrac{12EI}{l^3} & 0 & \dfrac{6EI}{l^2} & \dfrac{12EI}{l^3} & 0 & \dfrac{6EI}{l^2} \\[2mm] 0 & -\dfrac{EA}{l} & 0 & 0 & \dfrac{EA}{l} & 0 \\[2mm] -\dfrac{6EI}{l^2} & 0 & \dfrac{2EI}{l} & \dfrac{6EI}{l^2} & 0 & \dfrac{4EI}{l} \end{bmatrix}$$

すなわち，要素 2–3 の全体座標系における剛性方程式は次式となる．

$$\begin{bmatrix} X_2 \\ Y_2 \\ M_2 \\ X_3 \\ Y_3 \\ M_3 \end{bmatrix} = \begin{bmatrix} \dfrac{12EI}{l^3} & 0 & -\dfrac{6EI}{l^2} & -\dfrac{12EI}{l^3} & 0 & -\dfrac{6EI}{l^2} \\[2mm] 0 & \dfrac{EA}{l} & 0 & 0 & -\dfrac{EA}{l} & 0 \\[2mm] -\dfrac{6EI}{l^2} & 0 & \dfrac{4EI}{l} & \dfrac{6EI}{l^2} & 0 & \dfrac{2EI}{l} \\[2mm] -\dfrac{12EI}{l^3} & 0 & \dfrac{6EI}{l^2} & \dfrac{12EI}{l^3} & 0 & \dfrac{6EI}{l^2} \\[2mm] 0 & -\dfrac{EA}{l} & 0 & 0 & \dfrac{EA}{l} & 0 \\[2mm] -\dfrac{6EI}{l^2} & 0 & \dfrac{2EI}{l} & \dfrac{6EI}{l^2} & 0 & \dfrac{4EI}{l} \end{bmatrix} \begin{bmatrix} U_2 \\ V_2 \\ \theta_2 \\ U_3 \\ V_3 \\ \theta_3 \end{bmatrix} \tag{2}$$

④ 構造物全体の剛性方程式：構造物全体の行列の枠組みをつくり，式 (1), (2) の剛性マトリクスの要素を対応する位置に書き，足し込むことにより，次式のように得られる．

$$\begin{bmatrix} X_1 \\ Y_1 \\ M_1 \\ X_2 \\ Y_2 \\ M_2 \\ X_3 \\ Y_3 \\ M_3 \end{bmatrix} = \begin{bmatrix} \dfrac{EA}{l} & 0 & 0 & -\dfrac{EA}{l} & 0 & 0 & 0 & 0 & 0 \\[2mm] 0 & \dfrac{12EI}{l^3} & \dfrac{6EI}{l^2} & 0 & -\dfrac{12EI}{l^3} & \dfrac{6EI}{l^2} & 0 & 0 & 0 \\[2mm] 0 & \dfrac{6EI}{l^2} & \dfrac{4EI}{l} & 0 & -\dfrac{6EI}{l^2} & \dfrac{2EI}{l} & 0 & 0 & 0 \\[2mm] -\dfrac{EA}{l} & 0 & 0 & \dfrac{EA}{l}+\dfrac{12EI}{l^3} & 0 & -\dfrac{6EI}{l^2} & -\dfrac{12EI}{l^3} & 0 & -\dfrac{6EI}{l^2} \\[2mm] 0 & -\dfrac{12EI}{l^3} & -\dfrac{6EI}{l^2} & 0 & \dfrac{12EI}{l^3}+\dfrac{EA}{l} & -\dfrac{6EI}{l^2} & 0 & -\dfrac{EA}{l} & 0 \\[2mm] 0 & \dfrac{6EI}{l^2} & \dfrac{2EI}{l} & -\dfrac{6EI}{l^2} & -\dfrac{6EI}{l^2} & \dfrac{4EI}{l}+\dfrac{4EI}{l} & \dfrac{6EI}{l^2} & 0 & \dfrac{2EI}{l} \\[2mm] 0 & 0 & 0 & -\dfrac{12EI}{l^3} & 0 & \dfrac{6EI}{l^2} & \dfrac{12EI}{l^3} & 0 & \dfrac{6EI}{l^2} \\[2mm] 0 & 0 & 0 & 0 & -\dfrac{EA}{l} & 0 & 0 & \dfrac{EA}{l} & 0 \\[2mm] 0 & 0 & 0 & -\dfrac{6EI}{l^2} & 0 & \dfrac{2EI}{l} & \dfrac{6EI}{l^2} & 0 & \dfrac{4EI}{l} \end{bmatrix}$$

$$\times \begin{bmatrix} U_1 \\ V_1 \\ \theta_1 \\ U_2 \\ V_2 \\ \theta_2 \\ U_3 \\ V_3 \\ \theta_3 \end{bmatrix} \tag{3}$$

⑤ 荷重条件と境界条件の導入：荷重条件は $X_2 = Y_2 = 0$, $M_2 = \overline{M}$，変位の境界条件は $U_1 = V_1 = \theta_1 = 0$, $U_3 = V_3 = \theta_3 = 0$ であるから，式 (3) にこれらを考慮して，式 (7.26) の形に書き直すと次式となる.

$$
\begin{bmatrix} 0 \\ 0 \\ \overline{M} \\ X_1 \\ Y_1 \\ M_1 \\ X_3 \\ Y_3 \\ M_3 \end{bmatrix}
=
\begin{bmatrix}
\dfrac{EA}{l}+\dfrac{12EI}{l^3} & 0 & -\dfrac{6EI}{l^2} & -\dfrac{EA}{l} & 0 & 0 & -\dfrac{12EI}{l^3} & 0 & -\dfrac{6EI}{l^2} \\[2mm]
0 & \dfrac{EA}{l}+\dfrac{12EI}{l^3} & -\dfrac{6EI}{l^2} & 0 & -\dfrac{12EI}{l^3} & -\dfrac{6EI}{l^2} & 0 & -\dfrac{EA}{l} & 0 \\[2mm]
-\dfrac{6EI}{l^2} & -\dfrac{6EI}{l^2} & \dfrac{8EI}{l} & 0 & \dfrac{6EI}{l^2} & \dfrac{2EI}{l} & \dfrac{6EI}{l^2} & 0 & \dfrac{2EI}{l} \\[2mm]
-\dfrac{EA}{l} & 0 & 0 & \dfrac{EA}{l} & 0 & 0 & 0 & 0 & 0 \\[2mm]
0 & -\dfrac{12EI}{l^3} & \dfrac{6EI}{l^2} & 0 & \dfrac{12EI}{l^3} & \dfrac{6EI}{l^2} & 0 & 0 & 0 \\[2mm]
0 & -\dfrac{6EI}{l^2} & \dfrac{2EI}{l} & 0 & \dfrac{6EI}{l^2} & \dfrac{4EI}{l} & 0 & 0 & 0 \\[2mm]
-\dfrac{12EI}{l^3} & 0 & \dfrac{6EI}{l^2} & 0 & 0 & 0 & \dfrac{12EI}{l^3} & 0 & \dfrac{6EI}{l^2} \\[2mm]
0 & -\dfrac{EA}{l} & 0 & 0 & 0 & 0 & 0 & \dfrac{EA}{l} & 0 \\[2mm]
-\dfrac{6EI}{l^2} & 0 & \dfrac{2EI}{l} & 0 & 0 & 0 & \dfrac{6EI}{l^2} & 0 & \dfrac{4EI}{l}
\end{bmatrix}
$$

（列の見出し：$U_2$, $V_2$, $\theta_2$, $U_1$, $V_1$, $\theta_1$, $U_3$, $V_3$, $\theta_3$）

$$
\times
\begin{bmatrix}
U_2 \\
V_2 \\
\theta_2 \\
\hdashline
0 \\
0 \\
0 \\
0 \\
0 \\
0
\end{bmatrix}
\tag{4}
$$

⑥ 未知変位について方程式を解く：式 (4) のかけ算を実行すると，式 (7.27)，(7.28) に対応する次式が得られる．

$$
\begin{bmatrix}
0 \\
0 \\
\overline{M}
\end{bmatrix}
=
\begin{bmatrix}
\dfrac{EA}{l} + \dfrac{12EI}{l^3} & 0 & -\dfrac{6EI}{l^2} \\[2ex]
0 & \dfrac{EA}{l} + \dfrac{12EI}{l^3} & -\dfrac{6EI}{l^2} \\[2ex]
-\dfrac{6EI}{l^2} & -\dfrac{6EI}{l^2} & \dfrac{8EI}{l}
\end{bmatrix}
\begin{bmatrix}
U_2 \\[2ex]
V_2 \\[2ex]
\theta_2
\end{bmatrix}
\tag{5}
$$

$$
\begin{bmatrix}
X_1 \\
Y_1 \\
M_1 \\
X_3 \\
Y_3 \\
M_3
\end{bmatrix}
=
\begin{bmatrix}
-\dfrac{EA}{l} & 0 & 0 \\[2ex]
0 & -\dfrac{12EI}{l^3} & \dfrac{6EI}{l^2} \\[2ex]
0 & -\dfrac{6EI}{l^2} & \dfrac{2EI}{l} \\[2ex]
-\dfrac{12EI}{l^3} & 0 & \dfrac{6EI}{l^2} \\[2ex]
0 & -\dfrac{EA}{l} & 0 \\[2ex]
-\dfrac{6EI}{l^2} & 0 & \dfrac{2EI}{l}
\end{bmatrix}
\begin{bmatrix}
U_2 \\[2ex]
V_2 \\[2ex]
\theta_2
\end{bmatrix}
\tag{6}
$$

式 (5) を変位について解くと

$$
\begin{bmatrix} U_2 \\ V_2 \\ \theta_2 \end{bmatrix} = \begin{bmatrix} \cdot & \cdot & \dfrac{3/(4EA)}{1+(3/l^2)\,(I/A)} \\[3ex] \cdot & \cdot & \dfrac{3/(4EA)}{1+(3/l^2)\,(I/A)} \\[3ex] \cdot & \dfrac{1}{8EI}\left\{1+\dfrac{(9/l^2)\,(I/A)}{1+(3/l^2)\,(I/A)}\right\} \end{bmatrix} \begin{bmatrix} 0 \\ 0 \\ \overline{M} \end{bmatrix} \tag{7}
$$

ここで，軸方向変位を無視することにして $A \to \infty$ とすると

$$
U_2 = V_2 = 0, \quad \theta_2 = \frac{l}{8EI}\overline{M} \tag{8}
$$

となる．これは，通常のラーメンの解（第 8 章参照）として得られるものに一致する．

⑦ 未知反力を求める：式 (7) の結果を式 (6) に代入すると，次式が得られる．

$$
\begin{bmatrix} X_1 \\ Y_1 \\ M_1 \\ X_3 \\ Y_3 \\ M_3 \end{bmatrix} = \begin{bmatrix} -\dfrac{EA}{l} & 0 & 0 \\[2ex] 0 & -\dfrac{12EI}{l^3} & \dfrac{6EI}{l^2} \\[2ex] 0 & -\dfrac{6EI}{l^2} & \dfrac{2EI}{l} \\[2ex] -\dfrac{12EI}{l^3} & 0 & \dfrac{6EI}{l^2} \\[2ex] 0 & -\dfrac{EA}{l} & 0 \\[2ex] -\dfrac{6EI}{l^2} & 0 & \dfrac{2EI}{l} \end{bmatrix} \begin{bmatrix} 0 \\ 0 \\ \dfrac{l\overline{M}}{8EI} \end{bmatrix} = \begin{bmatrix} 0 \\[2ex] \dfrac{3\overline{M}}{4l} \\[2ex] \dfrac{\overline{M}}{4} \\[2ex] \dfrac{3\overline{M}}{4l} \\[2ex] 0 \\[2ex] \dfrac{\overline{M}}{4} \end{bmatrix} \tag{9}
$$

⑧ 部材端の断面力を求める：式 (7.33) を用いる．

　　要素 1–2：$\boldsymbol{f}_{12} = \boldsymbol{k}_{12} \cdot \boldsymbol{T}_{12} \cdot \boldsymbol{U}$

$$
\begin{bmatrix} x_1 \\ y_1 \\ m_1 \\ x_2 \\ y_2 \\ m_2 \end{bmatrix} = \begin{bmatrix} \dfrac{EA}{l} & 0 & 0 & -\dfrac{EA}{l} & 0 & 0 \\[2ex] 0 & \dfrac{12EI}{l^3} & \dfrac{6EI}{l^2} & 0 & -\dfrac{12EI}{l^3} & \dfrac{6EI}{l^2} \\[2ex] 0 & \dfrac{6EI}{l^2} & \dfrac{4EI}{l} & 0 & -\dfrac{6EI}{l^2} & \dfrac{2EI}{l} \\[2ex] -\dfrac{EA}{l} & 0 & 0 & \dfrac{EA}{l} & 0 & 0 \\[2ex] 0 & -\dfrac{12EI}{l^3} & -\dfrac{6EI}{l^2} & 0 & \dfrac{12EI}{l^3} & -\dfrac{6EI}{l^2} \\[2ex] 0 & \dfrac{6EI}{l^2} & \dfrac{2EI}{l} & 0 & -\dfrac{6EI}{l^2} & \dfrac{4EI}{l} \end{bmatrix}
$$

$$
\times
\begin{bmatrix}
1 & & & & & \\
& 1 & & \mathbf{0} & & \\
& & 1 & & & \\
& & & 1 & & \\
& \mathbf{0} & & & 1 & \\
& & & & & 1
\end{bmatrix}
\begin{bmatrix}
0 \\
0 \\
0 \\
0 \\
0 \\
\dfrac{l\overline{M}}{8EI}
\end{bmatrix}
=
\begin{bmatrix}
0 \\
\dfrac{3\overline{M}}{4l} \\
\dfrac{\overline{M}}{4} \\
0 \\
-\dfrac{3\overline{M}}{4l} \\
\dfrac{\overline{M}}{2}
\end{bmatrix}
\tag{10}
$$

要素 2–3 : $\boldsymbol{f}_{23} = \boldsymbol{k}_{23} \cdot \boldsymbol{T}_{23} \cdot \boldsymbol{U}$

$$
\begin{bmatrix}
x_2 \\
y_2 \\
m_2 \\
x_3 \\
y_3 \\
m_3
\end{bmatrix}
=
\begin{bmatrix}
\dfrac{EA}{l} & 0 & 0 & -\dfrac{EA}{l} & 0 & 0 \\
0 & \dfrac{12EI}{l^3} & \dfrac{6EI}{l^2} & 0 & -\dfrac{12EI}{l^3} & \dfrac{6EI}{l^2} \\
0 & \dfrac{6EI}{l^2} & \dfrac{4EI}{l} & 0 & -\dfrac{6EI}{l^2} & \dfrac{2EI}{l} \\
-\dfrac{EA}{l} & 0 & 0 & \dfrac{EA}{l} & 0 & 0 \\
0 & -\dfrac{12EI}{l^3} & -\dfrac{6EI}{l^2} & 0 & \dfrac{12EI}{l^3} & -\dfrac{6EI}{l^2} \\
0 & \dfrac{6EI}{l^2} & \dfrac{2EI}{l} & 0 & -\dfrac{6EI}{l^2} & \dfrac{4EI}{l}
\end{bmatrix}
$$

$$
\times
\begin{bmatrix}
0 & 1 & 0 & 0 & 0 & 0 \\
-1 & 0 & 0 & 0 & 0 & 0 \\
0 & 0 & 1 & 0 & 0 & 0 \\
0 & 0 & 0 & 0 & 1 & 0 \\
0 & 0 & 0 & -1 & 0 & 0 \\
0 & 0 & 0 & 0 & 0 & 1
\end{bmatrix}
\begin{bmatrix}
0 \\
0 \\
\dfrac{l\overline{M}}{8EI} \\
0 \\
0 \\
0
\end{bmatrix}
=
\begin{bmatrix}
0 \\
\dfrac{3\overline{M}}{4l} \\
\dfrac{\overline{M}}{2} \\
0 \\
-\dfrac{3\overline{M}}{4l} \\
\dfrac{\overline{M}}{4}
\end{bmatrix}
\tag{11}
$$

この結果を用いて $M$ 図を描くと，**図 7.6** のようになる．注意すべきは，材端の曲げモーメントはつねに時計まわりを正としていることである．$M$ 図は

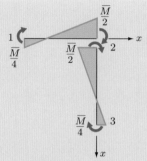

**図7.6 2部材ラーメンの $M$ 図**

引張側に描いている[*1].

⑨ 曲げ応力度の計算：式 (7.35) を用いる.

要素 1–2

$$\sigma = E \cdot B \cdot C^{-1} \cdot T \cdot U$$

$$
= E \begin{bmatrix} 0 & 1 & 0 & 0 & -2y & -6xy \end{bmatrix}
\begin{bmatrix}
1 & 0 & 0 & 0 & 0 & 0 \\
-\dfrac{1}{l} & 0 & 0 & \dfrac{1}{l} & 0 & 0 \\
0 & 1 & 0 & 0 & 0 & 0 \\
0 & 0 & 1 & 0 & 0 & 0 \\
0 & -\dfrac{3}{l^2} & -\dfrac{2}{l} & 0 & \dfrac{3}{l^3} & -\dfrac{1}{l} \\
0 & \dfrac{2}{l^3} & \dfrac{1}{l^2} & 0 & -\dfrac{2}{l^3} & \dfrac{1}{l^2}
\end{bmatrix}
$$

$$
\times
\begin{bmatrix}
1 & 0 & 0 & 0 & 0 & 0 \\
0 & 1 & 0 & 0 & 0 & 0 \\
0 & 0 & 1 & 0 & 0 & 0 \\
0 & 0 & 0 & 1 & 0 & 0 \\
0 & 0 & 0 & 0 & 1 & 0 \\
0 & 0 & 0 & 0 & 0 & 1
\end{bmatrix}
\begin{bmatrix}
0 \\ 0 \\ 0 \\ 0 \\ 0 \\ \dfrac{l\overline{M}}{8EI}
\end{bmatrix}
= \frac{\overline{M}}{4I}y - \frac{3x}{4l}\frac{\overline{M}}{I}y
$$

---

[*1] 式 (9) で求めた反力および式 (10), (11) で求めた断面力は，外力につり合う正しい結果となっていない．これは，$A \to \infty$ として式 (8) ($U_2 = V_1 = 0$) を用いたためで，式 (7) の結果をそのまま式 (5) に代入すれば，正しい結果が得られる．この [例題 7.1] では，第 8 章で述べるたわみ角法の結果との対応を筆算で示すことを主眼にしているので，式 (9) で軸方向反力 $X_1 = Y_3 = 0$，式 (10), (11) で軸方向力を 0 として取り扱っていることに注意してほしい．

$$x = 0 \text{ を代入して（節点 1 側）} \quad \sigma_{x=0} = \frac{\overline{M}/4}{I} y \left.\right\}$$

$$x = l \text{ を代入して（節点 2 側）} \quad \sigma_{x=l} = \frac{\overline{M}/2}{I} y$$

となる．ここで，負の符号は $y$ の正の側で圧縮を表す．

要素 2–3

$$\sigma = E \cdot \boldsymbol{B} \cdot \boldsymbol{C}^{-1} \cdot \boldsymbol{T} \cdot \boldsymbol{U}$$

$$= E \begin{bmatrix} 0 & 1 & 0 & 0 & -2y & -6xy \end{bmatrix} \begin{bmatrix} 1 & 0 & 0 & 0 & 0 & 0 \\ -\dfrac{1}{l} & 0 & 0 & \dfrac{1}{l} & 0 & 0 \\ 0 & 1 & 0 & 0 & 0 & 0 \\ 0 & 0 & 1 & 0 & 0 & 0 \\ 0 & -\dfrac{3}{l^2} & -\dfrac{2}{l} & 0 & \dfrac{3}{l^2} & -\dfrac{1}{l} \\ 0 & \dfrac{2}{l^3} & \dfrac{1}{l^2} & 0 & -\dfrac{2}{l^3} & \dfrac{1}{l^2} \end{bmatrix}$$

$$\times \begin{bmatrix} 0 & 1 & 0 & 0 & 0 & 0 \\ -1 & 0 & 0 & 0 & 0 & 0 \\ 0 & 0 & 1 & 0 & 0 & 0 \\ 0 & 0 & 0 & 0 & 1 & 0 \\ 0 & 0 & 0 & -1 & 0 & 0 \\ 0 & 0 & 0 & 0 & 0 & 1 \end{bmatrix} \begin{bmatrix} 0 \\ 0 \\ \dfrac{l\overline{M}}{8EI} \\ 0 \\ 0 \\ 0 \end{bmatrix} = \frac{\overline{M}}{2I} y - \frac{3x}{4l} \frac{\overline{M}}{I} y$$

$$x = 0 \text{ を代入して（節点 2 側）} \quad \sigma_{x=0} = \frac{\overline{M}/2}{I} y \left.\right\}$$

$$x = l \text{ を代入して（節点 3 側）} \quad \sigma_{x=l} = -\frac{\overline{M}/4}{I} y$$

となる．ここで，負の符号は $y$ の正の側で圧縮を表す．

　以上の応力度は，曲げ応力度の公式に，曲げモーメント図で示した端部モーメントを代入して得られる結果と，符号も含めて一致することが確認される．

**TRY!** ▶ 演習問題 7.2, 7.3 を解いてみよう．

　ゲルバーばりのように，構造物にヒンジ構造を含む場合の取扱いについては，いくつかの方法が考えられるが，ヒンジ端の曲げモーメントがゼロ，すなわち $v'' = 0$ となることを考慮して，別途，部材の剛性マトリクスを誘導しておき，重ね合わせて構造全体の剛性方程式を求める方法で通常の構造物は解析できる．

　節点 $i$ $(x = 0)$ の側がヒンジの場合は，式 (7.9)〜(7.11) の未定係数を決めるための境界条件を，$x = 0$ で $u = u_i,\ v = v_i,\ v'' = 0$ とし，$x = L$ で $u = u_j,\ v = v_j,$ $\theta = \theta_j$ とすることにより，次式のような剛性マトリクスが得られる．

$$
\boldsymbol{k} =
\begin{array}{c}
\begin{array}{cccccc} u_i & v_i & \theta_i & u_j & v_j & \theta_j \end{array} \\
\begin{bmatrix}
\dfrac{EA}{L} & 0 & 0 & -\dfrac{EA}{L} & 0 & 0 \\[2mm]
0 & \dfrac{3EI}{L^3} & 0 & 0 & -\dfrac{3EI}{L^3} & \dfrac{3EI}{L^2} \\[2mm]
0 & 0 & 0 & 0 & 0 & 0 \\[2mm]
-\dfrac{EA}{L} & 0 & 0 & \dfrac{EA}{L} & 0 & 0 \\[2mm]
0 & -\dfrac{3EI}{L^3} & 0 & 0 & \dfrac{3EI}{L^3} & \dfrac{-3EI}{L^2} \\[2mm]
0 & \dfrac{3EI}{L^2} & 0 & 0 & \dfrac{-3EI}{L^2} & \dfrac{3EI}{L}
\end{bmatrix}
\end{array}
\tag{7.36}
$$

同様に，節点 $j$ $(x = L)$ の側がヒンジの場合は，境界条件を $x = 0$ で $u = u_i,\ v = v_i,$ $\theta = \theta_i$ とし，$x = L$ で $u = u_j,\ v = v_j,\ v'' = 0$ とすると，次式のような剛性マトリクスが得られる．

$$
\boldsymbol{k} =
\begin{array}{c}
\begin{array}{cccccc} u_i & v_i & \theta_i & u_j & v_j & \theta_j \end{array} \\
\begin{bmatrix}
\dfrac{EA}{L} & 0 & 0 & -\dfrac{EA}{L} & 0 & 0 \\[2mm]
0 & \dfrac{3EI}{L^3} & \dfrac{3EI}{L^2} & 0 & -\dfrac{3EI}{L^3} & 0 \\[2mm]
0 & \dfrac{3EI}{L^2} & \dfrac{3EI}{L} & 0 & -\dfrac{3EI}{L^2} & 0 \\[2mm]
-\dfrac{EA}{L} & 0 & 0 & \dfrac{EA}{L} & 0 & 0 \\[2mm]
0 & -\dfrac{3EI}{L^3} & -\dfrac{3EI}{L^2} & 0 & \dfrac{3EI}{L^3} & 0 \\[2mm]
0 & 0 & 0 & 0 & 0 & 0
\end{bmatrix}
\end{array}
\tag{7.37}
$$

両端ヒンジの場合はトラス材になるので，第6章で導いた軸力部材の剛性マトリクスになる.

**TRY!** ▶ 演習問題 7.4 を解いてみよう.

## 7.4 構造物のモデル化が命

有限要素法は，数値的に解きやすいように構造をモデル化し，解きやすくなった構造系を正確に解こうとするもので，構造的近似をしているのがその特徴である. したがって，**構造モデルをどのようにつくるかが重要である**. 以下に，モデル化にあたって注意すべき点をあげておこう.

① ［例題 7.1］では，いわゆる直線部材の両端部を節点にとったので，1部材が1要素となったが，**図 7.7** に示すように，一般に，多くの節点を設けて要素分割を細かくするほうが精度は高くなる. また，節点においてしか荷重は作用させられないし，変位や応力も節点の位置でしか求められないので，たとえば，**図 7.8** に示すように，必要に応じて節点と要素を増やすことが行われる. しかし，解くべき剛性方程式の次数は，（節点数）×（節点の自由度）−（拘束条件の数）で決まる

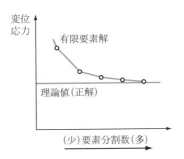

**図 7.7 要素分割数と精度**

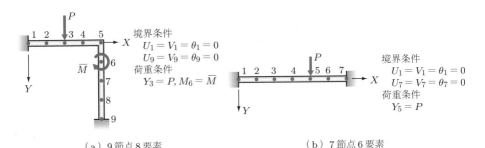

（a）9節点8要素 （b）7節点6要素

**図 7.8 要素分割を細かくして解の精度を高める**

ので，節点数が多くなるほど，計算労力や計算時間が増加する．したがって，コンピュータの記憶容量や計算速度を考慮に入れて，**必要十分な節点数(要素数)を定める必要がある**．そのためには，多少の試行錯誤と結果を評価する経験が必要とされる．

② 次に述べるような構造物上の点には，最低限，節点を設ける必要がある．

- 集中荷重が作用する点
- 骨組の場合で中間ヒンジのある点と部材軸の方向が変化する点
- 断面寸法が変化する点
- 変位を求めたい点

③ **図 7.9**(a) に示すように，断面寸法が連続的に変化する場合は，通常，図 (b) のように一様断面の要素で階段状にモデル化される．

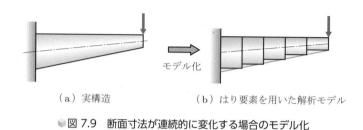

（a）実構造 　　　　　　　（b）はり要素を用いた解析モデル

💿**図 7.9**　断面寸法が連続的に変化する場合のモデル化

④ 骨組部材の軸線形状が曲線であるアーチ構造などの場合は，別途曲率を考慮した剛性マトリクスも誘導されているが，曲率があまり大きくなければ，**図 7.10** に示すように折れ線でモデル化することにより，実用的に十分な結果が得られる．

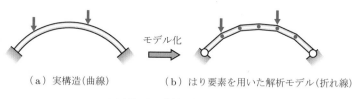

（a）実構造(曲線) 　　　　　　（b）はり要素を用いた解析モデル(折れ線)

💿**図 7.10**　曲線骨組のモデル化

⑤ 全体または部分が剛体的に運動可能な構造，いわゆる不安定構造は，解析できない（コンピュータでは「行列が特異である」というメッセージが出され，中止する）ので，構造全体または部分構造について，$X, Y$ 軸方向の移動，$Z$ 軸まわりの回転ができないように拘束（境界）条件を定める必要がある．**図 7.11** に，計算不能のいくつかの例を示す．

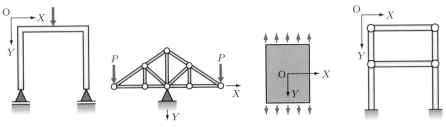

（a）水平方向の　　　（b）回転の剛体運動が　（c）上下方向の剛体運　（d）部分の剛体運動が
　　剛体運動が　　　　　　可能なトラス　　　　　動が可能な引張り　　　　可能な構造
　　可能なラーメン　　　　　　　　　　　　　　　を受ける板

🔖図 7.11　計算不能となる不安定構造の例

⑥ **図 7.12**(a) に示す構造は，図 (b) のように変位してはじめて部材力が発生し，構造物として荷重に抵抗できる．このような場合は，変位を有限と考えて，変位後の形状でつり合い式をたてないと解けない．すなわち，第 6，7 章で説明した，変位のつり合いに及ぼす影響を考慮しない微小変位の剛性方程式では，計算不能である．

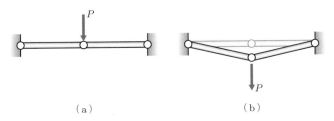

🔖図 7.12　変位のつり合いに及ぼす影響を考慮しなければ解けない構造

⑦ 荷重条件と構造条件（寸法，材料）が対称である構造物は，その結果も対称であると考えられる．したがって，**図 7.13** に示す例のように，対称条件が実現されるように境界条件を導入したうえで，その部分構造を解析してよい．このような取扱いにより，節点数，要素数が減少するので，計算労力を相当減少させることができる．

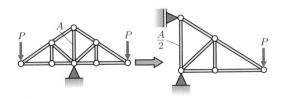

🔖図 7.13　対称条件を考えた労力節約モデル

⑧ 荷重条件は，全体座標系に対して定義されているので，**図7.14**(a) に示すように，全体座標に対して傾斜して作用する場合は，図 (b) に示すように，その $X, Y$ 方向成分 $P_x, P_y$ を与える．

⑨ 境界条件も全体座標系に対して与えられるのが普通であるが，**図7.15** に示すように，$X, Y$ 方向に対して傾斜した方向に移動する支点条件を考慮するためには，別の取扱いが必要である．詳細については，文献 [6] などを参照してほしい．

⑩ 分布荷重は，次節に述べるように，等価な節点荷重に置換して載荷する．

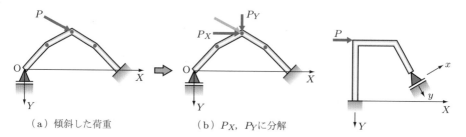

（a）傾斜した荷重　　　　（b）$P_X, P_Y$に分解

📖 図7.14　全体座標に対して傾斜した荷重の取扱い

📖 図7.15　$X, Y$ 軸と傾斜した方向の可動境界条件

## ◈ 7.5　分布荷重を等価な節点荷重へ置換する

ここまでの説明では，集中節点力の場合のみを考察してきた．ここで導いたはりの剛性マトリクスは，この条件をもとに導かれたものである．その結果，分布荷重を直接扱うことができないので，別個の取扱いが必要となる．分布荷重を扱う方法で最も簡単なものは，分布荷重を静的に等価な集中荷重系に置換する方法である．

いま，**図7.16**(a) に示すような，等分布荷重 $q$ が作用する支間 $L$ のはりを，図 (b) のように 5 節点 4 要素に等分して解く場合について説明する．各節点間の中央に区切りを設けると，節点 2～4 に対する等価荷重は，各節点が属している区画に分布する荷

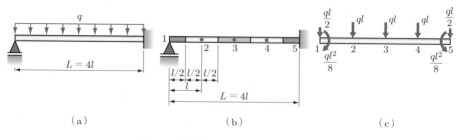

（a）　　　　　　　　（b）　　　　　　　　（c）

📖 図7.16　等分布荷重の等価節点力への置換

重の合力 $ql$ で与えられる．端部節点に関しては，その点が属している区画の図心から，その節点に配分される荷重は $ql/2$ となる．さらに，モーメントの腕の長さは $l/4$ であるから，図 (c) に示すように，節点 1, 5 には大きさ $ql^2/8$ のモーメントを与えると，等価な荷重系となる[*1]．

等分布荷重を受けるはりを 5 節点 4 等分割要素にモデル化して，上記の取扱いによる等価節点力を作用させて解析した結果の精度は，**表 7.1** に示すようである．表 7.1 からわかるように，4 分割でも実用的に十分な精度が得られることがわかる．

**表 7.1　等価節点力置換の精度（等分布荷重を受ける 4 等分割のはり）**

| 項　目 | | 有限要素法 | 理論解 | 精度（誤差）[%] |
|---|---|---|---|---|
| 単純ばり | 支点のたわみ角 $\dfrac{}{ql^3/(EI)}$ | $\dfrac{1.03}{24}$ | $\dfrac{1}{24}$ | $+3.1$ |
| | 中央点のたわみ $\dfrac{}{ql^4/(EI)}$ | $\dfrac{5.125}{384}$ | $\dfrac{5}{384}$ | $+2.5$ |
| 両端固定ばり | 中央点のたわみ $\dfrac{}{ql^4/(EI)}$ | $\dfrac{1}{384}$ | $\dfrac{1}{384}$ | $\pm0.0$ |
| | 支点反力モーメント $\dfrac{}{ql^2}$ | $\dfrac{1.031}{12}$ | $\dfrac{1}{12}$ | $+3.1$ |

## ◆7.6　熱荷重の取扱い

一般に，温度変化があったとき，構造物は伸縮し，構造物の変位が拘束されている場合は，温度変化による応力（温度応力）が生じる．荷重を与えて変位を求める形の有限要素法で温度応力を解析するためには，以下に述べる手法が便利である．この手法の考え方は一般的であるのだが，ここでは理解を容易にするために，**図 7.17**(a) に示すトラスを例にとって説明する．

いま，部材 $ij$ に着目し，部材 $ij$ を系から取り出して，拘束のない状態で $\Delta t$ の温度上昇があった場合を考える．線膨張係数を $\alpha$ とすると，図 7.17(b) に示すように，節点 $i, j$ はそれぞれ $u'_i, u'_j$ 変位し，長さ $l$ の部材 $ij$ は，$\Delta l = \alpha l \Delta t$ 伸びる．すなわち，次式を得る．

$$\Delta l = \alpha l \Delta t = u'_j - u'_i \tag{7.38}$$

---

[*1] 単純支持点である節点 1 において，モーメント荷重 $ql^2/8$ は作用させられるが，鉛直荷重 $ql/2$ は，鉛直変位が 0 であるから仕事をせず，荷重としての意味はない．すなわち，変位が 0 の場合は，荷重 = 剛性 × 変位で計算される荷重項は 0 となり，外力として扱うことができない．しかし，反力としては反映させなければならないので，剛性方程式から得られる反力の解に，この外力分をあとで加える必要がある．固定支点である節点 5 についても同様である．

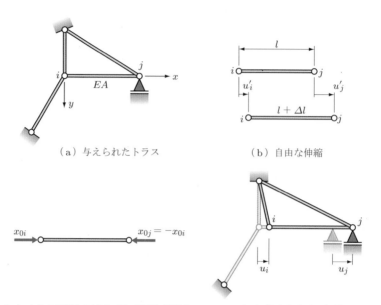

（a）与えられたトラス       （b）自由な伸縮

（c）もとの状態に戻すために必要な節点力       （d）拘束を受ける部材 $ij$

図 7.17　熱荷重を考えるためのトラス

この状態では部材は自由に伸縮し，応力（軸方向力）は生じない．

　次に，図 7.17(c) に示すように，部材 $ij$ の状態をもとの状態に戻すために必要な節点力を $x_{0i}$, $x_{0j}$ ($= f_{0i}$) とすると，ヤング係数を $E$，部材の断面積を $A$ として

$$x_{0i} = -x_{0j} = EA\frac{\Delta l}{l} = EA\alpha\Delta t = EA \cdot \frac{u'_j - u'_i}{l} \tag{7.39}$$

となる．

　ここで，図 7.17(a) に戻って，$\Delta t$ の温度上昇があった場合を考える．図 (d) に示すように，部材 $ij$ はまわりより拘束を受けつつ伸縮し，節点 $i$, $j$ はそれぞれ $u_i$, $u_j$ 変位したとする．このとき，部材 $ij$ には，応力がない図 (b) の状態を基準に考えた伸縮量に相当する軸方向力が生じる．したがって，その大きさは，基準長 $l + \Delta l$ を $l$ に近似して，かつ，式 (7.39) も考慮すると

$$N = -\frac{EA}{l}\{(u'_j - u_j) - (u'_i - u_i)\} = -\frac{EA}{l}(u_i - u_j) - \frac{EA}{l}(u'_j - u'_i)$$

$$= -\frac{EA}{l}(u_i - u_j) - x_{0i} \tag{7.40}$$

となる．

ここで，節点 $i, j$ の節点力を $x_i, x_j$ とし，節点力と部材力のつり合い関係を用いると

$$
\left.
\begin{aligned}
x_i &= -N = \frac{EA}{l}(u_i - u_j) + x_{0i} \\
x_j &= N = -\frac{EA}{l}(u_i - u_j) - x_{0i} = \frac{EA}{l}(-u_i + u_j) + x_{0j}
\end{aligned}
\right\}
\tag{7.41}
$$

となる．上式を行列表示すると

$$
\begin{bmatrix} x_i \\ x_j \end{bmatrix} = \frac{EA}{l} \begin{bmatrix} 1 & -1 \\ -1 & 1 \end{bmatrix} \begin{bmatrix} u_i \\ u_j \end{bmatrix} + \begin{bmatrix} EA\alpha\Delta t \\ -EA\alpha\Delta t \end{bmatrix}
\tag{7.42}
$$

または，より一般的な形として

$$
\boldsymbol{f} = \boldsymbol{k} \cdot \boldsymbol{u} + \boldsymbol{f}_0
\tag{7.43}
$$

と書ける．これが温度変化を受ける部材の部材座標における剛性方程式である．ここで，ベクトル $\boldsymbol{f}_0$ は，温度変化によって自由に変形した部材をもとの状態に戻すための節点力ベクトルで，熱荷重ベクトル，または，より一般的に**初期力ベクトル**とよぶ．式 (7.42) を全体座標に変換し，重ね合わせると次式のように書ける．

$$
\boldsymbol{F} = \boldsymbol{K} \cdot \boldsymbol{U} + \boldsymbol{F}_0
\tag{7.44}
$$

これが解くべき構造全体の剛性方程式となる．

節点外力がなく，温度変化のみの場合は $\boldsymbol{F} = \boldsymbol{0}$ として，

$$
-\boldsymbol{F}_0 = \boldsymbol{K} \cdot \boldsymbol{U}
\tag{7.45}
$$

を解けばよい．

**図 7.18**(a) に示すように，はりの上下面および中立面の温度がそれぞれ $t_1, t_2, t_3$ であるような温度分布 $(t_2 > t_1)$ をもつ高さ $h$ のはり要素の場合の $\boldsymbol{f}_0$ は，定義により図 (b), (c) に示す変形をもとに戻す力として求められる．すなわち，軸方向力は

$$
x_{0i} = -x_{0j} = E \int \varepsilon dA = E\alpha t_3 \int dA = EA\alpha t_3
\tag{7.46}
$$

であり，さらに曲げモーメントが，

$$
\begin{aligned}
-m_{0i} = m_{0j} &= \int \sigma y dA = E \int \frac{y\Delta\theta}{dx} y dA \\
&= \frac{E\alpha(t_2 - t_1)}{h} \int y^2 dA = EI\alpha \frac{t_2 - t_1}{h}
\end{aligned}
\tag{7.47}
$$

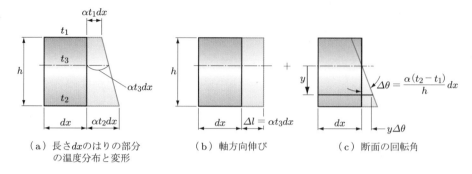

図7.18 上下面で温度差のあるはりの変形と熱荷重

と計算される。符号は，$t_2 > t_1$ のときに生じる下に凸の曲がりを戻す方向のモーメントであるから，図 (d) に示すように，$j$ 端で正，$i$ 端で負になる。すなわち，式 (7.43) の中の $\boldsymbol{f}_0$ を次式で置き換えればよい。

$$\boldsymbol{f}_0 = [x_{0i}\ m_{0i}\ x_{0j}\ m_{0j}]^T$$
$$= \left[EA\alpha t_3 \quad -EI\alpha\frac{t_2 - t_1}{h} \quad -EA\alpha t_3 \quad EI\alpha\frac{t_2 - t_1}{h}\right]^T \tag{7.48}$$

**例題 7.2** 図7.19 に示すような単純ばりの上面の温度が $t_1$，下面の温度が $t_2$ $(t_2 > t_1)$，中立面の温度が $t_3$，それぞれ変化したときの，中央点と可動支点の $x$ 方向変位および中央のたわみを，剛性方程式により求めよ。さらに，その結果を用いて $M$ 図，$Q$ 図を描け。ただし，はりの高さを $h$，曲げ剛性を $EI$，線膨張係数を $\alpha$ とする。

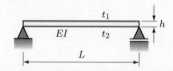

図7.19 上下面で温度差のあるはりの変形

**解答** 図7.20 に示すように，中央に節点を設けた 2 要素モデルで解析する。式 (7.20) で与えた剛性方程式と式 (7.48) を用いて，式 (7.43) を作成する。

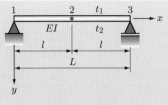

**図 7.20　解図**

要素 1–2 については，次式が得られる.

$$
\begin{bmatrix} x_1 \\ y_1 \\ m_1 \\ x_2 \\ y_2 \\ m_2 \end{bmatrix}
=
\begin{bmatrix}
\dfrac{EA}{l} & 0 & 0 & -\dfrac{EA}{l} & 0 & 0 \\[2mm]
0 & \dfrac{12EI}{l^3} & \dfrac{6EI}{l^2} & 0 & -\dfrac{12EI}{l^3} & \dfrac{6EI}{l^2} \\[2mm]
0 & \dfrac{6EI}{l^2} & \dfrac{4EI}{l} & 0 & -\dfrac{6EI}{l^2} & \dfrac{2EI}{l} \\[2mm]
-\dfrac{EA}{l} & 0 & 0 & \dfrac{EA}{l} & 0 & 0 \\[2mm]
0 & -\dfrac{12EI}{l^3} & -\dfrac{6EI}{l^2} & 0 & \dfrac{12EI}{l^3} & -\dfrac{6EI}{l^2} \\[2mm]
0 & \dfrac{6EI}{l^2} & \dfrac{2EI}{l} & 0 & -\dfrac{6EI}{l^2} & \dfrac{4EI}{l}
\end{bmatrix}
\begin{bmatrix} u_1 \\ v_1 \\ \theta_1 \\ u_2 \\ v_2 \\ \theta_2 \end{bmatrix}
+
\begin{bmatrix} EA\alpha t_3 \\ 0 \\ -EI\alpha\dfrac{t_2-t_1}{h} \\ -EA\alpha t_3 \\ 0 \\ EI\alpha\dfrac{t_2-t_1}{h} \end{bmatrix}
$$

$$\tag{1}$$

要素 2–3 については，次式が得られる.

$$
\begin{bmatrix} x_2 \\ y_2 \\ m_2 \\ x_3 \\ y_3 \\ m_3 \end{bmatrix}
=
\begin{bmatrix}
\dfrac{EA}{l} & 0 & 0 & -\dfrac{EA}{l} & 0 & 0 \\[2mm]
0 & \dfrac{12EI}{l^3} & \dfrac{6EI}{l^2} & 0 & -\dfrac{12EI}{l^3} & \dfrac{6EI}{l^2} \\[2mm]
0 & \dfrac{6EI}{l^2} & \dfrac{4EI}{l} & 0 & -\dfrac{6EI}{l^2} & \dfrac{2EI}{l} \\[2mm]
-\dfrac{EA}{l} & 0 & 0 & \dfrac{EA}{l} & 0 & 0 \\[2mm]
0 & -\dfrac{12EI}{l^3} & -\dfrac{6EI}{l^2} & 0 & \dfrac{12EI}{l^3} & -\dfrac{6EI}{l^2} \\[2mm]
0 & \dfrac{6EI}{l^2} & \dfrac{2EI}{l} & 0 & -\dfrac{6EI}{l^2} & \dfrac{4EI}{l}
\end{bmatrix}
\begin{bmatrix} u_2 \\ v_2 \\ \theta_2 \\ u_3 \\ v_3 \\ \theta_3 \end{bmatrix}
+
\begin{bmatrix} EA\alpha t_3 \\ 0 \\ -EI\alpha\dfrac{t_2-t_1}{h} \\ -EA\alpha t_3 \\ 0 \\ EI\alpha\dfrac{t_2-t_1}{h} \end{bmatrix}
$$

$$\tag{2}$$

式 (1), (2) を重ね合わせると，構造全体の剛性方程式は次式となる（部材座標系と全体座標系が一致しているので座標交換の必要はない）.

$$
\begin{bmatrix} x_1 \\ y_1 \\ m_1 \\ x_2 \\ y_2 \\ m_2 \\ x_3 \\ y_3 \\ m_3 \end{bmatrix}
=
\begin{bmatrix}
\dfrac{EA}{l} & 0 & 0 & -\dfrac{EA}{l} & 0 & 0 & 0 & 0 & 0 \\[2mm]
0 & \dfrac{12EI}{l^3} & \dfrac{6EI}{l^2} & 0 & -\dfrac{12EI}{l^3} & \dfrac{6EI}{l^2} & 0 & 0 & 0 \\[2mm]
0 & \dfrac{6EI}{l^2} & \dfrac{4EI}{l} & 0 & -\dfrac{6EI}{l^3} & \dfrac{2EI}{l} & 0 & 0 & 0 \\[2mm]
-\dfrac{EA}{l} & 0 & 0 & \dfrac{2EA}{l} & 0 & 0 & -\dfrac{EA}{l} & 0 & 0 \\[2mm]
0 & -\dfrac{12EI}{l^3} & -\dfrac{6EI}{l^2} & 0 & \dfrac{24EI}{l^3} & 0 & 0 & \dfrac{12EI}{l^3} & \dfrac{6EI}{l^2} \\[2mm]
0 & \dfrac{6EI}{l^2} & \dfrac{2EI}{l} & 0 & 0 & \dfrac{8EI}{l} & 0 & -\dfrac{6EI}{l^2} & \dfrac{2EI}{l^2} \\[2mm]
0 & 0 & 0 & -\dfrac{EA}{l} & 0 & 0 & \dfrac{EA}{l} & 0 & 0 \\[2mm]
0 & 0 & 0 & 0 & -\dfrac{12EI}{l^3} & -\dfrac{6EI}{l^2} & 0 & \dfrac{12EI}{l^3} & -\dfrac{6EI}{l^2} \\[2mm]
0 & 0 & 0 & 0 & \dfrac{6EI}{l^2} & \dfrac{2EI}{l} & 0 & -\dfrac{6EI}{l^2} & \dfrac{4EI}{l}
\end{bmatrix}
$$

$$
\times
\begin{bmatrix} u_1 \\ v_1 \\ \theta_1 \\ u_2 \\ v_2 \\ \theta_2 \\ u_3 \\ v_3 \\ \theta_3 \end{bmatrix}
+
\begin{bmatrix}
EA\alpha t_3 \\[2mm]
0 \\[2mm]
-EA\alpha\dfrac{t_2 - t_1}{h} \\[2mm]
0 \\[2mm]
0 \\[2mm]
0 \\[2mm]
-EA\alpha t_3 \\[2mm]
0 \\[2mm]
I\alpha\dfrac{t_2 - t_1}{h}
\end{bmatrix}
$$

またば  $\boldsymbol{F} = \boldsymbol{K} \cdot \boldsymbol{U} + \boldsymbol{F}_0$

さらに，境界条件 $u_1 = v_1 = v_3 = 0$，対称条件 $\theta_2 = 0$，$\theta_3 = -\theta_1$，荷重条件 $\boldsymbol{F} = \boldsymbol{0}$（節点外力は作用しない）を考慮すると，解くべき方程式は $\boldsymbol{F}_0$ を左辺に移行して，次式で表される.

$$
\begin{bmatrix} EI\alpha\dfrac{t_2-t_1}{h} \\[2ex] 0 \\[2ex] 0 \\[2ex] EA\alpha t_3 \\[2ex] -EI\alpha\dfrac{t_2-t_1}{h} \end{bmatrix}
=
\begin{bmatrix}
\dfrac{4EI}{l} & 0 & -\dfrac{6EI}{l^2} & 0 & 0 \\[2ex]
0 & \dfrac{2EA}{l} & 0 & -\dfrac{EA}{l} & 0 \\[2ex]
-\dfrac{6EI}{l^2} & 0 & \dfrac{24EI}{l^3} & 0 & \dfrac{6EI}{l^2} \\[2ex]
0 & -\dfrac{EA}{l} & 0 & \dfrac{EA}{l} & 0 \\[2ex]
0 & 0 & \dfrac{6EI}{l^2} & 0 & \dfrac{4EI}{l}
\end{bmatrix}
\begin{bmatrix} \theta_1 \\[2ex] u_2 \\[2ex] v_2 \\[2ex] u_3 \\[2ex] \theta_3=-\theta_1 \end{bmatrix}
\tag{3}
$$

$u_2,\ u_3$ に関する方程式と $\theta_1\ (=-\theta_3),\ v_2$ に関する方程式は独立して解けるから，式 (4) の 2 行目と 4 行目の式を取り出すと

$$
\begin{bmatrix} 0 \\[2ex] EA\alpha t_3 \end{bmatrix}
=
\begin{bmatrix} \dfrac{2EA}{l} & -\dfrac{EA}{l} \\[2ex] -\dfrac{EA}{l} & \dfrac{EA}{l} \end{bmatrix}
\begin{bmatrix} u_2 \\[2ex] u_3 \end{bmatrix}
$$

となるから，これを解いて次式を得る.

$$
u_2 = \alpha t_3 l, \quad u_3 = 2u_2 = 2\alpha t_3 l \tag{4}
$$

これは，温度による伸びから考えて当然の結果である.

次に，式 (3) の 1 行目と 3 行目を，$\theta_3=-\theta_1$ を考慮して整理すると次式となる.

$$
\begin{bmatrix} EI\alpha\dfrac{t_2-t_1}{h} \\[2ex] 0 \end{bmatrix}
=
\begin{bmatrix} \dfrac{4EI}{l} & -\dfrac{6EI}{l^2} \\[2ex] -\dfrac{6EI}{l^2} & \dfrac{24EI}{l^3} \end{bmatrix}
\begin{bmatrix} \theta_1 \\[2ex] v_2 \end{bmatrix}
$$

これを $\theta_1$ と $v_2$ について解くと，次式が得られる.

$$
\left.
\begin{aligned}
\theta_1 &= \alpha l\frac{t_2-t_1}{h} = \frac{\alpha L}{2}\frac{t_2-t_1}{h} \\[2ex]
v_2 &= \frac{\alpha l^2}{2}\frac{t_2-t_1}{h} = \frac{\alpha L^2}{8}\frac{t_2-t_1}{h}
\end{aligned}
\right\}
\tag{5}
$$

この $v_2$ の値は，[例題 2.4] の結果と一致している.

さらに，式 (4), (5) の結果を式 (1), (2) に代入すると

$$
y_1 = y_2 = y_3 = 0, \quad m_1 = m_2 = m_3 = 0
$$

となるので，せん断力および曲げモーメントはともにゼロとなる. すなわち，静定系の場合は，温度応力は生じない.

**TRY!** ▶ 演習問題 7.5 を解いてみよう.

実は, 7.5 節で扱ったはり要素上の分布荷重も, 熱荷重と同様に初期力として扱うことができる. すなわち, 図 **7.21** に示すように, 分布荷重によって生じる変形をもとに戻すのに必要な節点力として, 式 (7.43) に用いた初期力ベクトル $\boldsymbol{f}_0$ を定めればよい. つまり, 等分布荷重の場合は,

$$\boldsymbol{f}_0 = [x_{0i} \ y_{0i} \ m_{0i} \ x_{0j} \ y_{0j} \ m_{0j}]^T$$
$$= \left[0 \ -\frac{1}{2}ql \ -\frac{1}{12}ql^2 \ 0 \ -\frac{1}{2}ql \ \frac{1}{12}ql^2\right]^T \tag{7.49}$$

となり, 三角形分布荷重 $q(x) = (x/l)q$ の場合は, 次式のようになる.

$$\boldsymbol{f}_0 = \left[0 \ -\frac{3}{20}ql \ -\frac{1}{30}ql^2 \ 0 \ -\frac{7}{20}ql \ \frac{1}{20}ql^2\right]^T \tag{7.50}$$

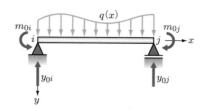

📎図 7.21 分布荷重と等価な初期力ベクトル

**TRY!** ▶ 演習問題 7.6 を解いてみよう.

**例題** **7.3** 図 **7.22** に示すような, 等分布荷重 $q$ を満載する単純ばりの中央点のたわみを, 2 要素にモデル化して, 式 (7.43), 式 (7.49) を用いて求めよ.

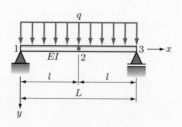

📎図 7.22 等分布荷重を初期力として扱う例

式 (7.20) で与えた剛性方程式と式 (7.49) を用いて，式 (7.43) を作成する．
要素 1–2 については，次式が得られる．

$$
\begin{bmatrix} x_1 \\ y_1 \\ m_1 \\ x_2 \\ y_2 \\ m_2 \end{bmatrix}
=
\begin{bmatrix}
\dfrac{EA}{l} & 0 & 0 & -\dfrac{EA}{l} & 0 & 0 \\[2mm]
0 & \dfrac{12EA}{l^3} & \dfrac{6EI}{l^2} & 0 & -\dfrac{12EI}{l^3} & \dfrac{6EI}{l^2} \\[2mm]
0 & \dfrac{6EI}{l^2} & \dfrac{4EI}{l} & 0 & -\dfrac{6EI}{l^2} & \dfrac{2EI}{l} \\[2mm]
-\dfrac{EA}{l} & 0 & 0 & \dfrac{EA}{l} & 0 & 0 \\[2mm]
0 & -\dfrac{12EI}{l^3} & -\dfrac{6EI}{l^2} & 0 & \dfrac{12EI}{l^3} & -\dfrac{6EI}{l^2} \\[2mm]
0 & \dfrac{6EI}{l^2} & \dfrac{2EI}{l} & 0 & -\dfrac{6EI}{l^2} & \dfrac{4EI}{l}
\end{bmatrix}
\begin{bmatrix} u_1 \\ v_1 \\ \theta_1 \\ u_2 \\ v_2 \\ \theta_2 \end{bmatrix}
+
\begin{bmatrix} 0 \\[2mm] -\dfrac{1}{2}ql \\[2mm] -\dfrac{1}{12}ql^2 \\[2mm] 0 \\[2mm] -\dfrac{1}{2}ql \\[2mm] \dfrac{1}{12}ql^2 \end{bmatrix}
\tag{1}
$$

要素 2–3 については，次式が得られる．

$$
\begin{bmatrix} x_2 \\ y_2 \\ m_2 \\ x_3 \\ y_3 \\ m_3 \end{bmatrix}
=
\begin{bmatrix}
\dfrac{EA}{l} & 0 & 0 & -\dfrac{EA}{l} & 0 & 0 \\[2mm]
0 & \dfrac{12EA}{l^3} & \dfrac{6EI}{l^2} & 0 & -\dfrac{12EI}{l^3} & \dfrac{6EI}{l^2} \\[2mm]
0 & \dfrac{6EI}{l^2} & \dfrac{4EI}{l} & 0 & -\dfrac{6EI}{l^2} & \dfrac{2EI}{l} \\[2mm]
-\dfrac{EA}{l} & 0 & 0 & \dfrac{EA}{l} & 0 & 0 \\[2mm]
0 & -\dfrac{12EI}{l^3} & -\dfrac{6EI}{l^2} & 0 & \dfrac{12EI}{l^3} & -\dfrac{6EI}{l^2} \\[2mm]
0 & \dfrac{6EI}{l^2} & \dfrac{2EI}{l} & 0 & -\dfrac{6EI}{l^2} & \dfrac{4EI}{l}
\end{bmatrix}
\begin{bmatrix} u_2 \\ v_2 \\ \theta_2 \\ u_3 \\ v_3 \\ \theta_3 \end{bmatrix}
+
\begin{bmatrix} 0 \\[2mm] -\dfrac{1}{2}ql \\[2mm] -\dfrac{1}{12}ql^2 \\[2mm] 0 \\[2mm] -\dfrac{1}{2}ql \\[2mm] \dfrac{1}{12}ql^2 \end{bmatrix}
\tag{2}
$$

式 (1), (2) を重ね合わせると，構造全体の剛性方程式は次式となる．

$$
\begin{array}{c}
\begin{array}{ccccccccc}
\quad u_1 & v_1 & \theta_1 & u_2 & v_2 & \theta_2 & u_3 & v_3 & \theta_3
\end{array}\\
\begin{bmatrix} x_1 \\ y_1 \\ m_1 \\ x_2 \\ y_2 \\ m_2 \\ x_3 \\ y_3 \\ m_3 \end{bmatrix}
=
\begin{bmatrix}
\dfrac{EA}{l} & 0 & 0 & -\dfrac{EA}{l} & 0 & 0 & 0 & 0 & 0 \\[2mm]
0 & \dfrac{12EI}{l^3} & \dfrac{6EI}{l^2} & 0 & -\dfrac{12EI}{l^3} & \dfrac{6EI}{l^2} & 0 & 0 & 0 \\[2mm]
0 & \dfrac{6EI}{l^2} & \dfrac{4EI}{l} & 0 & -\dfrac{6EI}{l^2} & \dfrac{2EI}{l} & 0 & 0 & 0 \\[2mm]
-\dfrac{EA}{l} & 0 & 0 & \dfrac{2EA}{l} & 0 & 0 & -\dfrac{EA}{l} & 0 & 0 \\[2mm]
0 & -\dfrac{12EI}{l^3} & -\dfrac{6EI}{l^2} & 0 & \dfrac{24EI}{l^3} & 0 & 0 & -\dfrac{12EI}{l^3} & \dfrac{6EI}{l^2} \\[2mm]
0 & \dfrac{6EI}{l^2} & \dfrac{2EI}{l} & 0 & 0 & \dfrac{8EI}{l} & 0 & -\dfrac{6EI}{l^2} & \dfrac{2EI}{l} \\[2mm]
0 & 0 & 0 & -\dfrac{EA}{l} & 0 & 0 & \dfrac{EA}{l} & 0 & 0 \\[2mm]
0 & 0 & 0 & 0 & -\dfrac{12EI}{l^3} & -\dfrac{6EI}{l^2} & 0 & \dfrac{12EI}{l^3} & -\dfrac{6EI}{l^2} \\[2mm]
0 & 0 & 0 & 0 & \dfrac{6EI}{l^2} & \dfrac{2EI}{l} & 0 & -\dfrac{6EI}{l^2} & \dfrac{4EI}{l}
\end{bmatrix}
\end{array}
$$

$$
\times
\begin{bmatrix} u_1 \\ v_1 \\ \theta_1 \\ u_2 \\ v_2 \\ \theta_2 \\ u_3 \\ v_3 \\ \theta_3 \end{bmatrix}
+
\begin{bmatrix} 0 \\ -\dfrac{1}{2}ql \\ -\dfrac{1}{12}ql^2 \\ 0 \\ -ql \\ 0 \\ 0 \\ -\dfrac{1}{2}ql \\ \dfrac{1}{12}ql^2 \end{bmatrix}
\qquad \text{または} \quad \boldsymbol{F} = \boldsymbol{K} \cdot \boldsymbol{U} + \boldsymbol{F}_0
$$

さらに，境界条件 $u_1 = v_1 = v_3 = 0$，対称条件 $\theta_2 = 0$，$\theta_3 = -\theta_1$，荷重条件 $\boldsymbol{F} = \boldsymbol{0}$（節点外力は作用しない）を考慮する．また，$x$ 方向の荷重がないので，$u_2 = u_3 = 0$ を考慮して $\boldsymbol{F}_0$ を左辺に移行すると，解くべき方程式は，次のようになる．

$$
\begin{bmatrix} \dfrac{1}{12}ql^2 \\[2ex] ql \\[2ex] -\dfrac{1}{12}ql^2 \end{bmatrix}
=
\begin{bmatrix} \dfrac{4EI}{l} & -\dfrac{6EI}{l^2} & 0 \\[2ex] -\dfrac{6EI}{l^2} & \dfrac{24EI}{l^3} & \dfrac{6EI}{l^2} \\[2ex] 0 & \dfrac{6EI}{l^2} & \dfrac{4EI}{l} \end{bmatrix}
\begin{bmatrix} \theta_1 \\[2ex] v_2 \\[2ex] \theta_3 \end{bmatrix}
$$

さらに，$\theta_3 = -\theta_1$ を考慮して整理すると

$$
\begin{bmatrix} \dfrac{1}{12}ql^2 \\[2ex] ql \end{bmatrix}
=
\begin{bmatrix} \dfrac{4EI}{l} & -\dfrac{6EI}{l^2} \\[2ex] -\dfrac{12EI}{l^2} & \dfrac{24EI}{l^3} \end{bmatrix}
\begin{bmatrix} \theta_1 \\[2ex] v_2 \end{bmatrix}
$$

となるから，この式を $\theta_1,\ v_2$ について解くと

$$
\theta_1 = \frac{ql^3}{3EI} = \frac{qL^3}{24EI}
$$
$$
v_2 = \frac{5ql^4}{24EI} = \frac{5qL^4}{384EI}
$$

となる．これらは，はりとしての計算結果と一致する．

**TRY!** ▶ 演習問題 7.7, 7.8 を解いてみよう．

<hr>

**演習問題**

**7.1** 図 **7.23** に示す（図 6.4(a) と同じ）バネのひずみエネルギー $U$ を $u_1 \neq 0,\ u_2 \neq 0$ として表せ．次に，カステリアーノの定理を用いて，$P_i = \partial U / \partial u_i$ により，節点力と節点変位の関係を求め，式 (6.9) で示した剛性方程式と同じものが得られることを確かめよ．

**7.2** [例題 7.1] で解いたラーメンを，図 **7.24** のように節点番号を付けた場合について，[例

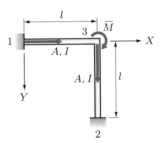

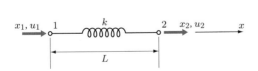

◥ 図 7.23 バネのひずみエネルギーと剛性方程式　　◥ 図 7.24 ２部材ラーメン（別解）

題 7.1] と同じように解き，同じ結果になることを確認せよ．

7.3 **図 7.25** に示す両端固定ばりの中央点 2 のたわみを剛性マトリクスを用いて求め，その結果と既習の方法による結果とを比較せよ．さらに，未知反力，部材端の断面力，曲げ応力度を求め，既知の結果になることを確認せよ．

7.4 **図 7.26** に示す支間中央にヒンジのある変断面の両端固定ばりの中央点 2 のたわみを，剛性マトリクスを用いて求め，その結果と既習の方法による結果とを比較せよ．

7.5 **図 7.27** に示す 2 径間連続ばりの上面の温度が $t_1$，下面の温度が $t_2$ $(t_2 > t_1)$，中立面の温度が $t_3$ に，それぞれ変化したときの各支点のたわみ角を剛性方程式により求め，$Q$ 図，$M$ 図を描け．ただし，はりの高さを $h$，曲げ剛性を $EI$，線膨張係数を $\alpha$ とする．

7.6 分布荷重を初期力と考えて，式 (7.43) の形の剛性方程式をたてるときに必要な初期ベクトル $\boldsymbol{f}_0$ を，等分布荷重と三角形分布荷重について，はりの理論を用いて求め，それぞれ式 (7.49) と式 (7.50) に一致することを確認せよ．

7.7 **図 7.28** に示すように，1 端固定，他端ローラーの不静定ばりに，三角形分布荷重が作用する場合，2 節点 1 要素モデルとして有限要素法を適用し，ローラー支点のたわみ角を求めよ．

7.8 **図 7.29** に示すように，両端固定ばりが満載等分布荷重を受ける場合について，3 節点 2 要素に分割して有限要素法を適用し，中央点のたわみと $M$ 図を求めよ．

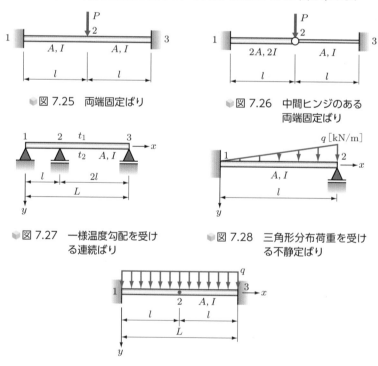

❤図 7.25　両端固定ばり

❤図 7.26　中間ヒンジのある
両端固定ばり

❤図 7.27　一様温度勾配を受ける連続ばり

❤図 7.28　三角形分布荷重を受ける不静定ばり

❤図 7.29　等分布荷重を受ける固定ばり

## 第8章

# コンピュータを使わない
# 骨組解析法（たわみ角法）

## 8.1 たわみ角法も捨てられない

　この章では，コンピュータを使わず，手計算でラーメンや連続ばりなどの不静定構造物が解ける**たわみ角法** (slope deflection method) について学ぶ．まず，この節では，第5章で学んだ余力法や，第6，7章で学んだマトリクスとコンピュータを用いる方法との比較を通して，たわみ角法の必要な理由と解法としての位置付けについて述べる．

　第6章のマトリクス解析法や，第7章の有限要素法は，節点変位を未知数として解くため，変位法に属する．これらの方法では，通常コンピュータを用いるので，部材数や不静定次数に関係なく，どんな構造でも解けるという意味では万能である．しかし，コンピュータを用いた解析にも，いくつか問題点がある．一つには，どんな簡単な構造物を解くにも，コンピュータと解析プログラムが必要で，つねにコンピュータに向かって所定の手続きをとらなければならない点である．したがって，現時点では，ある程度部材数が多くて複雑な構造物でないと，それだけの労力をかける価値がないということにもなり，コンピュータと解析プログラムが手元にない場合や，部材数の少ない簡単な構造物に対しては，手計算による解析も必要である．

　部材数の少ない簡単な構造を解く方法の一つとして，第5章で学んだ余力法がある．この方法は，不静定力を未知数にとる方法（応力法）であるから，不静定次数が高い場合は，未知数（不静定力）が多くて計算量が増えるので，不静定次数が低い（2次程度までの）場合に有利である．不静定次数が高い場合は，支点などにより多くの変位が拘束されて0で既知となるので，未知の変位は少なくなる．したがって，変位を未知数とする変位法が有利になる．たわみ角法は，コンピュータを用いない変位法の中の代表的な方法で，不静定次数が高くて部材数が少ない構造に対して威力を発揮する．これらの解法のほかに，次の第9章で学ぶ3連モーメント法があり，これは連続ばりに特化されて開発された方法（応力法）で，不静定ばりを解くのに便利である．以上で述べたことを含めて，構造の種別と解法の適用性をまとめると，**図 8.1** のようになる．

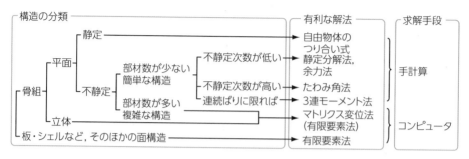

図 8.1　構造種別と解法の適用性

　さて，コンピュータを用いた解析のもう一つの難点は，解析の主要部分がコンピュータというブラックボックスの中で行われるため，出力された結果が正しいかどうかがすぐには判断できないことである．出力された結果が正しいことを確認するためには，単純化した構造モデルによる検証や，訓練と経験に裏付けられた構造力学的な勘が必要である．この意味で，たわみ角法を学ぶことは，部材数が少なくて比較的簡単な構造物を解く力を身につけると同時に，構造力学的な経験と勘を養うのに重要である．

## 8.2　用語の定義と符号の約束

　たわみ角法は，部材の変形，すなわち，たわみ角を未知数とする連立方程式をたてて，不静定構造物を解く変形法の一つで，公式は簡単で記憶しやすく，不静定次数の高いラーメンや連続ばりを解くための優れた方法である．ここでは，まず用語の定義と符号の約束について述べる．

### (1) 端モーメント

　図 8.2(a) に示すラーメンを構成するある部材 AB を図 (b) のように切り出して考えると，その両端は，それぞれに軸力，せん断力，曲げモーメントの三つの応力を受

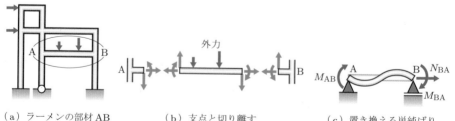

（a）ラーメンの部材 AB　　　　（b）支点と切り離す　　　　（c）置き換える単純ばり

図 8.2　ラーメン部材の単純ばりへの置き換え

けている．この 6 個の応力のうち，3 個を独立に与えれば，残りの 3 個は，3 個のつり合い条件より求めることができる．すなわち，切り出した部材 AB は，図 (c) に示すように，両端に曲げモーメントを，ローラー端に軸力を外力として受ける単純ばりに置き換えて考えることができる．この両方の部材端に作用する曲げモーメントのことを材端モーメント，略して**端モーメント**という．以後，部材 AB の A 端に作用する曲げモーメントを $M_{AB}$ と表し，部材 AB の B 端に作用する曲げモーメントを $M_{BA}$ と表す．端モーメントの符号は，両端とも，時計まわりを正とする．

## ■ (2) 接線角

**図 8.3** に示すように，変形した部材の両端において，部材軸に引いた接線と部材の両端を結ぶ直線のなす角を**接線角**という．記号には $\tau$ を用い，A 端の接線角を $\tau_A$，B 端の接線角を $\tau_B$ と書き，接線の回転が時計まわりのときを正とする．接線角は，公式の誘導の途中に用いるが，最終的な未知量としては用いない．

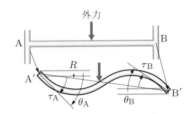

**図 8.3** 接線角 $\tau$，部材角 $R$，たわみ角 $\theta$

## ■ (3) 部材角

図 8.3 に示すように，部材 AB が変位を起こして A′B′ の位置に移ったとき，部材の両端を結ぶ直線 A′B′ と変形前の軸線 AB のなす角を**部材角**という．記号 $R$ で表し，時計まわりに回転したときを正とする．

## ■ (4) たわみ角

図 8.3 に示すように，部材 AB が変形しつつ変位して A′B′ に移動したとき，変位後の部材両端における接線が，変位・変形前の部材軸となす角を**たわみ角**という．記号には $\theta$ を用い，A 端のたわみ角を $\theta_A$，B 端のたわみ角を $\theta_B$ と書き，時計まわりを正とする．定義と図 8.3 より明らかなように，たわみ角は接線角と部材角の和であるから，次式が成り立つ．

$$\left.\begin{array}{l} \theta_{\mathrm{A}} = \tau_{\mathrm{A}} + R \\ \theta_{\mathrm{B}} = \tau_{\mathrm{B}} + R \end{array}\right\} \tag{8.1}$$

また，当然ながら，部材角 $R$ がゼロのとき，たわみ角と接線角は等しい．

## ◇ 8.3 端モーメントとたわみ角の関係

　端モーメントと変形（接線角またはたわみ角）との関係を求めるために，**図 8.4**(a) に示すように，任意の中間荷重と端モーメントを受ける，長さが $l$ で曲げ剛性が $EI$ の単純ばりを考えよう．重ね合せの原理により，図 (a) の状態にある部材 AB の接線角 $\tau_{\mathrm{A}}$, $\tau_{\mathrm{B}}$ は，図 (b)〜(d) に示す三つの場合の結果を足し合わせて求めることができる．ここで，図 (b) の場合を弾性荷重法で解いてみる．**図 8.5** に示すように，弾性荷重を載せた共役ばりの支点でのせん断力を求めれば，もとのはりのたわみ角（接線角）となるから

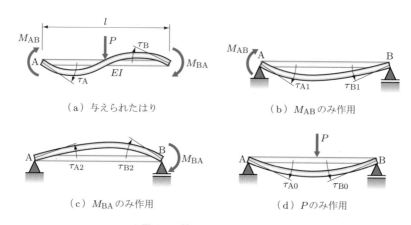

（a）与えられたはり

（b）$M_{\mathrm{AB}}$ のみ作用

（c）$M_{\mathrm{BA}}$ のみ作用

（d）$P$ のみ作用

◆図 8.4　端モーメントと接線角

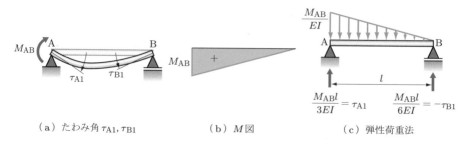

（a）たわみ角 $\tau_{\mathrm{A1}}$, $\tau_{\mathrm{B1}}$

（b）$M$ 図

（c）弾性荷重法

◆図 8.5　端モーメントを受けるはりのたわみ角

$$\tau_{A1} = \frac{M_{AB}l}{3EI}, \quad \tau_{B1} = -\frac{M_{AB}l}{6EI} \tag{8.2}$$

となる．この結果を利用すると，$\tau_{A2} = -\{M_{BA}l/(6EI)\}$, $\tau_{B2} = \{M_{BA}l/(3EI)\}$ となるから

$$\left. \begin{array}{l} \tau_A = \tau_{A1} + \tau_{A2} + \tau_{A0} = \dfrac{M_{AB}l}{3EI} - \dfrac{M_{BA}l}{6EI} + \tau_{A0} \\[3mm] \tau_B = \tau_{B1} + \tau_{B2} + \tau_{B0} = \dfrac{M_{AB}l}{6EI} + \dfrac{M_{BA}l}{3EI} + \tau_{B0} \end{array} \right\} \tag{8.3}$$

となる．上式を端モーメント $M_{AB}$, $M_{BA}$ について解くと，次式が得られる．

$$\left. \begin{array}{l} M_{AB} = \dfrac{2EI}{l}(2\tau_A + \tau_B) - \dfrac{2EI}{l}(2\tau_{A0} + \tau_{B0}) \\[3mm] M_{BA} = \dfrac{2EI}{l}(\tau_A + 2\tau_B) - \dfrac{2EI}{l}(\tau_{A0} + 2_{\tau_{B0}}) \end{array} \right\} \tag{8.4}$$

ここで，

$$\left. \begin{array}{l} C_{AB} = -\dfrac{2EI}{l}(2\tau_{A0} + \tau_{B0}) \\[3mm] C_{BA} = -\dfrac{2EI}{l}(\tau_{A0} + 2\tau_{B0}) \end{array} \right\} \tag{8.5}$$

とおいて，式 (8.1) の関係を用いると，次の関係が得られる．

$$\left. \begin{array}{l} M_{AB} = \dfrac{2EI}{l}(2\theta_A + \theta_B - 3R) + C_{AB} \\[3mm] M_{BA} = \dfrac{2EI}{l}(\theta_A + 2\theta_B - 3R) + C_{BA} \end{array} \right\} \tag{8.6}$$

これが，**端モーメント式**，または**たわみ角式**とよばれるたわみ角法の基本式である．$C_{AB}$, $C_{BA}$ は荷重による影響を表すので，荷重項とよばれる．次節では，この荷重項を求めよう．

式 (8.5) の右辺の $\tau_{A0}$, $\tau_{B0}$ は，図 8.4(d) に示したように，中間荷重による両端の接線角である．したがって，荷重が与えられると，$\tau_{A0}$, $\tau_{B0}$ は，モールの定理により，弾性荷重を載せた共役ばりの両支点でのせん断力として求められるから（上巻第8章を参照），荷重項 $C_{AB}$, $C_{BA}$ は次の [例題8.1] のように，式 (8.5) から容易に計算される．

**例題 8.1** 図 8.6 に示すように，支間 $l$ の部材の中央に集中荷重 $P$ が作用する場合の荷重項 $C_{AB}, C_{BA}$ を求めよ．

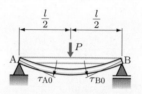

●図 8.6 中央集中荷重の荷重項を求める

**解答** 曲げモーメントは，図 8.7(a) に示すようになる．図 (b) のように，共役ばりに弾性荷重を載せて支点のせん断力を求めると，たわみ角（接線角）$\tau_{A0}, \tau_{B0}$ が次のように求められる．

$$\tau_{A0} = \frac{Pl^2}{16EI}, \quad \tau_{B0} = -\frac{Pl^2}{16EI}$$

これを式 (8.5) に代入すると，部材中央に集中荷重が作用する場合の荷重項は，

$$\left.\begin{array}{l} C_{AB} = -\dfrac{2EI}{l}(2\tau_{A0} + \tau_{B0}) = -\dfrac{Pl}{8} \\[3mm] C_{BA} = -\dfrac{2EI}{l}(\tau_{A0} + 2\tau_{B0}) = \dfrac{Pl}{8} \end{array}\right\}$$

と求められる．

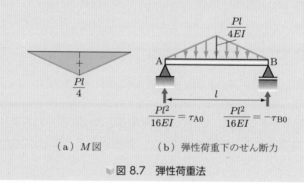

（a）$M$ 図 　　　（b）弾性荷重下のせん断力

●図 8.7 弾性荷重法

計算でよく遭遇する荷重条件に対して，$C_{AB}, C_{BA}$ をあらかじめ計算しておくと便利である．代表的な荷重項の例を**表 8.1** に示す．表の上から 3 番目までの荷重条件の場合の荷重項を記憶にとどめておくだけで，多くの問題を解くことができる．

ここで，この荷重項 $C_{AB}, C_{BA}$ の意味を少し考えてみよう．まず，式 (8.6) において，$\theta_A = \theta_B = R = 0$ とおくと $M_{AB} = C_{AB}, M_{BA} = C_{BA}$ となり，**図 8.8**(c) のようになる．すなわち，$C_{AB}$ および $C_{BA}$ は，図 (b) に示すように，部材の両端を固定

表 8.1　荷重項 $C_{AB}$, $C_{BA}$ の値の例

| 荷重条件 | $C_{AB}$ | $C_{BA}$ |
|---|---|---|
| $\dfrac{l}{2}$ $P$ $\dfrac{l}{2}$ — A B | $-\dfrac{Pl}{8}$ | $-C_{AB}$ |
| $a$ $P$ $b=l-a$ — A B | $-\dfrac{Pab^2}{l^2}$ | $\dfrac{Pa^2b}{l^2}$ |
| $q$ — A B | $-\dfrac{ql^2}{12}$ | $-C_{AB}$ |
| $q$ — A B | $-\dfrac{ql^2}{30}$ | $\dfrac{ql^2}{20}$ |
| $\dfrac{l}{2}$ $\dfrac{l}{2}$ $M$ — A B | $\dfrac{M}{4}$ | $C_{AB}$ |
| $a$ $b=l-a$ $M$ — A B | $\dfrac{Mb}{l^2}(2l-3b)$ | $\dfrac{Ma}{l^2}(2l-3a)$ |

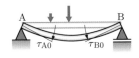

（a）中間荷重による接線角

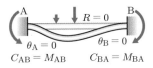

（b）固定端モーメント

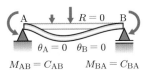

（c）$\theta_A = \theta_B = 0$ に戻す力

図 8.8　荷重項 $C_{AB}$, $C_{BA}$ の意味

端とみなしたときに荷重によって支点に生じるモーメントと考えることができる．そのため，これらは**固定端モーメント**ともよばれる．また，図 (c) の $\theta_A = \theta_B = 0$ の状態は，中間荷重によって生じる両端の接線角 $\tau_{A0}$, $\tau_{B0}$（図 (a) 参照）を端モーメントでちょうど 0 に引き戻したと考えても得られる．よって，$C_{AB}$, $C_{BA}$ は中間荷重によって生じる両端の接線角 $\tau_{A0}$, $\tau_{B0}$ をちょうど 0 に引き戻すために加えるべき端モーメントとも定義される．

**TRY!** ▶ 演習問題 8.1 を解いてみよう．

　式 (8.6) を実用計算に便利に用いるために，次のような置き換えを行い，式を簡単にする.

① $I/l$ を剛度とよび，記号 $K$ で表す.

$$K = \frac{I}{l} \tag{8.7}$$

② 任意に選んだ部材の剛度 $K_0$ を基準にとり，これに対する各部材の剛度 $K$ の比を剛比 (stiffness ratio) とよび，記号 $k$ で表す.

$$k = \frac{K}{K_0} = \frac{I/l}{I_0/l_0} \tag{8.8}$$

③ 各部材の剛度は，$K = I/l = kK_0$ と表せるから式 (8.6) を書き直すと

$$\left. \begin{array}{l} M_{AB} = 2EkK_0(2\theta_A + \theta_B - 3R) + C_{AB} \\ M_{BA} = 2EkK_0(\theta_A + 2\theta_B - 3R) + C_{BA} \end{array} \right\} \tag{8.9}$$

となる.

④ $E$ の値は非常に大きく，$\theta$ や $R$ の値は非常に小さいので，$\infty \times 0$ に近い計算を避けるために，次の置き換えを行う.

$$\left. \begin{array}{l} \varphi = 2EK_0\theta \\ \psi = -6EK_0R \end{array} \right\} \tag{8.10}$$

　$\overset{\text{ファイ}}{\varphi}$ と $\overset{\text{プサイ}}{\psi}$ はそれぞれ，たわみ角モーメント，部材角モーメントと名付けられているが，$\theta, R$ と混同しない範囲で，たわみ角，部材角とよぶことも多い. ここで，$\psi$ の符号は，$R$ と逆になっていることを記憶にとどめておこう.

⑤ $\varphi$ と $\psi$ を用いて，式 (8.9) をさらに書き換えると，次式を得る.

$$\left. \begin{array}{l} M_{AB} = k_{AB}(2\varphi_A + \varphi_B + \psi) + C_{AB} \\ M_{BA} = k_{AB}(\varphi_A + 2\varphi_B + \psi) + C_{BA} \end{array} \right\} \tag{8.11}$$

　これを，**実用端モーメント式**といい，実際の計算はこの式で行うと便利であるので，記憶にとどめておくとよい.

　部材の一端がヒンジの場合は，$M_{AB} = 0$ または $M_{BA} = 0$ の条件を用いて $\varphi_A$ または $\varphi_B$ を消去して，別の公式を導くこともできるが，それがなくても解けるので，

記憶すべき公式を増やさないために，ここでは導かない.

## ◆ 8.6 連続条件と節点でのつり合い式

式 (8.6) や式 (8.11) は，端モーメントと変形との関係を示した式であるが，これを用いて各部材の変形どうしの連続条件を満たしつつ，つり合い式をたてて，未知の変形を求めれば，構造物全体が解ける.

たわみ角法における連続条件とは，節点における部材どうしの交角が変形後も変化しないことを意味する. すなわち，一節点において，ある一部材がたわみ角 $\theta$ だけ回転すると，ほかの部材もやはり $\theta$ だけ回転することになる. したがって，**図 8.9**(a) のようなラーメンを考えると，図 (b) に示すように，節点 A に集まる部材の未知のたわみ角をすべて節点（回転）角 $\theta_A$ に等しくして方程式をたてると自動的に連続条件（剛結条件）は満足されることになる.

次に，節点におけるモーメントのつり合い条件式を求める. 端モーメントは，部材へはたらきかけるモーメントであり，図 8.9(c) に示すように，節点は部材から大きさが等しく向きが反対のモーメントを受けて回転を起こそうとする. いま，図 (d) に示

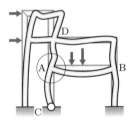

（a）ラーメン中の部材 AB

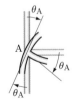

（b）節点 A に集まる部材

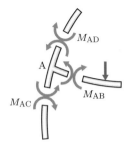

（c）節点にはたらく端モーメントの反作用モーメント

（d）自由物体としての節点

🔖図 8.9　節点における連続条件と節点方程式

すように，時計まわりの外力モーメント $\overline{M}$ が節点 A にはたらく場合（$\overline{M} = 0$ でもよい）を考えると，節点 A は自由物体として回転せずに静止している必要があるから，節点 A に集まる部材の端モーメントと，外力モーメント $\overline{M}$ とはつり合わなければならない．すなわち

$$\overline{M} - \sum M_{Ai} = 0 \quad \text{または} \quad \overline{M} = \sum M_{Ai} \tag{8.12}$$

である．この式を**節点方程式**といい，節点ごとに一つずつ書けるから，未知数である節点角 $\theta$ の数に一致する数の方程式が得られることになる．

節点方程式は，式 (8.12) を丸覚えすると問題を解くときに符号を間違えやすい．図 8.9(c)，(d) に示すように，端モーメントの反作用として節点の側に作用するモーメント（反時計まわりが正）に対して節点が自由物体として回転しない条件であるという意味を理解して，自分で式をつくれば符号を間違わない．

## ◆ 8.7　節点の変位が生じないラーメンの解法

式 (8.12) で示した節点方程式が，節点の数だけ得られるから，節点が変位しないで部材角が生じない（$R = 0$）ラーメンについては，次のようにしてすべてのたわみ角を求めることができる．

① 部材ごとに式 (8.6) または式 (8.11) を用いて，端モーメント式を各節点のたわみ角 $\theta$ または $\varphi$ で表す．

② 境界条件などにより，既知のたわみ角，端モーメントに値を入れる．

③ 式 (8.12) の節点方程式をつくり，端モーメント式を代入してたわみ角 $\theta$，または $\varphi$ を未知数とする連立方程式をたてる．

④ 連立方程式を解いて各節点のたわみ角を求める．

⑤ 求められたたわみ角を式 (8.6) または式 (8.11) に代入して，端モーメントを求める．

⑥ 求められた端モーメントが材端にはたらく単純ばりを想定して反力を求め，既習の方法により，$M$ 図，$Q$ 図を描く．このときの結果は，端モーメントによる結果と外力による結果を独立に求め，重ね合わせても得られる．

**例題 8.2**　図 8.10 に示すラーメンの変形図の概略と $M$ 図を描け．

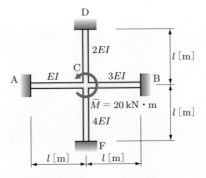

●図 8.10　集中モーメントを受けるラーメン

**|解答|**　上記の本文の手順に従って解く.

① 端モーメント式

式 (8.6) を用いる場合は，次の 8 個の式が得られる.中間荷重はないので荷重項 $C$ はすべての部材についてゼロである.

$$
\left.
\begin{aligned}
M_{AC} &= \frac{2EI}{l}(2\theta_A + \theta_C), &\quad M_{CA} &= \frac{2EI}{l}(\theta_A + 2\theta_C) \\
M_{CD} &= \frac{4EI}{l}(2\theta_C + \theta_D), &\quad M_{DC} &= \frac{4EI}{l}(\theta_C + 2\theta_D) \\
M_{CB} &= \frac{6EI}{l}(2\theta_C + \theta_B), &\quad M_{BC} &= \frac{6EI}{l}(\theta_C + 2\theta_B) \\
M_{CF} &= \frac{8EI}{l}(2\theta_C + \theta_F), &\quad M_{FC} &= \frac{8EI}{l}(\theta_C + 2\theta_F)
\end{aligned}
\right\}
\tag{1}
$$

式 (8.11) を用いる場合は，AC 部材の剛度を基準剛度 $K_0$ とすると各部材の剛比は $k_{AC} = 1,\ k_{CD} = 2,\ k_{CB} = 3,\ k_{CF} = 4$ となるから，次の 8 個の式を得る.

$$
\left.
\begin{aligned}
M_{AC} &= 2\varphi_A + \varphi_C \\[4pt]
M_{CA} &= \varphi_A + 2\varphi_C \\[4pt]
M_{CD} &= 2(2\varphi_C + \varphi_D) = 4\varphi_C + 2\varphi_D \\[4pt]
M_{DC} &= 2(\varphi_C + 2\varphi_D) = 2\varphi_C + 4\varphi_D \\[4pt]
M_{CB} &= 3(2\varphi_C + \varphi_B) = 6\varphi_C + 3\varphi_B \\[4pt]
M_{BC} &= 3(\varphi_C + 2\varphi_B) = 3\varphi_C + 6\varphi_B \\[4pt]
M_{CF} &= 4(2\varphi_C + \varphi_F) = 8\varphi_C + 4\varphi_F \\[4pt]
M_{FC} &= 4(\varphi_C + 2\varphi_F) = 4\varphi_C + 8\varphi_F
\end{aligned}
\right\}
\tag{2}
$$

② 境界条件として A，B，D，F 端は固定であるから，$\theta_A = \theta_B = \theta_D = \theta_F = 0$，または $\varphi_A = \varphi_B = \varphi_D = \varphi_F = 0$ が与えられる.これらを考慮して式 (1)，

(2) を整理すると，次式を得る．

$$
\left.\begin{array}{ll}
M_{\mathrm{AC}} = \dfrac{2EI}{l}\theta_{\mathrm{C}}, & M_{\mathrm{CA}} = \dfrac{4EI}{l}\theta_{\mathrm{C}} \\[2mm]
M_{\mathrm{CD}} = \dfrac{8EI}{l}\theta_{\mathrm{C}}, & M_{\mathrm{DC}} = \dfrac{4EI}{l}\theta_{\mathrm{C}} \\[2mm]
M_{\mathrm{CB}} = \dfrac{12EI}{l}\theta_{\mathrm{C}}, & M_{\mathrm{BC}} = \dfrac{6EI}{l}\theta_{\mathrm{C}} \\[2mm]
M_{\mathrm{CF}} = \dfrac{16EI}{l}\theta_{\mathrm{C}}, & M_{\mathrm{FC}} = \dfrac{8EI}{l}\theta_{\mathrm{C}}
\end{array}\right\}
\tag{3}
$$

または，次式を得る．

$$
\left.\begin{array}{ll}
M_{\mathrm{AC}} = \varphi_{\mathrm{C}}, & M_{\mathrm{CA}} = 2\varphi_{\mathrm{C}} \\[2mm]
M_{\mathrm{CD}} = 4\varphi_{\mathrm{C}}, & M_{\mathrm{DC}} = 2\varphi_{\mathrm{C}} \\[2mm]
M_{\mathrm{CB}} = 6\varphi_{\mathrm{C}}, & M_{\mathrm{BC}} = 3\varphi_{\mathrm{C}} \\[2mm]
M_{\mathrm{CF}} = 8\varphi_{\mathrm{C}}, & M_{\mathrm{FC}} = 4\varphi_{\mathrm{C}}
\end{array}\right\}
\tag{4}
$$

③ 式 (8.12) の節点方程式は時計まわりのモーメントを正にとっているので，$\overline{M} = -20\,\mathrm{kN\cdot m}$ となることに注意すると，次式になる．

$$
-20 - (M_{\mathrm{CA}} + M_{\mathrm{CD}} + M_{\mathrm{CB}} + M_{\mathrm{CF}}) = 0
\tag{5}
$$

④ 上式に端モーメント式を代入して，$\theta_{\mathrm{C}}$ または $\varphi_{\mathrm{C}}$ について解くと

$$
\theta_{\mathrm{C}} = -\frac{l}{2EI} \quad \text{または} \quad \varphi_{\mathrm{C}} = -1
\tag{6}
$$

となる．変形図の概略は，点 C が反時計まわりに回転した**図 8.11**(a) のようになる．

⑤ 式 (6) を式 (3) または式 (4) に代入すると，端モーメントが $M_{\mathrm{AC}} = -1$，$M_{\mathrm{CA}} = -2$，$M_{\mathrm{CD}} = -4$，$M_{\mathrm{DC}} = -2$，$M_{\mathrm{CB}} = -6$，$M_{\mathrm{BC}} = -3$，$M_{\mathrm{CF}} = -8$，$M_{\mathrm{FC}} = -4\,\mathrm{kN\cdot m}$ のように得られる．これを図示すると，図 (b) のようになる．ここで，$M$ 図は引張側に示している．

⑥ 各部材は，求められた端モーメントを受ける単純ばりとして $M$ 図を描けばよい．ここで注意すべきは，図 (b) に示すように，つねに時計まわりを正に約束した端モーメントを作用させたときに，部材のどちらか側が引張りになるかを感じとって，端モーメントの正負に関係なく引張り側にモーメント図の縦距を出して，描くことである（図 (c) 参照）[*1]．

---

[*1] 図 (d) より点 C に作用する外力モーメントは，剛比の比率で各部材に分配され，$M_{\mathrm{CA}}$，$M_{\mathrm{CD}}$，$M_{\mathrm{CB}}$，$M_{\mathrm{CF}}$ となり，分配されたモーメントの半分が各部材の遠い端に伝達され，$M_{\mathrm{AC}}$，$M_{\mathrm{DC}}$，$M_{\mathrm{BC}}$，$M_{\mathrm{FC}}$ となっていることがわかる．本書では紹介しないが，この事実がラーメンのほかの解法であるモーメント分配法の原理となっている．

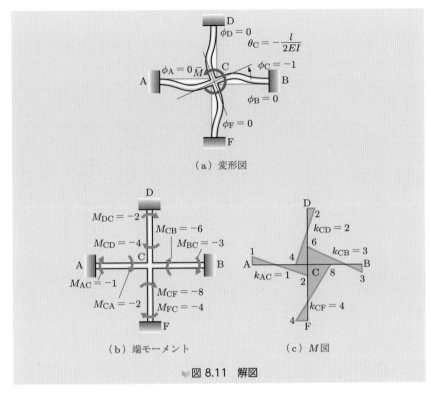

（a）変形図

$$\phi_D = 0$$
$$\theta_C = -\dfrac{l}{2EI}$$
$$\phi_A = 0 \quad \overline{M} \quad \phi_C = -1$$
$$\phi_B = 0$$
$$\phi_F = 0$$

$M_{DC} = -2$
$M_{CB} = -6$
$M_{CD} = -4$
$M_{BC} = -3$
$M_{AC} = -1$
$M_{CF} = -8$
$M_{CA} = -2$
$M_{FC} = -4$

（b）端モーメント

$k_{CD} = 2$
$k_{CB} = 3$
$k_{AC} = 1$
$k_{CF} = 4$

（c）$M$ 図

🔖 図 8.11　解図

　上記の［例題 8.2］でみたように，端モーメント式は，式 (8.6) より式 (8.11) が便利なことが理解できたと思う．以後は，おもに式 (8.11) を用いることにする．

**TRY!** ▶ 演習問題 8.2 の図 8.25(a) について解いてみよう．

**例題** **8.3** 図 8.12 に示すラーメンの $M$ 図を描け．

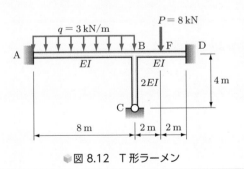

$q = 3\,\text{kN/m}$
$P = 8\,\text{kN}$
A $EI$ B F $EI$ D
$2EI$
C
8 m　2 m　2 m
4 m

🔖 図 8.12　T 形ラーメン

**解答** ① 端モーメント式
　　部材 AB の剛度 $I/8$ を基準剛度 $K_0$ とすると，各部材の剛比は，$k_{AB} = 1$,

$k_{BC} = 4$, $k_{BD} = 2$ となる．荷重項は表 8.1 より

$$C_{AB} = -\frac{ql^2}{12} = -\frac{3 \cdot 8^2}{12} = -16, \quad C_{BA} = \frac{3 \cdot 8^2}{12} = 16$$

$$C_{BC} = C_{CB} = 0$$

$$C_{BD} = -\frac{Pl}{8} = -\frac{8 \cdot 4}{8} = -4, \quad C_{DB} = \frac{8 \cdot 4}{8} = 4\,\text{kN·m}$$

となる．したがって，式 (8.11) を用いて，以下の 6 個の端モーメント式が得られる．

$$\left.\begin{aligned}
M_{AB} &= (2\varphi_A + \varphi_B) - 16 = 2\varphi_A + \varphi_B - 16 \\
M_{BA} &= (\varphi_A + 2\varphi_B) + 16 = \varphi_A + 2\varphi_B + 16 \\
M_{BC} &= 4(2\varphi_B + \varphi_C) = 8\varphi_B + 4\varphi_C \\
M_{CB} &= 4(\varphi_B + 2\varphi_C) = 4\varphi_B + 8\varphi_C \\
M_{BD} &= 2(2\varphi_B + \varphi_D) - 4 = 4\varphi_B + 2\varphi_D - 4 \\
M_{DB} &= 2(\varphi_B + 2\varphi_D) + 4 = 2\varphi_B + 4\varphi_D + 4
\end{aligned}\right\} \tag{1}$$

② 境界条件として，A 端と D 端が固定であるから $\varphi_A = \varphi_D = 0$ が得られ，さらに，C 端がヒンジであるから $M_{CB} = 0$ が得られる．これらを考慮して式 (1) を整理すると，次式を得る．

$$\left.\begin{aligned}
M_{AB} &= \varphi_B - 16, \quad && M_{BA} = 2\varphi_B + 16 \\
M_{BC} &= 8\varphi_B + 4\varphi_C, \quad && M_{CB} = 0 = 4\varphi_B + 8\varphi_C \\
M_{BD} &= 4\varphi_B - 4, \quad && M_{DB} = 2\varphi_B + 4
\end{aligned}\right\} \tag{2}$$

③ 式 (8.12) の節点方程式は，外力モーメントが作用していないので，$\overline{M} = 0$ である．したがって，$\sum M_{Bi} = 0$ となる．すなわち，点 B に集まる端モーメントの和をゼロとおけばよいから，次式が成り立つ．

$$M_{BA} + M_{BC} + M_{BD} = 0 \tag{3}$$

④ 式 (2) を式 (3) に代入して，$M_{CB} = 0$ から得られる関係 $\varphi_C = -(1/2)\varphi_B$ を考慮すると，次のようになる．

$$\varphi_B = -1, \quad \varphi_C = \frac{1}{2} \tag{4}$$

⑤ 式 (4) を式 (2) に代入すると，端モーメントが次式のように得られる．

$$M_{AB} = -17, \quad M_{BA} = 14, \quad M_{BC} = -6,$$

$$M_{CB} = 0, \quad M_{BD} = -8, \quad M_{DB} = 2\,\text{kN·m}$$

⑥ 得られた端モーメントを使って，各部材の $M$ 図を描く．部材 AB については，**図 8.13**(a) の状態で曲げモーメントを求めればよい．ここで，既習の方法で反力を求め，$M_x$ を求めてもよいが，重ね合せによるほうが簡単である．

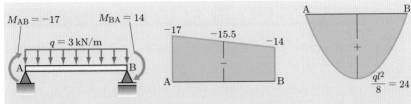

（a）部材 AB の端モーメント　（b）端モーメントによる $M$ 図　（c）分布荷重による $M$ 図

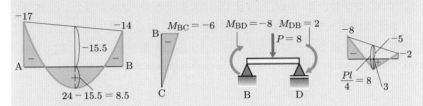

（d）重ね合せた $M$ 図　（e）部材 BC の $M$ 図　（f）部材 BD の荷重　（g）部材 BD の $M$ 図

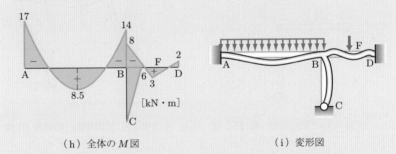

（h）全体の $M$ 図　　　　　　　　　　　　（i）変形図

🔖 図 8.13　T 形ラーメンの解図

すなわち，点 A, B の端モーメントを結ぶ図（b）の台形分布の $M$ 図に，分布荷重のみによる図（c）の放物線分布の $M$ 図の縦距を足し合わせると，図（d）のように得られる．$M$ 図を描くときの符号の注意は，［例題 8.2］と同じである．部材 BC については中間荷重がないので，そのまま端モーメントの値を結べば，図（e）のような $M$ 図になる．部材 BD については図（f）のようになるが，重ね合せにより図（g）の $M$ 図が得られる．最後に，以上をまとめて描くと，図（h）のような曲げ $M$ 図が得られ，これが求める解となる．また，参考のために式（4）から得られる変形図を図（i）に示しておくので，図（h）と対応させて曲率が凸（引張り）の側に $M$ 図が描かれること，曲率がゼロの点でモーメントがゼロになることなどの理解を深めてほしい．

**TRY!** ▶ 演習問題 8.2 の図 8.25(b), (c) について解いてみよう．

　これまでに扱ったラーメンや連続ばりは，温度変化による部材の伸縮や沈下などによる支点変位がない限り，節点は変位せず，部材角 $R$ は生じない．たとえば，**図 8.14**に示すような 2 部材のラーメンの場合，点 A を中心に半径 AC で描いた弧 $aa'$ と点 B を中心に半径 BC で描いた弧 $bb'$ の交点は一点 C に定まる．すなわち，点 C は変位しないことがわかる．一方，**図 8.15** に示す門形ラーメンの場合，点 B は点 A を中心に半径 AB の弧 $bb'$ 上を動くことができ，点 C は点 D を中心にして半径 DC で描いた弧 $cc'$ 上を動くことができるから，BC 間の距離を部材長 $l$ に保ったままで，点 B, C は図に示す点 $B_1$, $C_1$ の位置に移動が可能である．

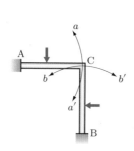

🌼 図 8.14　節点移動（部材角）を
　　　　　生じないラーメン

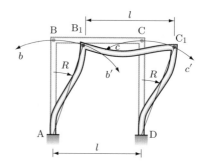

🌼 図 8.15　節点移動（部材角 $R$）を
　　　　　生じるラーメン

　この結果，部材 AB と DC に部材角 $R$ が生じることになる．ラーメンを解くときには，このように節点移動が生じるかどうかを判別し，節点移動が生じる場合は，部材角 $R$ が未知数に加わるので，次節に述べる層方程式を加えなければ解けなくなる．一つの構造物について，それぞれの部材角の間には，満足すべき幾何学的関係（変形条件）がある．ここでは，通常取り扱うことの多い，長方形ラーメンについて部材角の性質をまとめておこう．部材長の変化を無視し，温度変化，支点変位がないとすれば，長方形ラーメンについて次のことがいえる．

① 水平なはりの部材角はつねにゼロである．

② 一般に，垂直な柱は部材角を生じる．

③ 一つの層に属する柱のたわみはすべて等しい．したがって，柱の高さが一定ならば，部材角はすべて等しい（**図 8.16**(a), (b) 参照）．

④ 一つの矩形ラーメンでは，未知数 $R$ の数は層の数と一致する．

⑤ 柱の高さが違っても，部材角は柱の高さの比で決定できるので，同じ層内の未知数 $R$ の数は変わらない（図 (c) 参照）．

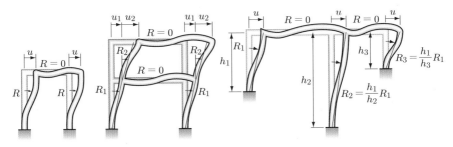

（a）1層門形ラーメン　（b）2層門形ラーメン　　　（c）柱高さの異なるラーメン

**図 8.16　部材角の性質**

## ◈ 8.9　未知の部材角を決定するための層方程式

8.8 節で述べたように，温度変化や支点沈下によるのでなく，外力によって節点が変位を生じ，それにともなって部材角を生じる場合は，節点方程式だけでは方程式が不足する．したがって，未知の部材角を決定するために，水平方向のせん断力に関するつり合い式を考える．

**図 8.17**(a) に示すように，水平力を受けて変形した 2 層 2 スパンのラーメンについて考える．いま，任意の 1 層を横切って切断したと考え，切断面の上の部分の水平方向のつり合いを考える．柱の切断面には，水平方向のせん断力 $Q_{\mathrm{BA}}$，$Q_{\mathrm{DC}}$，$Q_{\mathrm{FE}}$ が作用しているはずなので，このせん断力の全柱にわたる合計と切断面より上の部分に作用する外力 $H_1$，$H_2$ の水平成分の総和 $H$ がつり合う条件として次式を得る．

$$\sum H = H_1 + H_2 - (Q_{\mathrm{BA}} + Q_{\mathrm{DC}} + Q_{\mathrm{FE}}) = 0 \tag{8.13}$$

このような層ごとのせん断力のつり合い式をラーメンの**層方程式**という．一般には，

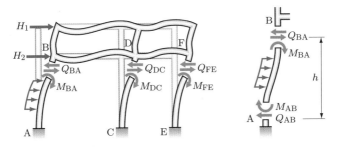

（a）切断面より上部のつり合い　　（b）部材ABの端せん断力

**図 8.17　端せん断力と層方程式**

ラーメンの各層にそれぞれ 1 個の式が成り立ち，未知の部材回転角 $R$ の数と一致して，方程式が解けることになる．

この部材端のせん断力 $Q$ は，**端せん断力**とよばれ，端モーメントを求めたあとで，単純ばりの反力として求められる．すなわち，図 8.17(b) に示す AB 部材について，A 端または B 端まわりの回転のつり合い式より

$$\left.\begin{array}{l} Q_{AB} = -\dfrac{1}{h}(M_{AB} + M_{BA}) + Q_{A0} \\[2mm] Q_{BA} = -\dfrac{1}{h}(M_{AB} + M_{BA}) + Q_{B0} \end{array}\right\} \tag{8.14}$$

となる．ここで，$Q_{A0}$，$Q_{B0}$ は，部材の中間に作用する荷重のみによる反力である．ただし，$Q_{AB}$，$Q_{BA}$，$Q_{A0}$，$Q_{B0}$ の符号は，遠端を中心にして，部材を時計まわりに回転させる向きを正とする．

部材角が生じる（節点変位が生じる）ラーメンの解法は，8.7 節で述べた部材角が生じないラーメンの解法手順と同じであるが，項目③のあとに

③′ 式 (8.13) の層方程式を作成し，それに端モーメント式を代入して，連立方程式に加える．

を付け加え，①〜⑥の各手順の文章中の「たわみ角」の表現を「たわみ角と部材角」に読み変えればよい．

**例題 8.4**　図 8.18 に示す不等脚門形ラーメンの変形の概略図と $M$ 図を描け．

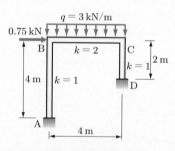

▶ 図 8.18　不等脚門形ラーメン

**解答**　柱部分 AB と DC に部材角が生じる可能性がある．柱の高さが異なるので，8.7 節で説明したように，$\psi_{AB} = \psi$ とおくと，$\psi_{DC} = \psi \times (4/2) = 2\psi$ となる．荷重項は，$C_{BC} = -C_{CB} = -(ql^2/12) = -4\,\text{kN·m}$ であり，境界条件は $\varphi_A = \varphi_D = 0$ である．これらを考慮して端モーメント式を作成する．

① 端モーメント式：$M_{ij} = k_{ij}(2\varphi_i + \varphi_j + \psi_{ij}) + C_{ij}$

$$M_{\mathrm{AB}} = 2\varphi_{\mathrm{A}} + \varphi_{\mathrm{B}} + \psi_{\mathrm{AB}} = \varphi_{\mathrm{B}} + \psi$$

$$M_{\mathrm{BA}} = \varphi_{\mathrm{A}} + 2\varphi_{\mathrm{B}} + \psi_{\mathrm{AB}} = 2\varphi_{\mathrm{B}} + \psi$$

$$M_{\mathrm{BC}} = 2(2\varphi_{\mathrm{B}} + \varphi_{\mathrm{C}}) + C_{\mathrm{BC}} = 4\varphi_{\mathrm{B}} + 2\varphi_{\mathrm{C}} - 4$$

$$M_{\mathrm{CB}} = 2(\varphi_{\mathrm{B}} + 2\varphi_{\mathrm{C}}) + C_{\mathrm{CB}} = 2\varphi_{\mathrm{B}} + 4\varphi_{\mathrm{C}} + 4$$

$$M_{\mathrm{CD}} = 2\varphi_{\mathrm{C}} + \varphi_{\mathrm{D}} + \psi_{\mathrm{CD}} = 2\varphi_{\mathrm{C}} + 2\psi$$

$$M_{\mathrm{DC}} = \varphi_{\mathrm{C}} + 2\varphi_{\mathrm{D}} + \psi_{\mathrm{CD}} = \varphi_{\mathrm{C}} + 2\psi$$

(1)

② 節点方程式：$\overline{M}_i - \sum M_{ij} = 0$

節点にはたらく外力モーメントはないので $\overline{M}_i = 0$ となり，端モーメントの和がゼロになればよい．点 B の節点方程式は，次式となる．

$$M_{\mathrm{BA}} + M_{\mathrm{BC}} = 0$$

端モーメントを代入して整理すると，

$$6\varphi_{\mathrm{B}} + 2\varphi_{\mathrm{C}} + \psi - 4 = 0$$

(2)

となる．点 C の節点方程式は，次式となる．

$$M_{\mathrm{CB}} + M_{\mathrm{CD}} = 0$$

端モーメント式を代入して整理すると，次のようになる．

$$\varphi_{\mathrm{B}} + 3\varphi_{\mathrm{C}} + \psi + 2 = 0$$

(3)

③ 層方程式：$\sum H - \sum Q_{ij} = 0$

**図 8.19**(a) に示すように柱部材の頂部で水平に切断し，はり部材 BC の水平方向のつり合いを考えればよい．$Q_{ij}$ はつねに左向きを正に定義されること

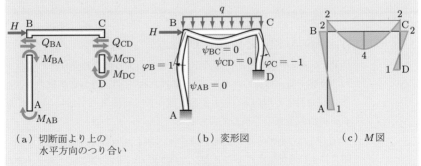

（a）切断面より上の　　　　（b）変形図　　　　　（c）$M$図
　　　水平方向のつり合い

図 8.19　門形ラーメンの解図

になるから，外力 $H$ の方向（符号）に注意して次を得る．

$$0.75 - Q_{BA} - Q_{CD} = 0 \tag{4}$$

ここで，図 (a) を参考に，柱 AB，および DC の A 端および D 端まわりの回転に対するつり合い式より

$$\left.\begin{array}{l} Q_{BA} = -\dfrac{M_{BA} + M_{AB}}{h} = -\dfrac{M_{BA} + M_{AB}}{4} \\[2mm] Q_{CD} = -\dfrac{M_{CD} + M_{DC}}{h} = -\dfrac{M_{CD} + M_{DC}}{2} \end{array}\right\} \tag{5}$$

となる．式 (5) を式 (4) に代入すると

$$\frac{1}{4}(M_{BA} + M_{AB}) + \frac{1}{2}(M_{CD} + M_{DC}) + 0.75 = 0$$

を得る．この式に端モーメント式を代入して整理すると，第 3 の式として

$$3\varphi_B + 6\varphi_C + 10\psi + 3 = 0 \tag{6}$$

が得られる．

④ 式 (2)，(3)，(6) を，未知数 $\varphi_B$，$\varphi_C$，$\psi$ について連立させて解くと次式を得る（各自試みよ）．

$$\varphi_B = 1, \quad \varphi_C = -1, \quad \psi = 0$$

結局，構造の非対称性と荷重の非対称性が打ち消しあって，部材角は生じないことがわかった．たわみ角の符号（時計まわりが正）と曲率の変化に気をつけて，変形の概略図を描くと図 (b) のようになる．

⑤ 上記の結果を式 (1) の端モーメント式に代入すると，以下のように端モーメント [kN·m] が求められる．

$$M_{AB} = 1, \quad M_{BA} = 2, \quad M_{BC} = -2$$

$$M_{CB} = 2, \quad M_{CD} = -2, \quad M_{DC} = -1$$

⑥ 柱部材の曲げモーメント図は，中間荷重がないので，得られた端モーメント値（時計まわりが正）を部材端に作用させ，引張りになる側にそれぞれプロットして直線で結べば得られる．はり部材については，等分布荷重を受ける単純ばりの放物線形の $M$ 図（最大値は支間中央で $ql^2/8 = 6\,\text{kN·m}$）と，端モーメントの直線分布とを重ねて得られる．

図 (c) に $M$ 図を示す．図 (b) の変形図と比較して，凸の曲率の側（引張り側）に $M$ 図が描かれることと，曲率がゼロになる点で曲げモーメントがゼロになることを確認して，理解を深めてほしい．

**TRY!** ▶ 演習問題 8.2 の図 8.25(d)〜(f) について解いてみよう.

## 8.10 支点が沈下したときのラーメンの解析

　地盤の不等沈下などによって，支点が移動する場合，移動量はあらかじめ仮定するか，測定によって既知となるので，部材角は，与えられた移動量によって計算される. 解法のほかの部分は，いままでと同じである.

**例題 (8.5)** 　図 8.20 に示すラーメンの支点 D が下方に $v$ [cm] 沈下した場合の概略の変形図と $M$ 図を描け.

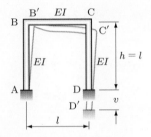

◍図 8.20　支点沈下のある門形ラーメン

**解答** 　支点 D の沈下により点 C も下方に $v$ だけ変位するから，はり部材 BC は，時計まわり（正方向）に角度 $v/l$ だけ回転する. したがって，$R_{BC} = v/l$ である. これにともなって，柱部材 AB, DC も等しい部材角を生じるが，これは未知数である. そこで，$R_{AB} = R_{DC} = R$ とおく.

　境界条件は，$\theta_A = \theta_D = \theta_{D'} = 0$ であり，荷重項はゼロである. ここでは，式 (8.11) よりも式 (8.6) を用いるほうがわかりやすいので，式 (8.6) を用いる. 端モーメント式は

$$M_{AB} = \frac{2EI}{h}(2\theta_A + \theta_B - 3R) = \frac{2EI}{l}\theta_B - \frac{6EI}{l}R$$

$$M_{BA} = \frac{2EI}{h}(\theta_A + 2\theta_B - 3R) = \frac{4EI}{l}\theta_B \frac{6EI}{l}R$$

$$M_{BC} = \frac{2EI}{l}(2\theta_B + \theta_C - 3R_{BC}) = \frac{4EI}{l}\theta_B + \frac{2EI}{l}\theta_C - \frac{6EI}{l}\left(\frac{v}{l}\right)$$

$$M_{CB} = \frac{2EI}{l}(\theta_B + 2\theta_C - 3R_{BC}) = \frac{2EI}{l}\theta_B + \frac{4EI}{l}\theta_C - \frac{6EI}{l}\left(\frac{v}{l}\right)$$

$$M_{CD} = \frac{2EI}{h}(2\theta_C + \theta_D - 3R) = \frac{4EI}{l}\theta_C - \frac{6EI}{l}R$$

$$M_{DC} = \frac{2EI}{h}(\theta_C + 2\theta_D - 3R) = \frac{2EI}{l}\theta_C \frac{6EI}{l}R$$

$$\left.\right\} \tag{1}$$

となる．節点方程式は，点 B で

$$M_{BA} + M_{BC} = 0$$

となるから，端モーメント式を代入して整理すると

$$4\theta_B + \theta_C - 3R - 3\frac{v}{l} = 0 \tag{2}$$

となり，さらに点 C で

$$M_{CB} + M_{CD} = 0$$

となるから，端モーメント式を代入して整理すると

$$\theta_B + 4\theta_C - 3R - 3\frac{v}{l} = 0 \tag{3}$$

となる．一方，層程式は，**図 8.21**(a) を参考にして，

$$Q_{BA} + Q_{CD} = 0$$

となるが，柱部材の回転のつり合いより

$$Q_{BA} = -\frac{M_{BA} + M_{AB}}{h}, \quad Q_{CD} = -\frac{M_{CD} + M_{DC}}{h}$$

となるから，結局

$$M_{AB} + M_{BA} + M_{CD} + M_{DC} = 0$$

となる．この式に端モーメントを代入して整理すると

$$\theta_B + \theta_C - 4R = 0 \tag{4}$$

となる．式 (2)〜(4) を連立方程式として解くと

$$\theta_B = \theta_C = \frac{6}{7}\left(\frac{v}{l}\right), \quad R = \frac{\theta_B + \theta_C}{4} = \frac{3}{7}\left(\frac{v}{l}\right) \tag{5}$$

となる．これを参考に変形の概略を描くと，図 (b) のようになる．さらに，式 (5)

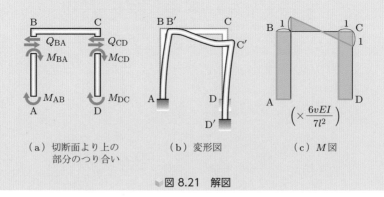

(a) 切断面より上の　　　(b) 変形図　　　(c) $M$ 図
　　部分のつり合い

図 8.21　解図

の結果を式 (1) の端モーメント式に代入すると，次式を得る．

$$
\left.\begin{array}{l}
M_{\mathrm{AB}} = \dfrac{2EI}{l}\left(\dfrac{6v}{7l}\right) - \dfrac{6EI}{l}\left(\dfrac{3v}{7l}\right) = -\dfrac{6vEI}{7l^2} \\[3mm]
M_{\mathrm{BA}} = \dfrac{4EI}{l}\left(\dfrac{6v}{7l}\right) - \dfrac{6EI}{l}\left(\dfrac{3v}{7l}\right) = \dfrac{6vEI}{7l^2} \\[3mm]
M_{\mathrm{BC}} = \dfrac{4EI}{l}\left(\dfrac{6v}{7l}\right) + \dfrac{2EI}{l}\left(\dfrac{6v}{7l}\right) - \dfrac{6EI}{l}\left(\dfrac{v}{l}\right) = -\dfrac{6vEI}{7l^2} \\[3mm]
M_{\mathrm{CB}} = \dfrac{2EI}{l}\left(\dfrac{6v}{7l}\right) + \dfrac{4EI}{l}\left(\dfrac{6v}{7l}\right) - \dfrac{6EI}{l}\left(\dfrac{v}{l}\right) = -\dfrac{6vEI}{7l^2} \\[3mm]
M_{\mathrm{CD}} = \dfrac{4EI}{l}\left(\dfrac{6v}{7l}\right) - \dfrac{6EI}{l}\left(\dfrac{3v}{7l}\right) = \dfrac{6vEI}{7l^2} \\[3mm]
M_{\mathrm{DC}} = \dfrac{2EI}{l}\left(\dfrac{6v}{7l}\right) - \dfrac{6EI}{l}\left(\dfrac{3v}{7l}\right) = -\dfrac{6vEI}{7l^2}
\end{array}\right\} \tag{6}
$$

この結果を用いると，$M$ 図は図 (c) のようになる．

**TRY!** ▶ 演習問題 8.3 を解いてみよう．

## 8.11 温度変化によるラーメンの応力

　長さ $l$ の部材が一様に $t\,[\text{℃}]$ 温度上昇したときの伸び量 $\Delta l$ は，材料の線膨張係数を $\alpha\,[1/\text{℃}]$ として $\Delta l = \alpha t l$ で与えられる．温度変化を受けるラーメンの曲げモーメントの計算も支点沈下の場合と同じく，一部の部材回転角が与えられた問題として，いままでと同じ方法で解くことができる．

**例題 8.6**　図 8.22 に示すラーメンの温度が $t\,[\text{℃}]$ 一様に上昇した．変形の概略図と $M$ 図を描け．ただし，線膨張係数を $\alpha\,[1/\text{℃}]$ とする．

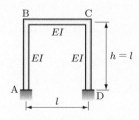

図 8.22　温度変化を受ける門形ラーメン

**解答**　まず，部材回転角について考える．全部材とも伸びた結果，どのような形状になるか不明であるが，柱 AB と CD は長さが等しいので同じ量だけ伸びるから，はり部材 BC は，回転角を生じない．すなわち，$R_{\mathrm{BC}} = 0$ である．

　次に，はり部材 BC の伸びにより柱 AB と CD に生じる部材回転角を $R_{\mathrm{AB}}$，

$R_{CD}$ とすると，両者には幾何学的な関係がある．はり BC が $\alpha tl$ だけ伸びたときの幾何学的関係を示すと**図 8.23**(a) のようになるので，この図より，次式が得られる．

$$l + R_{CD}l = R_{AB}l + l + \alpha tl$$

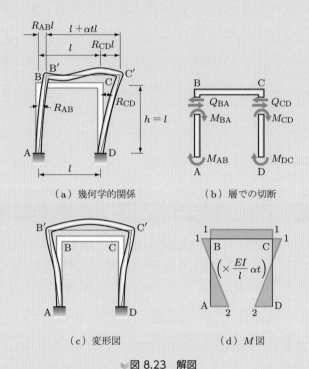

（a）幾何学的関係 （b）層での切断

（c）変形図 （d）$M$図

〜図 8.23 解図

そこで，部材 AB の回転角 $R_{AB}$ を $R$ とおいて未知数とすると，CD の回転角は

$$R_{CD} = \alpha t + R$$

となる．なお，境界条件は $\theta_A = \theta_D = 0$ である．

端モーメントの式は，式 (8.6) を用いて

$$
\left.\begin{aligned}
M_{\mathrm{AB}} &= \frac{2EI}{h}(2\theta_{\mathrm{A}} + \theta_{\mathrm{B}} - 3R_{\mathrm{AB}}) = \frac{2EI}{l}\theta_{\mathrm{B}} - \frac{6EI}{l}R \\
M_{\mathrm{BA}} &= \frac{2EI}{h}(\theta_{\mathrm{A}} + 2\theta_{\mathrm{B}} - 3R_{\mathrm{AB}}) = \frac{4EI}{l}\theta_{\mathrm{B}} - \frac{6EI}{l}R \\
M_{\mathrm{BC}} &= \frac{2EI}{l}(2\theta_{\mathrm{B}} + \theta_{\mathrm{C}} - 3R_{\mathrm{BC}}) = \frac{4EI}{l}\theta_{\mathrm{B}} + \frac{2EI}{l}\theta_{\mathrm{C}} \\
M_{\mathrm{CB}} &= \frac{2EI}{l}(\theta_{\mathrm{B}} + 2\theta_{\mathrm{C}} - 3R_{\mathrm{BC}}) = \frac{2EI}{l}\theta_{\mathrm{B}} + \frac{4EI}{l}\theta_{\mathrm{C}} \\
M_{\mathrm{CD}} &= \frac{2EI}{h}(2\theta_{\mathrm{C}} + \theta_{\mathrm{D}} - 3R_{\mathrm{CD}}) = \frac{4EI}{l}\theta_{\mathrm{C}} - \frac{6EI}{l}R - \frac{6EI}{l}\alpha t \\
M_{\mathrm{DC}} &= \frac{2EI}{h}(\theta_{\mathrm{C}} + 2\theta_{\mathrm{D}} - 3R_{\mathrm{CD}}) = \frac{2EI}{l}\theta_{\mathrm{C}} - \frac{6EI}{l}R - \frac{6EI}{l}\alpha t
\end{aligned}\right\} \tag{1}
$$

となる．点 B で $M_{\mathrm{BA}} + M_{\mathrm{BC}} = 0$ となるから，端モーメント式を代入して整理すると，節点方程式は次のようになる．

$$
4\theta_{\mathrm{B}} + \theta_{\mathrm{C}} - 3R = 0 \tag{2}
$$

点 C で $M_{\mathrm{CB}} + M_{\mathrm{CD}} = 0$ となるから，端モーメント式を代入して整理すると

$$
\theta_{\mathrm{B}} + 4\theta_{\mathrm{C}} - 3R - 3at = 0 \tag{3}
$$

となる．層方程式は，図 (b) を参考にすると，次式となる．

$$
Q_{\mathrm{BA}} + Q_{\mathrm{CD}} = 0 \quad \text{すなわち} \quad M_{\mathrm{AB}} + M_{\mathrm{BA}} + M_{\mathrm{CD}} + M_{\mathrm{DC}} = 0
$$

端モーメント式を代入して整理すると

$$
\theta_{\mathrm{B}} + \theta_{\mathrm{C}} - 4R - 2\alpha t = 0 \tag{4}
$$

となる．式 (2)〜(4) を連立させて解くと，次の結果を得る．

$$
\left.\begin{aligned}
\theta_{\mathrm{B}} &= -\frac{1}{2}\alpha t, \quad \theta_{\mathrm{c}} = \frac{1}{2}\alpha t, \\
R_{\mathrm{AB}} &= R = -\frac{1}{2}\alpha t, \quad R_{\mathrm{CD}} = \frac{1}{2}\alpha t
\end{aligned}\right\} \tag{5}
$$

これらを考慮して，変形の概略図を描くと，図 (c) のようになる．

式 (4) の結果を端モーメント式に代入すると

$$
\left.\begin{aligned}
M_{\mathrm{AB}} &= 2\frac{EI}{l}\alpha t, \quad M_{\mathrm{BA}} = \frac{EI}{l}\alpha t, \quad M_{\mathrm{BC}} = -\frac{EI}{l}\alpha t \\
M_{\mathrm{CB}} &= \frac{EI}{l}\alpha t, \quad M_{\mathrm{CD}} = -\frac{EI}{l}\alpha t, \quad M_{\mathrm{DC}} = -2\frac{EI}{l}\alpha t
\end{aligned}\right\} \tag{6}
$$

となるから，M 図は，図 (d) のようになる．

図 (c)，(d) より左右対称であることがわかったが，最初からこれを用いて解く場合は，部材角が $-R_{\mathrm{AB}} = R_{\mathrm{CD}} = \alpha t$ と既知になるので，層方程式は不要である．

**TRY!** ▶ 演習問題 8.4 を解いてみよう.

以上の場合は，部材が一様な温度変化を受ける場合であるが，部材の上下面に温度差が生じる場合は，次のように導かれる荷重（温度）項を端モーメント式に考慮することにより，いままでの方法で解くことができる.

いま，**図 8.24**(a) に示すように，上下面の温度がそれぞれ $t_1$, $t_2$ $(t_2 > t_1)$ で，断面の高さ方向に直線分布すると仮定すると，微小長さ $dx$ の両端断面は $d\theta$ だけ相対的に回転する．この状態が部材の長さ $l$ にわたって生じるとすると，両端で生じるたわみ角 $\theta$ は，図 (b) を参考にして，次の積分で得られる.

$$\theta = \int_0^{l/2} d\theta = \int_0^{l/2} \frac{\alpha(t_2 - t_1)}{h} dx = \frac{\alpha(t_2 - t_1)l}{2h} \tag{8.15}$$

荷重項 $C_{AB}$, $C_{BA}$ は，このたわみ角をゼロにするために加えるべき固定端モーメントとして求められるから，式 (8.5) において，$\tau_{A0} = -\tau_{B0} = \alpha(t_2 - t_1)l/(2h)$ とおくと，次式が得られる.

$$C_{AB} = -C_{BA} = \frac{EI\alpha(t_2 - t_1)}{h} \tag{8.16}$$

解き方は，[例題 8.4] で取り扱った中間荷重がある場合と同じである.

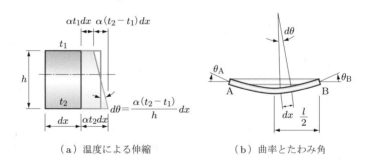

（a）温度による伸縮 （b）曲率とたわみ角

📎 図 8.24 上下面に温度差のある部材の荷重項

**演習問題**

8.1 支間 $l$ の部材 AB に等分布荷重 $q$ が満載する場合の荷重項 $C_{AB}$ と $C_{BA}$ を求めよ．ただし，曲げ剛性は $EI$ とする.

8.2 **図 8.25** の各構造物の変形の概略図と $M$ 図を描け.

8.3 **図 8.26** に示す門形ラーメンの支点 D が水平に $u$ だけ変位した場合の変形の概略図と

$M$ 図を描け.

**8.4** 図 8.27 に示す門形ラーメンが，一様に $t\,[^\circ\mathrm{C}]$ の温度上昇を受けたときの変形の概略図と $M$ 図を描け．ただし，線膨張係数は $\alpha\,[1/^\circ\mathrm{C}]$ とする．

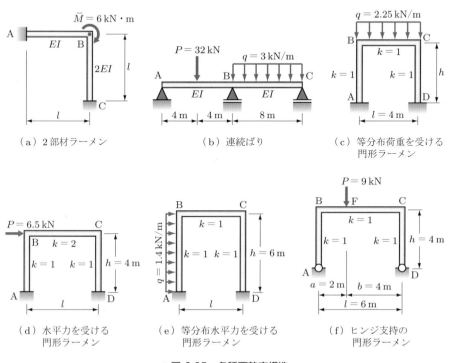

（a）2 部材ラーメン    （b）連続ばり    （c）等分布荷重を受ける
　　　　　　　　　　　　　　　　　　　　　　　門形ラーメン

（d）水平力を受ける    （e）等分布水平力を受ける    （f）ヒンジ支持の
　　　門形ラーメン    　　　門形ラーメン    　　　門形ラーメン

🔖 図 8.25　各種不静定構造

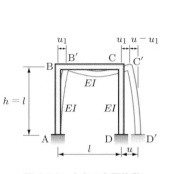

🔖 図 8.26　支点の水平移動に
　　　対する応力解析

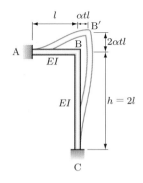

🔖 図 8.27　温度変化を受ける
　　　2 部材ラーメン

# 第9章 不静定ばりには 3連モーメント法

**応力法の代表選手　3連モーメント法**

　第8章のたわみ角法では，ラーメンの部材を単純ばりに置き換えて，単純ばりの端モーメントを両端のたわみ角で表現しておき，部材が集まる節点でのモーメントのつり合い式をたてて解くことによりたわみ角を求め，求めたたわみ角を端モーメント式に戻して，各部材の曲げモーメントを求めることができた．

　たわみ角法は，たわみ角という変位（変形）を未知数にとっているので変位法（変形法）の代表であることをすでに述べた．この章で説明する3連モーメント法は，曲げモーメントという力を未知数にするので応力法の一つである．

　3連モーメント法は静定分解法を連続桁の解法に発展させたもので，連続ばりを単純ばりに置き換えて，変形（たわみ角）の連続条件を用いて曲げモーメントの間の関係式をたて，これを解くことにより各部材の曲げモーメントを求める方法である．以上のことを対比してまとめると，**表9.1** のようになる．

●表9.1　たわみ角法と3連モーメントの解析手順の比較

| たわみ角法 | 3連モーメント法 |
| --- | --- |
| ①ラーメンなどの部材を単純ばりに置き換える | ①連続ばりを単純ばりに置き換える |
| ②単純ばりの端モーメントを両端のたわみ角で表す | ②単純ばりの両端のたわみ角を曲げモーメントで表す |
| ③部材が集まる節点でのモーメントのつり合い式をたてて解く | ③部材が集まる節点での変形（たわみ角）の連続条件をたてて解く |
| ④求めたたわみ角を端モーメント式に戻して各部材の曲げモーメントを求める | ④求めた曲げモーメントが各部材の曲げモーメントである |

**9.2** **3連モーメント式の誘導**

　具体的に3連モーメント式を誘導する．

① 連続ばりを単純ばりに置き換える：**図9.1**(a) に示す連続ばりを，図(b) のように単純ばりに置き換える．この自由物体としての単純ばりには，荷重に加えて，隣

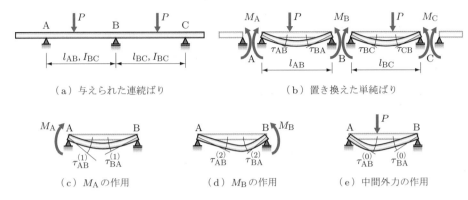

（a）与えられた連続ばり　　　　　（b）置き換えた単純ばり

（c）$M_A$ の作用　　　（d）$M_B$ の作用　　　（e）中間外力の作用

💨図 9.1　連続ばりを単純ばりに置き換える

接するはりからの影響として曲げモーメント，水平力，鉛直力が作用するが，こ
こで問題にするたわみ角に関係しない水平力と鉛直力は示していない．いま，支
点 A, B, C の曲げモーメントを $M_A, M_B, M_C$，たわみ角（接線角）を $\tau_{AB}, \tau_{BA}$,
$\tau_{BC}, \tau_{CB}$ などとする[*1]．このとき，接線角などの回転角については，第 8 章のた
わみ角法と同じく，部材の左右にかかわらず時計まわりを正とするが，曲げモー
メントは，下側に凸となる向きを正とするので，部材の右端では，たわみ角法で
導入した端モーメントとは正の向きが逆になる（**図 9.2** 参照）．

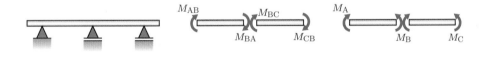

（a）連続ばり　　　（b）端モーメントの正方向　　（c）曲げモーメントの正方向

💨図 9.2　下に凸の曲げモーメントが正

② 単純ばりの両端のたわみ角を曲げモーメントで表す：図 9.1(b) の単純ばりの点
B の左側のたわみ角（接線角）$\tau_{BA}$ を図 (c)〜(e) の三つの場合に分解して $\tau_{BA}^{(1)}$,
$\tau_{BA}^{(2)}, \tau_{BA}^{(0)}$ として求め，重ね合せの原理を用いてそれぞれの和として求める．

上巻 8.5 節の弾性荷重法などによりたわみ角 $\tau_{BA}$ を求めると，次式となる．

$$\tau_{BA} = \tau_{BA}^{(1)} + \tau_{BA}^{(2)} + \tau_{BA}^{(0)} = -\frac{M_A l_{AB}}{6EI_{AB}} - \frac{M_B l_{AB}}{3EI_{AB}} + \tau_{BA}^{(0)} \tag{9.1}$$

同様に，はり BC の点 B の右側のたわみ角（接線角）$\tau_{BC}$ は，次式となる．

---

[*1] 部材回転角が生じない場合は，接線角はたわみ角に等しいので，たわみ角（接線角）と表記しているが，9.4
節で説明する部材回転角が生じる場合と整合させるために，記号としては $\tau$ を用いる．

$$\tau_{BC} = \tau_{BC}^{(1)} + \tau_{BC}^{(2)} + \tau_{BC}^{(0)} = \frac{M_B l_{BC}}{3EI_{BC}} + \frac{M_C l_{BC}}{6EI_{BC}} + \tau_{BC}^{(0)} \tag{9.2}$$

③ 部材が集まる節点でのたわみ角の連続条件をたてる：図 (a) で明らかなように，はり AB と BC は支点 B で連続していて折れ曲がることはないから，変形の連続条件として，左右のたわみ角（接線角）が等しい．すなわち，

$$\tau_{BA} = \tau_{BC} \tag{9.3}$$

である．この式に式 (9.1), (9.2) を代入して整理すると，次式を得る．

$$\frac{l_{AB}}{I_{AB}} M_A + 2\left(\frac{l_{AB}}{I_{AB}} + \frac{l_{BC}}{I_{BC}}\right) M_B + \frac{l_{BC}}{I_{BC}} M_C = 6E\left(\tau_{BA}^{(0)} - \tau_{BC}^{(0)}\right) \tag{9.4}$$

この式 (9.4) を 3 連モーメント式（支点沈下などによる部材回転角がない場合）という．右辺の $\tau_{BA}^{(0)}$, $\tau_{BC}^{(0)}$ は，図 (e) に示すように荷重のみが作用する場合の支点 B の左，右のたわみ角（接線角）であり，荷重の種類によって異なるが，あらかじめ計算できる．代表的な値について，**表 9.2** に示す．

●表 9.2　荷重のみによる材端たわみ角 $\tau_{AB}^{(0)}$, $\tau_{BA}^{(0)}$

| 荷　　重 | $\tau_{AB}^{(0)}$ | $\tau_{BA}^{(0)}$ |
|---|---|---|
| A ― $\frac{l}{2}$ ― $P$ ― $\frac{l}{2}$ ― B | $\dfrac{Pl^2}{16EI}$ | $-\dfrac{Pl^2}{16EI}$ |
| A ― $a$ ― $P$ ― $b = l - a$ ― B | $\dfrac{Pl^2}{6EI}\left(\dfrac{b}{l} - \dfrac{b^3}{l^3}\right)$ | $-\dfrac{Pl^2}{6EI}\left(\dfrac{a}{l} - \dfrac{a^3}{l^3}\right)$ |
| A $q$ B | $\dfrac{ql^3}{24EI}$ | $-\dfrac{ql^3}{24EI}$ |
| A $q$ B | $\dfrac{7ql^3}{360EI}$ | $-\dfrac{8ql^3}{360EI}$ |
| A ― $\frac{l}{2}$ ― $M$ ― $\frac{l}{2}$ ― B | $-\dfrac{Ml}{24EI}$ | $\dfrac{Ml}{24EI}$ |
| A $M$ B, $a$, $b$, $l$ | $-\dfrac{Ml}{6EI}\left(1 - \dfrac{3b^2}{l^2}\right)$ | $\dfrac{Ml}{6EI}\left(1 - \dfrac{3a^2}{l^2}\right)$ |

**例題 9.1**　図 9.3 に示すような 2 径間連続ばりに 3 連モーメント式を適用して，$M$ 図，$Q$ 図を描け．ただし，曲げ剛性は一定で $EI$ とする．

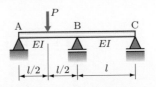

◼ 図 9.3　2 径間連続ばり

**解答**　部材 ABC に，式 (9.4) の 3 連モーメント式を適用すると

$$\frac{l}{I}M_A + 2\left(\frac{l}{I} + \frac{l}{I}\right)M_B + \frac{l}{I}M_C = 6E\left(\tau_{BA}^{(0)} - \tau_{BC}^{(0)}\right)$$

となる．ここで，A，C は部材端であるので $M_A = 0$，$M_C = 0$ である．また，表 9.2 を用いると $\tau_{BA}^{(0)} = -Pl^2/(16EI)$ であり，BC 間に荷重がないので，$\tau_{BC}^{(0)} = 0$ である．これらを上式に代入すると，

$$M_B = -\frac{3Pl}{32}$$

を得る．したがって，もとのはりは，図 9.4(a) に示すように二つの単純ばりに分解できる．図 (a) のはり AB の点 B のまわりのつり合いより

$$V_A \cdot l - \frac{Pl}{2} - M_B = 0$$

$$V_A = \frac{13}{32}P, \quad V_B^L = P - V_A = \frac{19}{32}P$$

となる．また，はり BC の点 C まわりのつり合いより

$$V_B^R \cdot l + M_B = 0$$

$$V_B^R = -\frac{M_B}{l} = \frac{3P}{32}, \quad V_C = -V_B^R = -\frac{3P}{32}$$

$$V_B = V_B^L + V_B^R = \frac{11}{16}P$$

が求められる．すべての支点反力が求められたので $M$ 図，$Q$ 図を描くと，図 (b)，(c) のようになる．

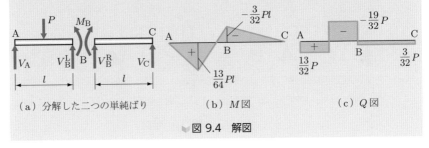

（a）分解した二つの単純ばり　　（b）$M$ 図　　（c）$Q$ 図

◼ 図 9.4　解図

TRY! ▶ 演習問題 9.1, 9.2 を解いてみよう.

**例題 9.2**　図 9.5 に示すはりに 3 連モーメント式を適用して，$M$ 図，$Q$ 図を描け.

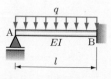

**図 9.5　一端固定ばり**

**解答**　固定端をもつ場合は，図 9.6(a) に示すように，固定側の点 B の右に曲げ剛性 $I_0 = \infty$ のはり BC を仮に考えて適用するとよい．式 (9.4) の 3 連モーメント式を適用すると

$$\frac{l}{I} M_\mathrm{A} + 2 \left( \frac{l}{I} + \frac{l_0}{I_0} \right) M_\mathrm{B} + \frac{l_0}{I_0} M_\mathrm{C} = 6E \left( \tau_\mathrm{BA}^{(0)} - \tau_\mathrm{BC}^{(0)} \right)$$

となる．ここで，部材端 A, C では曲げモーメントが 0 であるから $M_\mathrm{A} = 0$, $M_\mathrm{C} = 0$ である．また，表 9.2 を用いると $\tau_\mathrm{BA}^{(0)} = -ql^3/(24EI)$ であり，さらに BC 間には荷重がないので $\tau_\mathrm{BC}^{(0)} = 0$ であることと $l_0/I_0 = 0$ を用いて整理すると

$$M_\mathrm{B} = -\frac{ql^2}{8}$$

となる．したがって，もとのはりは図 (b) のように置き換えられる．図 (b) のつり合い条件より，反力 $V_\mathrm{A}$, $V_\mathrm{B}$ が以下のように求められる．

$$V_\mathrm{A} = \frac{ql}{2} + \frac{M_\mathrm{B}}{l} = \frac{3}{8}ql, \quad V_\mathrm{B} = ql - V_\mathrm{A} = \frac{5}{8}ql$$

点 A から $x$ の点での曲げモーメント $M_x$ は次式となる.

$$M_x = V_\mathrm{A} x - \frac{qx^2}{2}$$

$M_x$ が極値をとる位置を求めると

$$\frac{dM_x}{dx} = V_\mathrm{A} - qx = 0$$

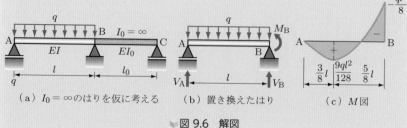

（a）$I_0 = \infty$ のはりを仮に考える　　（b）置き換えたはり　　（c）$M$ 図

**図 9.6　解図**

$$x = \frac{V_A}{q} = \frac{3}{8}l$$

となる．モーメントの極値を求めると

$$M_{x=(3/8)l} = \frac{9}{128}ql^2$$

を得る．これらの結果より，$M$ 図は，図 (c) のようになる．

**TRY!** ▶ 演習問題 9.3 を解いてみよう．

## ◆ 9.3 部材の上下面で温度差がある場合の解き方

8.11 節で温度変化によるラーメンの応力の計算方法を説明したが，はりの場合は，部材が一様に温度変化すると，長さ方向に自由に伸縮できるので，部材回転角は生じず，応力も生じない．しかし，部材の上下に温度差が生じる場合は，上下で伸縮量が異なるので，曲げ作用が生じ，応力が生じる．

この影響は，たわみ角法においては，荷重項 $C_{AB}, C_{BA}$ で考慮できることを述べたが，3 連モーメント式においても荷重項 $\tau_{AB}^{(0)}, \tau_{BA}^{(0)}$ として求めることができる．

いま，高さ $h$ のはり AB の下縁が上縁よりも $t\,[^\circ\mathrm{C}]$ だけ温度が高い場合を考えてみる．線膨張係数を $\alpha$ として，微小長さ $dx$ のはりを取り出して表すと，下縁は上縁より $\alpha t\,dx$ だけ伸びるので，**図 9.7**(a) に示すようになり，はり全体としては，図 (b) のように，下側が凸になるように曲がることになる．

図中 O は曲率中心，$\rho$ は曲率半径である．図 9.7(a) で $\triangle \mathrm{ONN'}$ と $\triangle \mathrm{DEF}$ は相似であるから

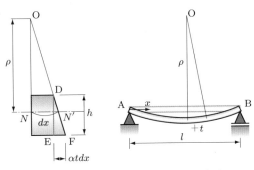

(a) 温度差による伸縮　　　(b) 曲率と変形

**図 9.7 上下面で温度差がある単純ばり**

$$\frac{dx}{\rho} = \frac{\alpha t\, dx}{h} \tag{9.5}$$

となる．上巻第 8 章で説明したように，曲率半径の逆数 $1/\rho$，すなわち曲率は曲がる程度を表す量であるから，たわみ $v$ と次の関係がある．

$$\frac{1}{\rho} = -\frac{d^2 v}{dx^2}$$

これに，式 (9.5) を代入すると

$$\frac{d^2 v}{dx^2} = -\frac{\alpha t}{h}$$

となる．これを 2 回積分すると

$$v = -\frac{\alpha t}{h} \cdot \frac{x^2}{2} + C_1 x + C_2 \tag{9.6}$$

となる．支点 A $(x = 0)$，B $(x = l)$ ではたわみ $v$ は 0 であるから

$$C_2 = 0, \quad C_1 = \frac{\alpha t l}{2h}$$

を得る．したがって，

$$v = -\frac{\alpha t}{h} \cdot \frac{x^2}{2} + \frac{\alpha t l}{2h} x$$

となる．点 A のたわみ角は

$$\left( \frac{dv}{dx} \right)_{x=0} = \frac{\alpha t l}{2h}$$

となり，点 B のたわみ角は

$$\left( \frac{dv}{dx} \right)_{x=l} = -\frac{\alpha t l}{2h}$$

となるが，3 連モーメント式の荷重項は，荷重（温度差）のみが作用する場合のたわみ角であるから

$$\tau_{\mathrm{AB}}^{(0)} = -\tau_{\mathrm{BA}}^{(0)} = \frac{\alpha t l}{2h} \tag{9.7}$$

となる．この荷重項を式 (9.4) の 3 連モーメント式に用いるとよい．ただし，式 (9.7) は下縁のほうが温度が高い（下に凸の）場合のものなので，上縁のほうが温度が高い（上に凸の）場合は，符号が逆になり

$$\tau_{\mathrm{AB}}^{(0)} = -\tau_{\mathrm{BA}}^{(0)} = -\frac{\alpha t l}{2h} \tag{9.8}$$

となることに注意する必要がある．

**例題 9.3**　図 9.8 に示す連続ばりにおいて，はりの上縁が下縁よりも $t\,[℃]$ 上昇した場合の $M$ 図を描け．ただし，曲げ剛性は一定で $EI$ とする．また，はりの高さ $h$ は長さ方向に一定で，温度は高さ方向に直線分布し，線膨張係数は $\alpha$ とする．

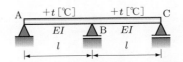

**図 9.8　上下縁で温度差がある 2 径間連続ばり**

**解答**　式 (9.4) の 3 連モーメント式を適用する．上縁の方が温度が高いので式 (9.8) を参考にして

$$\tau_{\mathrm{BA}}^{(0)} = -\tau_{\mathrm{BC}}^{(0)} = \frac{\alpha t l}{2h}$$

であるから

$$\frac{l}{I}M_{\mathrm{A}} + 2\left(\frac{l}{I} + \frac{l}{I}\right)M_{\mathrm{B}} + \frac{l}{I}M_{\mathrm{C}} = 6E\left(\frac{\alpha t l}{2h} + \frac{\alpha t l}{2h}\right)$$

となる．さらに，材端 A, C では曲げモーメントが 0 であるから，$M_{\mathrm{A}} = 0, M_{\mathrm{C}} = 0$ を考慮すると

$$M_{\mathrm{B}} = \frac{3}{2}\frac{EI\alpha t}{h}$$

となる．外力としての荷重はないので，$M$ 図は直線変化することを考慮すると，図 9.9 のようになる．

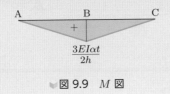

**図 9.9　$M$ 図**

**TRY!** ▶ 演習問題 9.4 を解いてみよう．

## 9.4　支点沈下が生じると部材回転角が生じる

　軟弱な地盤に橋脚や基礎をつくって，その上に支承を置いて桁やはりを支える場合は，支点が沈下する可能性があり，そのような場合の応力をあらかじめ検討しておく必要がある．

連続ばりに支点沈下が生じると，**図 9.10** に示すように，部材回転角 $R$ が生じる．8.2 節(4) のたわみ角のところでも用いたが，図 (c) からわかるように

$$\left.\begin{aligned} \theta_{\mathrm{BA}} &= \tau_{\mathrm{BA}} + R_{\mathrm{AB}} \\ \theta_{\mathrm{BC}} &= \tau_{\mathrm{BC}} + R_{\mathrm{BC}} \end{aligned}\right\} \tag{9.9}$$

の関係がある．ここで，支点 B でのたわみ角の連続条件は，

$$\theta_{\mathrm{BA}} = \theta_{\mathrm{BC}} \tag{9.10}$$

と表せるから，次式が得られる．

$$\tau_{\mathrm{BA}} + R_{\mathrm{AB}} = \tau_{\mathrm{BC}} + R_{\mathrm{BC}} \tag{9.11}$$

この式に式 (9.1) と式 (9.2) を代入して整理すると，次式を得る．

$$\frac{l_{\mathrm{AB}}}{I_{\mathrm{AB}}} M_{\mathrm{A}} + \left( \frac{l_{\mathrm{AB}}}{I_{\mathrm{AB}}} + \frac{l_{\mathrm{BC}}}{I_{\mathrm{BC}}} \right) M_{\mathrm{B}} + \frac{l_{\mathrm{BC}}}{I_{\mathrm{BC}}} M_{\mathrm{C}}$$
$$= 6E \left( \tau_{\mathrm{BA}}^{(0)} - \tau_{\mathrm{BC}}^{(0)} \right) + 6E \left( R_{\mathrm{AB}} - R_{\mathrm{BC}} \right) \tag{9.12}$$

これが，支点沈下などにより部材回転角を生じる場合の，より一般的な 3 連モーメント式であるが，式 (9.4) に一番右の項が加わっただけである．この式を用いると，次の［例題 9.4］のように，支点沈下がある場合の連続ばりを解くことができる．

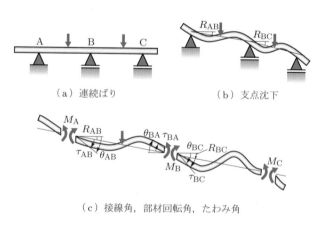

（a）連続ばり　　　　　（b）支点沈下

（c）接線角，部材回転角，たわみ角

▶図 9.10　支点沈下が生じた連続ばり

例題 9.4

図 9.11 に示す荷重を受けていない 2 径間連続ばりの中間支点 B が $\delta$ だけ支点沈下した場合の $M$ 図を描け。ただし，曲げ剛性は一定で $EI$ とする。

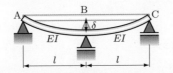

図 9.11 中間支点が沈下する連続ばり

解答

式 (9.8) の 3 連モーメント式を適用する。荷重がなく，右辺第一項は 0 であるから

$$\frac{l}{I}M_A + 2\left(\frac{l}{I} + \frac{l}{I}\right)M_B + \frac{l}{I}M_C = 6E(R_{AB} - R_{BC})$$

となる。支点沈下による部材回転角 $R_{AB}$ は微小であることを考慮すると

$$R_{AB} = \frac{\delta}{l}$$

となる。また，はり BC は，はり AB とは逆に回転するから

$$R_{BC} = -\frac{\delta}{l}$$

である。したがって，式 (9.12) は，

$$\frac{l}{I}M_A + 2\left(\frac{l}{I} + \frac{l}{I}\right)M_B + \frac{l}{I}M_C = 6E\left(\frac{\delta}{l} + \frac{\delta}{l}\right)$$

となる。ここで，点 A, C の材端では $M_A = 0$, $M_C = 0$ であるから，整理すると

$$M_B = \frac{3\delta EI}{l^2}$$

が求められる。もとのはりは図 9.12(a) のように分解できるので，はり AB のつり合いから以下のように反力を求めることができる。

$$V_A = \frac{M_B}{l} = \frac{3\delta EI}{l^3}$$

$$V_B^L = -V_A = -\frac{3\delta EI}{l^3}$$

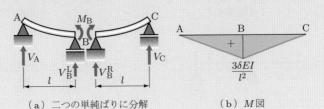

（a）二つの単純ばりに分解 　　（b）$M$ 図

図 9.12 解図

同様に，はり BC のつり合いからほかの反力を求めると

$$V_C = \frac{M_B}{l} = \frac{3\delta EI}{l^3}$$

$$V_B^R = -V_C = -\frac{3\delta EI}{l^3}$$

となる．したがって

$$V_B = V_B^L + V_B^R = -\frac{6\delta EI}{l^3}$$

となる．これらの結果から $M$ 図を描くと図 (b) のようになる，

**TRY!** ▶ 演習問題 9.5~9.8 を解いてみよう．

━━━━━━━━━━━ **演習問題** ━━━━━━━━━━━

9.1 **図 9.13** に示すような等分布荷重を満載する 2 径間連続ばりの $M$ 図を描け．ただし，曲げ剛性は一定で $EI$ とする．

9.2 **図 9.14** に示すような等分布荷重 $q$ を満載している 3 径間連続ばりに 3 連モーメント式を適用して，$M$ 図と $Q$ 図を描け．ただし，曲げ剛性は一定で $EI$ とする．また，第 5 章（余力法）で同じ問題を [例題 5.4] として示したが，どちらが簡単か比較せよ．

9.3 **図 9.15** に示すように，支点 A が固定されている 2 径間連続ばりについて，3 連モーメント式を適用して $M$ 図を描け．ただし，曲げ剛性は一定で $EI$ とする．

9.4 **図 9.16** に示すような 3 径間連続ばり ABCD の，AB 部分のみ上縁が下縁よりも $t$ [℃] だけ温度上昇した場合の $M$ 図を描け．ただし，曲げ剛性は一定で $EI$，はりの高さも

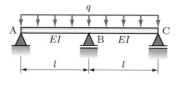

▨ 図 9.13　等分布荷重を満載する
　　　　　　2 径間連続ばり

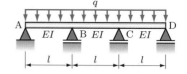

▨ 図 9.14　等分布荷重を満載する
　　　　　　3 径間連続ばり

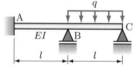

▨ 図 9.15　一端を固定した
　　　　　　2 径間連続ばり

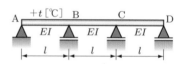

▨ 図 9.16　一部の上下縁で温度差の
　　　　　　ある 3 径間連続ばり

$h$ で一定，線膨張係数は $\alpha$ とする.

9.5 **図 9.17** に示す 3 径間連続ばりについて，支点 C が鉛直に $\delta$ だけ沈下した場合の $M$ 図を描け．ただし，曲げ剛性は一定で $EI$ とする.

9.6 **図 9.18** に示す 3 径間連続ばりの $M$ 図を描け．ただし，曲げ剛性は一定で $EI$，中央径間長は側径間長の 2 倍とする.

9.7 **図 9.19** に示すような等分布荷重を満載している 3 径間連続ばり ABCD がある．側径間 AB と CD の曲げ剛性は $EI$，中央径間 BC の曲げ剛性は $2EI$ とする．中央径間 BC の中央の曲げモーメントの絶対値が支点 B, C の曲げモーメントの値の絶対値と等しくなるように，中央径間の大きさを定めよ（中央径間の径間長を側径間の径間長 $l$ の $x$ 倍であるとして，$x$ の値を定めよ）.

9.8 演習問題 9.3 に用いた図 9.15 に示す 2 径間連続ばりについて，たわみ角法を用いて解け．ただし，曲げ剛性は一定で $EI$ とする．また，3 連モーメント法を用いる場合と労力を比較せよ.

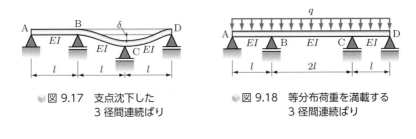

■図 9.17　支点沈下した
3 径間連続ばり

■図 9.18　等分布荷重を満載する
3 径間連続ばり

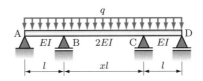

■図 9.19　等分布荷重を満載する 3 径間連続ばり（変断面）

## ■第1章

**1.1** 反力 $V_A$：**解図 1.1**(a) に対して，仮想変位の原理を適用すると，次のようになる．

$$V_A \cdot \overline{v} + P \cdot \frac{1}{4}\overline{v} = 0 \quad \rightarrow \quad V_A = -\frac{1}{4}P = -5\,\mathrm{kN}$$

反力 $V_B$：図 (b) に対して，仮想変位の原理を適用すると，次のようになる．

$$V_B \cdot \overline{v} - P \cdot \frac{3}{4}\overline{v} = 0 \quad \rightarrow \quad V_B = \frac{3}{4}P = 15\,\mathrm{kN}$$

反力 $V_C$：図 (c) に対して，仮想変位の原理を適用すると，次のようになる．

$$V_C \cdot \overline{v} - P \cdot \frac{1}{2}\overline{v} = 0 \quad \rightarrow \quad V_C = \frac{1}{2}P = 10\,\mathrm{kN}$$

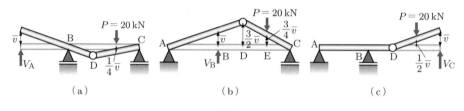

（a）　　　　　　　　　　（b）　　　　　　　　　　（c）

💧解図 1.1

**1.2** 図 1.11 に対して，仮想変位の原理を適用すると，$V_B = 2P/3$ となる．
　　**解図 1.2**(a) に対して，仮想変位の原理を適用すると，次のようになる．

$$U\frac{\overline{v}}{a}b\sin\alpha + U\frac{\overline{v}}{2a}x\sin\phi + P \cdot \frac{1}{2}\overline{v} = 0$$

$$U = \frac{-Pa}{2b\sin\alpha + x\sin\phi} = \frac{-Pa}{2d(h/b) + x(h/x)} = -\frac{Pa}{3h}$$

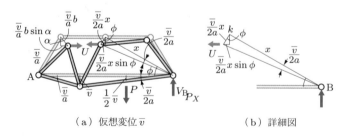

（a）仮想変位 $\overline{v}$　　　　　　　　（b）詳細図

💧解図 1.2

## ■第2章

**2.1** ① 与えられた系の曲げモーメント $M$ を $x$ の関数として求める（**解図 2.1**(a) 参照）

② $v_A$ を求めるために，自由端 A に $\overline{P} = 1$ を作用させた系を考え，曲げモーメント $\overline{M}$ を位置 $x$ の関数として求める（図 (b) 参照）

③ 式 (2.21) の第 1 式を適用すると，次式となる.

$$v_A = \int_0^l \frac{\overline{M}M}{EI} dx = \frac{M_A}{EI} \int_0^l x \, dx = \frac{M_A l^2}{2EI}$$

④ $\theta_A$ を求めるために，自由端 A に $\overline{M} = 1$ を（$M_A$ と同じ方向に）作用させた系を考え，曲げモーメント $\overline{M}$ を求める（図 (c) 参照）.

⑤ 式 (2.21) の第 2 式を適用すると，次式となる.

$$\theta_A = \int_0^l \frac{\overline{M}M}{EI} dx = \frac{(-M_A)(-1)}{EI} \int_0^l dx = \frac{M_A l}{EI}$$

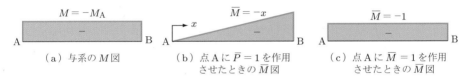

（a）与系の $M$ 図     （b）点 A に $\overline{P} = 1$ を作用させたときの $\overline{M}$ 図     （c）点 A に $\overline{M} = 1$ を作用させたときの $\overline{M}$ 図

🔖 解図 2.1

**2.2** まず，与系の $M$ 図を描く（**解図 2.2**(a) 参照）. 次に，点 C に $\overline{P} = 1$ を作用させ，$\overline{M}$ 図を描く（図 (b) 参照）. 式 (2.21) の第 1 式を適用すると

$$v_C = 2 \int_0^{l/2} \frac{\overline{M}M}{EI} dx = \frac{2}{EI} \int_0^{l/2} \left(\frac{1}{2}x\right)\left(\frac{ql}{2}x - \frac{qx^2}{2}\right) dx = \frac{5ql^4}{384EI}$$

となる. さらに，点 A に $\overline{M} = 1$ を作用させて $\overline{M}$ 図を描く（図 (c) 参照）. 図 (c), (a) の間で，式 (2.21) の第 2 式を適用すると，次式となる.

$$\theta_A = \int_0^l \frac{\overline{M}M}{EI} dx = \frac{1}{EI} \int_0^l \left(1 - \frac{x}{l}\right)\left(\frac{ql}{2}x - \frac{qx^2}{2}\right) dx = \frac{ql^3}{24EI}$$

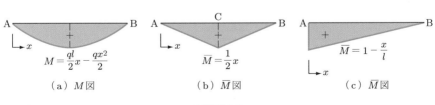

（a）$M$ 図     （b）$\overline{M}$ 図     （c）$\overline{M}$ 図

🔖 解図 2.2

**2.3** まず，与系の $M$ 図を求める（**解図 2.3**(a) 参照）. 次に，自由端 A に $\overline{M} = 1$ を作用させた場合（図 (b) 参照）の $\overline{M}$ 図を求める（図 (c) 参照）. 図 (a) と図 (c) に対して，式

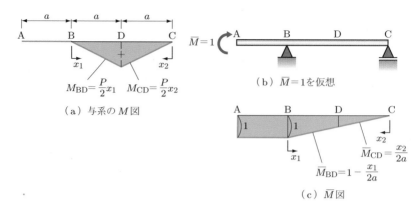

（a）与系の $M$ 図

（b）$\overline{M}=1$ を仮想

（c）$\overline{M}$ 図

$\overline{M}=1$

$M_{\mathrm{BD}}=\dfrac{P}{2}x_1$   $M_{\mathrm{CD}}=\dfrac{P}{2}x_2$

$\overline{M}_{\mathrm{CD}}=\dfrac{x_2}{2a}$

$\overline{M}_{\mathrm{BD}}=1-\dfrac{x_1}{2a}$

● 解図 2.3

(2.21) の第 2 式を適用すると，次のようになる.

$$1\cdot\theta = \frac{1}{EI}\int_0^a\left(1-\frac{x_1}{2a}\right)\left(\frac{P}{2}x_1\right)dx_1 + \frac{1}{EI}\int_0^a\left(\frac{x_2}{2a}\right)\left(\frac{P}{2}x_2\right)dx_2$$

$$= \frac{Pa^2}{4EI}$$

**2.4** ① 与系（図 2.24 参照）の各部材力 $N_i$ を求めると，$N_{\mathrm{AC}}=3P/5$，$N_{\mathrm{BC}}=4P/5$ である.

② 点 C に水平方向荷重 $\overline{P}=1$ を作用させた系（**解図 2.4**(a) 参照）を考え，各部材の軸方向力 $\overline{N}_i$ を求める. 図 (b) を参照して，次式が得られる.

$$\overline{N}_{\mathrm{AC}} = \frac{4}{5}\overline{P}, \quad \overline{N}_{\mathrm{BC}} = -\frac{3}{5}\overline{P} \quad (\overline{P}=1)$$

③ 式 (2.22) を適用すると，次のようになる.

$$u_{\mathrm{C}} = \sum \frac{\overline{N}_i N_i}{EA_i}l_i = \frac{12P}{25EA}$$

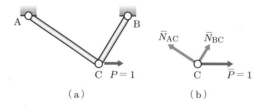

（a）      （b）

● 解図 2.4

**2.5** 反力は $V_A = P/4$, $V_B = 3P/4$ である．与系の断面力は，上巻 5.2 節で説明した節点法か断面法で求める．その結果，$N_1 = -P/\left(4\sqrt{3}\right)$, $N_2 = P/\left(2\sqrt{3}\right)$, $N_3 = -P/\left(2\sqrt{3}\right)$, $N_4 = P/\left(2\sqrt{3}\right)$, $N_5 = P/\left(2\sqrt{3}\right)$, $N_6 = -\sqrt{3}P/4$, $N_7 = \sqrt{3}P/2$ となる．

次に，点 D に鉛直下向きに $\overline{P} = 1$ を作用させた系（**解図 2.5** 参照）を考え，部材力を求める．原系と左右対称になることを考慮して，原系の結果を用いると $\overline{N}_1 = -\sqrt{3}/4$, $\overline{N}_2 = \sqrt{3}/2$, $\overline{N}_3 = 1/\left(2\sqrt{3}\right)$, $\overline{N}_4 = 1/\left(2\sqrt{3}\right)$, $\overline{N}_5 = -1/\left(2\sqrt{3}\right)$, $\overline{N}_6 = -1/\left(4\sqrt{3}\right)$, $\overline{N}_7 = 1/\left(2\sqrt{3}\right)$ となる．式 (2.22) を適用して，次式を得る．

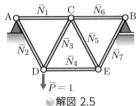

$$v_D = \sum_{i=1}^{7} \left( \frac{\overline{N}_i N_i}{EA} l_i \right) = \frac{13Pl}{24EA}$$

◆解図 2.5

**2.6** 軸力と曲げモーメントが作用する骨組であるので，次のように式 (2.19) を適用することを考える．

① 与えられた系の部材力を求める．**解図 2.6**(a) の自由物体図について，つり合い式

$$\sum M_{(A)} = 0, \quad \sum V = 0$$

をたてることにより，反力 $V_A = -P$, $V_D = 2P$ が求められる．部材 AB と部材 CD のみ一定の軸方向力が生じるので，$N$ 図は図 (b) のようになる．曲げモーメントは，部材 BC, CE のみに作用し，軸方向座標を $x_1$, $x_2$ とすると，それぞれ $M_x = -Px_1$, $M_x = -Px_2$ と求められるので，$M$ 図は図 (c) のようになる．

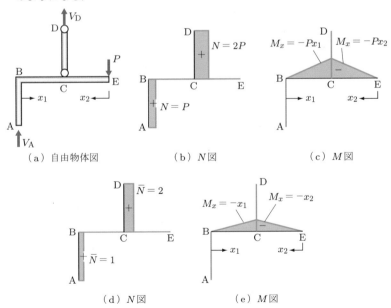

（a）自由物体図 　　（b）$N$図 　　（c）$M$図

（d）$N$図 　　（e）$M$図

◆解図 2.6

② 点 E に鉛直方向荷重 $\overline{P} = 1$ を作用させた系について，各部材の断面力を求める．①の結果で $P = 1$ とすればよいから，$N$ 図，$M$ 図が図 (d)，(e) のように得られる．

③ 式 (2.19) の $v$ が $v_E$ となるから，次式のようになる．

$$v_E = \int_0^l \overline{N}\left(\frac{N}{EA}\right)dx + \int_0^l \overline{M}\left(\frac{M}{EI}\right)dx$$

$$= \int_0^a 1 \cdot \frac{P}{EA}dx + \int_0^a 2 \cdot \frac{2P}{EA} + \int_0^a (-x_1)\frac{(-Px_1)}{EI}dx_1$$

$$+ \int_0^a (-x_2)\frac{(-P_{x_2})}{EI}dx_2$$

$$= \frac{5Pa}{EA} + \frac{2Pa^3}{3EI}$$

**2.7** **解図 2.7** に示す仮想系を考え，曲げモーメントを求めると，$\overline{M}_{AB} = Ax_1 = -ax_1/l$，$\overline{M}_{BC} = -\overline{P} \cdot x_2 = -x_2$ となる．温度変化による断面の回転角は

$$\Delta\theta = \frac{\alpha(t_2 - t_1)dx}{h} = -\frac{20\alpha}{h}dx$$

である．ここで，解図 2.7 の仮想系の図 2.27 の原系に対する仮想仕事式をたてると，次のようになる．

$$v_C = \int_A^C \overline{M}\left(\frac{-20\alpha}{h}\right)dx = -\frac{20\alpha}{h}\left\{\int_0^l\left(-\frac{a}{l}x_1\right)dx_1 + \int_0^a(-x_2)dx_2\right\}$$

$$= \frac{10a(l + a)\alpha}{h}$$

$\overline{M}_{AB} = -\dfrac{a}{l}x_1$　　$\overline{M}_{BC} = -x_2$

$\overline{P} = 1$

$x_1$　　$l$　　$x_2$　　$a$

**解図 2.7**

## ■第 3 章

**3.1** 弾性荷重法，微分方程式による方法，あるいは，第 2 章の単位荷重法のいずれによって求めても，

$$\theta_A = \frac{P_A l^2}{2EI}, \quad v_A = \frac{M_A l^2}{2EI}$$

が得られる．したがって，次のようになる．

$$P_A v_A = M_A \theta_A \left(= \frac{P_A M_A l^2}{2EI}\right)$$

**3.2** 自由端 C に単位荷重 $P = 1$ が作用する場合のたわみ曲線を求めればよい．弾性荷重法により求めることにする．$M$ 図は**解図 3.1**(a) のようになるから，図 (b) のように，共役ばりに弾性荷重を載荷して反力を求める．A 端から $x$ の位置の曲げモーメント $M_x$ を求めると，次式を得る（図 (c) 参照）．

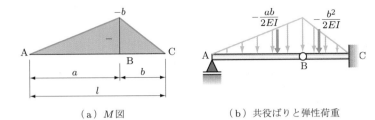

（a）$M$図 　　　　　　　　　（b）共役ばりと弾性荷重

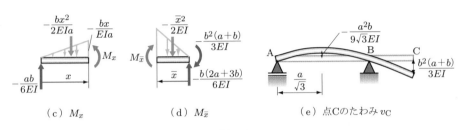

（c）$M_x$ 　　　　　　（d）$M_{\overline{x}}$ 　　　　　　（e）点Cのたわみ$v_{\mathrm{C}}$

💾 解図 3.1

$$M_x = \frac{a^2 b}{6EI}\left\{\left(\frac{x}{a}\right)^3 - \left(\frac{x}{a}\right)\right\}$$

C 端から $\overline{x}$ の位置の曲げモーメント $M_{\overline{x}}$ を求めると，次式を得る（図 (d) 参照）．

$$M_{\overline{x}} = -\frac{b^3}{6EI}\left\{\left(\frac{\overline{x}}{b}\right)^3 + \left(\frac{2a}{b}+3\right)\left(\frac{\overline{x}}{b}\right) - 2\left(\frac{a}{b}+1\right)\right\}$$

これらを図示すると，図 (e) に示すたわみ曲線，すなわち，たわみ $v_{\mathrm{C}}$ の影響線が得られる．この図より，荷重が AB 間のとき，影響線値は負で点 C は上に変位することを意味しており，経験と一致することが感じとれる．

**3.3** 解図 3.2 のようになる．

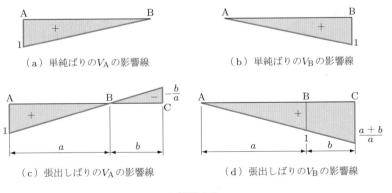

（a）単純ばりの$V_{\mathrm{A}}$の影響線 　　　　（b）単純ばりの$V_{\mathrm{B}}$の影響線

（c）張出しばりの$V_{\mathrm{A}}$の影響線 　　　（d）張出しばりの$V_{\mathrm{B}}$の影響線

💾 解図 3.2

**3.4** 解図 3.3(a) に示すように，支点 A を取り除いて集中荷重 $P$ を点 A に作用させ，点 A のたわみ $v_A$ が 1 になるときのたわみ線が点 A の反力の影響線となる．弾性荷重法により，たわみ $v_A$ を求める．まず，$M$ 図は図 (b) のようになる．図 (c) は，共役ばりに弾性荷重 $M/(EI)$ を載荷したものである．図 (d) を参考に，共役ばりの反力を求めると

$$M_A = \frac{2Pl^3}{3EI}, \quad R_A = -\frac{5Pl^2}{6EI}, \quad R_C = -\frac{Pl^2}{6EI}$$

となる．次に，図 (e) を参考に点 A より $x$ の点の曲げモーメント $M_x$（もとのはりのたわみ $v_x$ に等しい）を求めると，次のようになる．

$$M_x = M_A + R_A x + \frac{Px^3}{6EI}$$

いま，$v_A = v_{x=0}$ を 1 とするために，上式の両辺を $M_0 = M_{x=0} (= M_A)$ で割ると

$$\frac{M_x}{M_0} = 1 - \frac{5}{4}\left(\frac{x}{l}\right) + \frac{1}{4}\left(\frac{x}{l}\right)^3$$

となる．さらに，図 (f) を参考にして，BC 部分の曲げモーメント $M_x$ を求めると，点 C から左にとった座標を $\overline{x} (= 2l - x)$ として

$$M_{\overline{x}} = R_C \overline{x} + \frac{P\overline{x}^2}{2EI}\frac{\overline{x}}{3} = -\frac{Pl^2}{6EI}\overline{x} + \frac{P\overline{x}^3}{6EI} = -\frac{Pl^3}{6EI}\frac{\overline{x}}{l}\left\{1 - \left(\frac{\overline{x}}{l}\right)^2\right\}$$

となる．両辺を $M_0 \left(= 2Pl^2/(3EI)\right)$ で割って，$\overline{x} = 2l - x$ を代入すると

$$\frac{M_{\overline{x}}}{M_0} = -\frac{1}{4}\frac{\overline{x}}{l}\left\{1 - \left(\frac{\overline{x}}{l}\right)^2\right\} = -\frac{1}{4}\left(\frac{x}{l}\right)^3 + \frac{3}{2}\left(\frac{x}{l}\right)^2 - \frac{11}{4}\frac{x}{l} + \frac{3}{2}$$

となる．したがって，点 A の反力 $V_A$ の影響線は，$0 \leqq x \leqq l$ のときは次式となる．

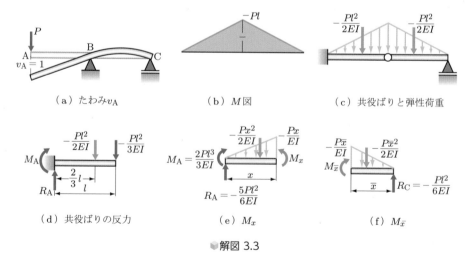

（a）たわみ$v_A$　　　　（b）$M$図　　　　（c）共役ばりと弾性荷重

（d）共役ばりの反力　　　（e）$M_x$　　　　（f）$M_{\overline{x}}$

🔹解図 3.3

$$V_A = \frac{1}{4}\left(\frac{x}{l}\right)^3 - \frac{5}{4}\frac{x}{l} + 1$$

$l \leqq x \leqq 2l$ のときは次式となる.

$$V_A = -\frac{1}{4}\left(\frac{x}{l}\right)^3 + \frac{3}{2}\left(\frac{x}{l}\right)^2 - \frac{11}{4}\frac{x}{l} + \frac{3}{2}$$

3.5 $M_D$ の影響線：図 3.9 を参考にして，点 D にヒンジを考え，点 D での相対たわみ角が $\theta = 1$ になるような変形を考えたときのたわみ曲線を考えればよいので，**解図 3.4**(a) のような形となる．符号の定め方は 3.5 節(2) を参照のこと．

$Q_D$ の影響線：図 3.8 を参考にして，点 D にせん断力に対して自由に動けるリンクを考えて，点 D の左右の相対変位が単位量になるような変形を考えればよい．解図 3.4(b) のようになる．符号の定め方は，3.5 節(1) を参照のこと．

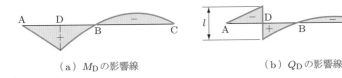

(a) $M_D$ の影響線    (b) $Q_D$ の影響線

🌸解図 3.4

3.6 $0 \leqq x \leqq a$ のとき，**解図 3.5** のつり合いを考えて

$$Q_D = V_A - 1, \quad M_D = V_A \cdot a - 1 \cdot (a - x)$$

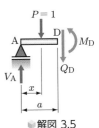

🌸解図 3.5

となる．$a \leqq x \leqq 2l$ のとき，解図 3.5 で $P = 1$ がない場合のつり合いを考えて

$$Q_D = V_A, \quad M_D = V_A \cdot a$$

となる．反力 $V_A$ の解として演習問題 3.4 の結果を用いると，結局せん断力 $Q_D$ の影響線の式は

$$0 \leqq x \leqq a : Q_D = V_A - 1 = \frac{1}{4}\left(\frac{x}{l}\right)^3 - \frac{5}{4}\frac{x}{l}$$

$$a \leqq x \leqq l : Q_D = V_A = \frac{1}{4}\left(\frac{x}{l}\right)^3 - \frac{5}{4}\frac{x}{l} + 1$$

$$l \leqq x \leqq 2l : Q_D = V_A = -\frac{1}{4}\left(\frac{x}{l}\right)^3 + \frac{3}{2}\left(\frac{x}{l}\right)^2 - \frac{11}{4}\frac{x}{l} + \frac{3}{2}$$

となる．曲げモーメント $M_D$ の影響線の式は，次のようになる．

$$0 \leqq x \leqq a : M_D = V_A a - (a - x) = \left\{\frac{1}{4}\left(\frac{x}{l}\right)^3 - \frac{5}{4}\frac{x}{l} + 1\right\} a - (a - x)$$

$$= \frac{a}{4}\left\{\left(\frac{x}{l}\right)^3 - 5\frac{x}{l} + 4\frac{x}{a}\right\}$$

$$a \leqq x \leqq l : M_{\mathrm{D}} = V_{\mathrm{A}}a = \left\{ \frac{1}{4}\left(\frac{x}{l}\right)^3 - \frac{5}{4}\frac{x}{l} + 1 \right\}a$$

$$l \leqq x \leqq 2l : M_{\mathrm{D}} = V_{\mathrm{A}}a = \left\{ -\frac{1}{4}\left(\frac{x}{l}\right)^3 + \frac{3}{2}\left(\frac{x}{l}\right)^2 - \frac{11}{4}\frac{x}{l} + \frac{3}{2} \right\}a$$

## ■第4章

**4.1 解図 4.1**(a) のように反力を仮定して，三つのつり合い式より反力を求めると

$$H_{\mathrm{B}} = -2P, \quad V_{\mathrm{B}} = -P, \quad N_{\mathrm{D}} = 2\sqrt{2}P$$

となる．これより $M$ 図，$N$ 図を描くと，それぞれ図 (b)，(c) のようになる．ひずみエネルギー $U$ は，式 (4.7)，(4.8) を用いて，次のようになる．

$$\begin{aligned}
U &= 2\left(\frac{1}{2}\int_0^{l/2}\frac{M^2}{EI}dx\right) + \frac{N_{\mathrm{BC}}{}^2(l/2)}{2EA_1} + \frac{N_{\mathrm{CD}}{}^2(\sqrt{2}l/2)}{2EA_2} \\
&= \frac{1}{EI}\int_0^{l/2}(-Px)^2dx + \frac{(2P)^2(l/2)}{2EA_1} + \frac{(-2\sqrt{2}P)^2(\sqrt{2}l/2)}{2EA_2} \\
&= \frac{P^2l^3}{24EI} + \frac{P^2l}{EA_1} + \frac{2\sqrt{2}P^2l}{EA_2}
\end{aligned}$$

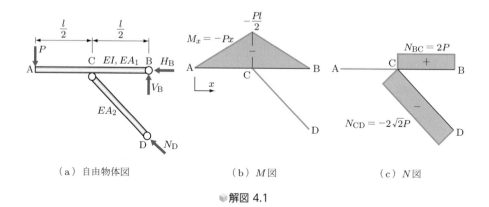

（a）自由物体図　　　（b）$M$図　　　（c）$N$図

💙解図 4.1

**4.2 解図 4.2** に示すように，曲げモーメントは $M_x = (P/2)x$ となり，左右対称であるから，ひずみエネルギー $U$ は

$$\begin{aligned}
U &= \frac{1}{2}\int_0^l\frac{M^2}{EI}dx = \int_0^{l/2}\frac{(Px/2)^2}{EI}dx \\
&= \frac{P^2}{4EI}\int_0^{l/2}x^2dx = \frac{P^2}{12EI}\Big[x^3\Big]_0^{l/2} = \frac{P^2l^3}{96EI}
\end{aligned}$$

💙解図 4.2

となる．カステリアーノの定理を用いて，$v_{\mathrm{C}}$ は次式となる．

$$v_C = \frac{\partial U}{\partial P} = \frac{Pl^3}{48EI}$$

**4.3** 点 C のつり合い条件より部材力を求めると，$N_{AC} = (3/5)P, N_{BC} = (4/5)P$ となる．ひずみエネルギー $U$ は

$$U = \sum \frac{N^2 l}{2EA} = \frac{(3P/5)^2 \cdot 4}{2EA} + \frac{(4P/5)^2 \cdot 3}{2EA} = \frac{42P^2}{25EA}$$

となる．カステリアーノの定理より，$v_C$ は次式となる．

$$v_C = \frac{\partial U}{\partial P} = \frac{84P}{25EA} \, [\mathrm{m}]$$

**4.4** **解図 4.3**(a) に示すように，自由端 A に（求めるべきたわみ $v_A$ の方向の）荷重 $\overline{P}$ を仮想して，点 A から $x$ の点の曲げモーメントを求める．図 (b) を参考にして

$$M_x = -\overline{P}x - \frac{q}{2}x^2$$

となる．ひずみエネルギーは $U = \dfrac{1}{2EI} \displaystyle\int_0^l M_x{}^2 dx$ であるから

$$\frac{\partial U}{\partial \overline{P}} = \frac{1}{2EI} \int_0^l 2M_x \frac{\partial M_x}{\partial \overline{P}} dx = \frac{1}{EI} \int_0^l \left( -\overline{P}x - \frac{q}{2}x^2 \right)(-x)dx$$

$$= \frac{1}{EI} \int_0^l \left( \overline{P}x^2 + \frac{q}{2}x^3 \right) dx = \frac{1}{EI} \left( \frac{\overline{P}l^3}{3} + \frac{ql^4}{8} \right)$$

となる．したがって，$v_A$ は次のようになる．

$$v_A = \frac{\partial U}{\partial \overline{P}} \bigg|_{P=0} = \frac{ql^4}{8EI}$$

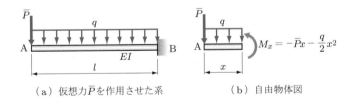

（a）仮想力 $\overline{P}$ を作用させた系 　　　（b）自由物体図

**解図 4.3**

**4.5** **解図 4.4**(a) のように，$\theta_A$ に対する外力 $\overline{M}_A$ を仮想して，ひずみエネルギーを求める．まず，反力は $V_A = P/2 - \overline{M}_A/l, V_B = P/2 + \overline{M}_A/l$ となる．次に，曲げモーメントは図 (b) を参考にして

$$M_x = V_A x + \overline{M}_A = \left( \frac{P}{2} - \frac{\overline{M}_A}{l} \right) x + \overline{M}_A$$

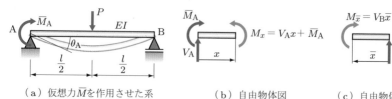

（a）仮想力 $\overline{M}$ を作用させた系　　　（b）自由物体図　　　（c）自由物体図

🍃解図 4.4

となる．また，図 (c) を参考にして

$$M_{\overline{x}} = V_B\overline{x} = \left(\frac{P}{2} + \frac{\overline{M}_A}{l}\right)\overline{x}$$

となる．したがって，ひずみエネルギー $U$ は

$$\begin{aligned}
U &= \frac{1}{2EI}\int_0^{l/2}\left(M_x{}^2 + M_{\overline{x}}{}^2\right)dx \\
&= \frac{1}{2EI}\int_0^{l/2}\left\{\left(\frac{P}{2} - \frac{\overline{M}_A}{l}\right)x + \overline{M}_A\right\}^2 dx \\
&\quad + \frac{1}{2EI}\int_0^{l/2}\left\{\left(\frac{P}{2} + \frac{\overline{M}_A}{l}\right)\overline{x}\right\}^2 d\overline{x}
\end{aligned}$$

$$\begin{aligned}
\frac{\partial U}{\partial \overline{M}_A} &= \frac{1}{EI}\int_0^{l/2}\left\{\left(\frac{P}{2} - \frac{\overline{M}_A}{l}\right)x + \overline{M}_A\right\}\left(1 - \frac{x}{l}\right)dx \\
&\quad + \frac{1}{EI}\int_0^{l/2}\left(\frac{P}{2} - \frac{\overline{M}_A}{l}\right)\overline{x}\frac{\overline{x}}{l}d\overline{x} \\
&= \frac{1}{EI}\left\{\left(\frac{P}{2} - \frac{\overline{M}_A}{l}\right)\frac{1}{2}\left(\frac{l}{2}\right)^2 + \overline{M}_A\frac{l}{2} - \left(\frac{P}{2} - \frac{\overline{M}_A}{l}\right)\frac{1}{3l}\left(\frac{l}{2}\right)^3\right. \\
&\quad \left. - \frac{\overline{M}_A}{2l}\left(\frac{l}{2}\right)^2\right\} + \frac{1}{EI}\left\{\left(\frac{P}{2} + \frac{\overline{M}_A}{l}\right)\frac{1}{l}\frac{1}{3}\left(\frac{l}{2}\right)^3\right\}
\end{aligned}$$

となる．ここで，$\overline{M}_A = 0$ とおくと，$\theta_A$ は次のようになる．

$$\theta_A = \left.\frac{\partial U}{\partial \overline{M}_A}\right|_{M_A=0} = \frac{Pl^2}{16EI}$$

**4.6** ひずみエネルギー $U$ を反力 $V_B$ の関数として表し，$\partial U/\partial V_B = 0$ のひずみエネルギー最小の原理を用いる．つり合い式より，反力は

$$V_A = V_C = -\frac{V_B}{2} + ql$$

となる. **解図 4.5** を参考にして,

$$M_x = V_A x - \frac{q}{2}x^2 = \left(-\frac{V_B}{2} + ql\right)x - \frac{qx^2}{2}$$

となる. 構造および曲げモーメントは, 点 B に関して左右対称であるから, ひずみエネルギーは

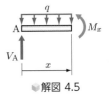

▶ 解図 4.5

$$U = 2 \cdot \frac{1}{2EI} \int_0^l M_x^2 dx$$

と表せる. 次に, ひずみエネルギー最小の原理より

$$\begin{aligned}
\frac{\partial U}{\partial V_B} = 0 &= \frac{1}{EI}\int_0^l 2M_x \frac{\partial M_x}{\partial V_B}dx \\
&= \frac{2}{EI}\int_0^l \left\{\left(-\frac{V_B}{2} + ql\right)x - \frac{qx^2}{2}\right\}\left(-\frac{x}{2}\right)dx \\
&= \frac{2}{EI}\left\{\left(\frac{V_B}{2} - ql\right)\frac{1}{2}\frac{l^3}{3} + \frac{ql^4}{16c}\right\} = \frac{ql^3}{6EI}\left(V_B - \frac{5ql}{4}\right)
\end{aligned}$$

となる. これより反力 $V_B$ を求めると, 次のようになる.

$$V_B = \frac{5ql}{4}$$

**4.7** ひずみエネルギーを反力 $V_C$ の関数として表し, $\partial U/\partial V_C = 0$ により反力 $V_C$ を求める. 点 A の反力は, $M_A = V_C l - Ph, H_A = P$ である.

曲げモーメントは, **解図 4.6**(a), (b) を参考にして

$$M_{AB} = M_x = Px + V_C l - Ph, \quad M_{BC} = M_{\overline{x}} = V_C \overline{x}$$

となる. ひずみエネルギーは,

$$U = \frac{1}{2EI}\int_0^h M_x{}^2 dx + \frac{1}{2EI}\int_0^l M_{\overline{x}}{}^2 d\overline{x}$$

となるから, ひずみエネルギー最小の原理により

$$0 = \frac{\partial U}{\partial V_C} = \frac{\partial U}{\partial M_x}\frac{\partial M_x}{\partial V_C} + \frac{\partial U}{\partial M_{\overline{x}}}\frac{\partial M_{\overline{x}}}{\partial V_C} = \frac{1}{EI}\int_0^h M_x l\, dx + \frac{1}{EI}\int_0^l M_{\overline{x}}\overline{x}\, d\overline{x}$$

$$M_x = Px + V_C l - Ph$$

A ⌐ $H_A = P$

$$M_A = V_C l - Ph$$

$$M_{\overline{x}} = V_C \overline{x} \qquad V_C$$

（ a ）自由物体図　　　　　　（ b ）自由物体図

▶ 解図 4.6

$$= \frac{1}{EI} \int_0^h (Px + V_C l - Ph)l\,dx + \frac{1}{EI} \int_0^l V_C \bar{x}^2\,d\bar{x}$$

$$= \frac{1}{EI} \left\{ \left( hl^2 + \frac{l^3}{3} \right) V_C - \frac{Ph^2 l}{2} \right\}$$

となる. したがって, 次式を得る.

$$V_C = \frac{3h^2}{2l(3h + l)} P$$

## ■第5章

**5.1** $V_B = \dfrac{5}{16}P, \quad V_A = \dfrac{11}{16}P, \quad M_A = \dfrac{3}{8}Pa$

**5.2** $v_{C2} = \dfrac{Xb}{EA}, \quad v_{C1} = \dfrac{(P - X)a^3}{3EI}$

$v_{C2} = v_{C1}$ を $X$ について解く.

$$X = \frac{Pa^3 A}{3bI + a^3 A}$$

**5.3** 部材 BC にはたらく力を $X$, トラス ACD にはたらく力を $P - X$ として, 二つの静定系に分離し, BC の伸び $\delta_X$ とトラス ACD の点 C の鉛直たわみ $\delta_1$ が等しくなる条件を用いて $X$ を定める.

$$\delta_X = \frac{lX}{\sqrt{2}EA}$$

AC, DC の部材力を $T$ とすると

$$\delta_1 = \frac{\sqrt{2}Tl}{AE}$$

となる. $\delta_X = \delta_1$ として $X = 2T$, 点 C でのつり合いより

$$\sqrt{2}T = P - X$$

となる. よって, $X$ は次式となる.

$$X = 2T = (2 - \sqrt{2})P$$

**5.4** ① AB に $X$, DF に $P - X$ が作用すると考えて, 二つの単純ばりに分ける. 点 C のたわみが等しいという条件より

$$\frac{X(2a)^3}{48EI} = \frac{(P - X)(2b)^3}{48EI}$$

$$X = \frac{b^3}{a^3 + b^3} P$$

となる. したがって, $R_A$ は次のようになる.

$$R_A = \frac{1}{2}X = \frac{b^3 P}{2(a^3 + b^3)}$$

② AC に $X$ が作用し，CB に $P - X$ が作用すると考え，それぞれの伸縮量が等しい
条件で $X$ を求める．すなわち，

$$\frac{Xa}{EA} = \frac{(P - X)b}{EA}$$

$$X = \frac{Pb}{a + b}$$

となる．したがって，$R_A$ は次のようになる．

$$R_A = X = \frac{Pb}{a + b} \ （左向き）$$

**5.5** （$P$ のみによるバネのない片持ちばりの点 B のたわみ）$-$（$V_D$ のみによるバネのない片
持ちばりの点 B のたわみ）$=$（$V_D$ によるバネの縮み）とすると，

$$\frac{5Pa^3}{6EI} - \frac{8V_D a^3}{3EI} = \frac{V_D}{k}$$

となる．したがって，$V_D$ は次のようになる．

$$V_D = \frac{5Pa^3/6}{8a^3/3 + EI/k}$$

**5.6** (a) 1 次不静定　**解図 5.1**(a) 参照　　　(b) 1 次不静定　図 (b) 参照
(c) 1 次不静定　図 (c) 参照

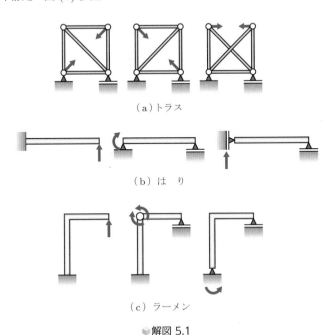

（a）トラス

（b）は　り

（c）ラーメン

⯈ 解図 5.1

**5.7** 1次不静定であるので，**解図 5.2**(a) に示す片持ちばりを静定基本構に選び，点 A の反力を不静定力として求めることを考える．図 (b) に示す第 0 系の曲げモーメントは，図 (c) を参考にして $M_{0x} = -qx^2/2$ となる．図 (d) に示す第 1 系の曲げモーメントは，図 (e) を参考にして $M_{1x} = x$ となる．変形条件より得られる弾性方程式は，$\delta_{A0} + \delta_{A1}X_1 = 0$ である．ここで，仮想仕事の原理を適用し，第 1 系の第 0 系に対する仮想仕事式より

$$\delta_{A0} = \int M_1 \frac{M_0}{EI} dx = -\frac{p}{2EI}\int_0^l x^3 dx = -\frac{ql^4}{8EI}$$

を得る．また，第 1 系の第 1 系に対する仮想仕事式より

$$\delta_{A1} = \int M_1 \frac{M_1}{EI} dx = \frac{1}{EI}\int x^2 dx = \frac{l^3}{3EI}$$

を得る．よって

$$X_1 = -\frac{\delta_{A0}}{\delta_{A1}} = \frac{3ql}{8}$$

となる．与系の曲げモーメントは $M = M_0 + M_1 X_1 = -qx^2/2 + 3qlx/8$ となるから，図 (f) に示す $M$ 図が得られる．この結果は［例題 5.1］の AC 部分の結果と同じである．その意味を考えてみよう．

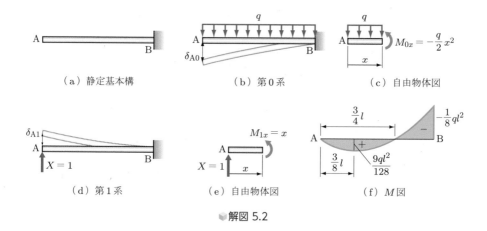

（a）静定基本構　　（b）第 0 系　　（c）自由物体図

（d）第 1 系　　（e）自由物体図　　（f）$M$ 図

💨 解図 5.2

**5.8** 部材 CB を C 端で切断した系を静定基本構と考えた場合を示す．**解図 5.3**(a) の第 0 系の部材力を節点法で求めると，$N_{i0}$ は図 (b) のように求められる．図 (c) に示す第 1 系の部材力を求めると，$N_{i1}$ は図 (d) のように求められる．
弾性方程式（変形条件）は $\delta_0 + \delta_1 X_1 = 0$ であるから，

$$X_1 = -\frac{\delta_0}{\delta_1} = -\frac{\sum N_{i0}(N_{i1}l_i)/(EA)}{\sum N_{i1}(N_{i1}l_i)/(EA)}$$

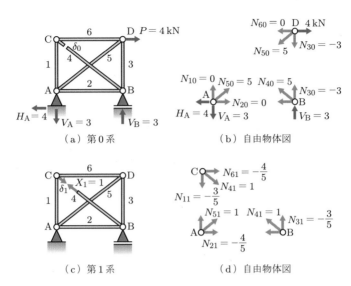

解図 5.3

部材力は $N_i = N_{i0} + N_{i1}X_i$ として求められる．計算をまとめると，**解表 5.1** のようになる．部材力は表 5.2 で求めた結果に一致する．

解表 5.1

| 部材 | $l_i$ [m] | $N_{i0}$ [kN] | $N_{i1}$ [kN] | $\dfrac{l_i}{EA}N_{i0}N_{i1}$ [kN²·m/$(EA)$] | $\dfrac{l_i}{EA}(N_{i1})^2$ [kN²·m/$(EA)$] | $N_{i1}X_1$ [kN] | $N_i = N_{i0} + N_{i1}X_1$ [kN] |
|---|---|---|---|---|---|---|---|
| 1 (AC) | 3 | 0 | $-\dfrac{3}{5}$ | 0 | $\dfrac{27}{25}$ | 1.06 | 1.06 |
| 2 (AB) | 4 | 0 | $-\dfrac{4}{5}$ | 0 | $\dfrac{64}{25}$ | 1.41 | 1.41 |
| 3 (BD) | 3 | $-3$ | $-\dfrac{3}{5}$ | $\dfrac{27}{5}$ | $\dfrac{27}{25}$ | 1.06 | $-1.94$ |
| 4 (BC) | 5 | 0 | 1 | 0 | 5 | $-1.76$ | $-1.76$ |
| 5 (AD) | 5 | 5 | 1 | 25 | 5 | $-1.76$ | 3.24 |
| 6 (CD) | 4 | 0 | $-\dfrac{4}{5}$ | 0 | $\dfrac{64}{25}$ | 1.41 | 1.41 |
| $\sum$ | | | | $\dfrac{152}{5}$ | $\dfrac{432}{25}$ | | |

$$X_1 = -\frac{152/5}{432/25} = -\frac{95}{54} = -1.76$$

**5.9** 1 次不静定であるから，支点 C を取り除いた骨組を静定基本構にとる．解図 5.4(a) に示す第 0 系の曲げモーメントは，図 (b) を参考にして

AB 間：$M_{0x} = Px - Ph$，　BC 間：$M_{0x} = 0$

となる．図 (c) に示す第 1 系の曲げモーメントは，図 (d) を参考にして

AB 間：$M_{1x} = l$，　BC 間：$M_{1x} = x$

となる．次に，第 0 系の点 C のたわみは

$$\delta_0 = \frac{1}{EI} \int M_1 M_0 dx = \frac{1}{EI} \int_0^h l(Px - Ph)dx = -\frac{Ph^2 l}{2EI}$$

となり，第 1 系の点 C のたわみは

$$\delta_1 = \frac{1}{EI} \int M_1 M_1 dx = \frac{1}{EI} \int_0^h l^2 dx + \frac{1}{EI} \int_0^l x^2 dx = \frac{(3h + l)l^2}{3EI}$$

となる．変形条件 $\delta_0 + \delta_1 X = 0$ より

$$X = -\frac{\delta_0}{\delta_1} = \frac{3h^2}{2l(3h + l)}P$$

となる．したがって，与系の曲げモーメントは

AB 間：$M_x = M_{0x} + M_{1x} \cdot X = Px - Ph + l\dfrac{3h^2}{2l(3h + l)}P$

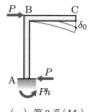
（a）第 0 系（$M_0$）

（b）自由物体図

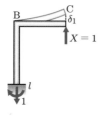
（c）第 1 系（$M$）

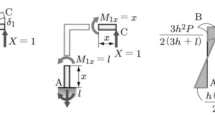
（d）自由物体図

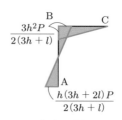
（e）$M$ 図

💧解図 5.4

$$\text{BC 間}：M_x = M_{0x} + M_{1x} \cdot X = 0 + x\frac{3h^2}{2l(3h+l)}P$$

となる．これを図示すると，図 (e) のようになる．

**5.10** 静定基本構を**解図 5.5**(a) のような単純ばり AB とする．第 0 系は図 (b) のようになるから，反力は

$$V_{A0} = \frac{l-\xi}{l}P, \quad V_{B0} = \frac{\xi}{l}P$$

となり，曲げモーメントは

$$M_{0x} = \frac{(l-\xi)Px}{l}, \quad M_{0\overline{x}} = \frac{\xi P\overline{x}}{l} = P\xi\left(1-\frac{x}{l}\right)$$

となる（図 (c) 参照）．第 1 系は，図 (d) のようになるから，反力は

$$V_{A1} = -\frac{l_2}{l}, \quad V_{B1} = -\frac{l_1}{l}$$

となり，曲げモーメントは

$$M_{1x} = V_{A1}x = -\frac{l_2 x}{l}, \quad M_{1\overline{x}} = V_{B1}\overline{x} = -\frac{l_1\overline{x}}{l}$$

となる（図 (e) 参照）．弾性方程式 $\delta_{10} + X_1 \cdot \delta_{11} = 0$ より

$$X_1 = -\frac{\delta_{10}}{\delta_{11}}$$

となる．ここで

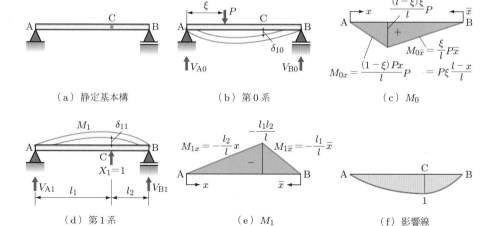

（a）静定基本構　　　　　（b）第 0 系　　　　　（c）$M_0$

（d）第 1 系　　　　　（e）$M_1$　　　　　（f）影響線

◆解図 5.5

$$\delta_{10} = \int_0^l M_1 \frac{M_0}{EI} dx$$

$$= \frac{1}{EI} \int_0^\xi \left(-\frac{l_2}{l}x\right) \frac{(l-\xi)P}{l} x\, dx$$

$$+ \frac{1}{EI} \int_\xi^{l_1} \left(-\frac{l_2}{l}x\right) P\xi\left(1-\frac{x}{l}\right) dx + \frac{1}{EI} \int_0^{l_2} \left(-\frac{l_1}{l}\overline{x}\right) \frac{\xi P}{l} \overline{x}\, d\overline{x}$$

$$= \frac{Pl_2\xi}{6EIl}\{\xi^2 - l_1(l_1 + 2l_2)\}$$

$$\delta_{11} = \int_0^l M_1 \frac{M_1}{EI} dx = \frac{1}{EI} \int_0^{l_1} \left(-\frac{l_2}{l}x\right)^2 dx + \frac{1}{EI} \int_0^{l_2} \left(-\frac{l_1}{l}\overline{x}\right)^2 d\overline{x}$$

$$= \frac{l_1{}^2 l_2{}^2}{3EIl}$$

であり，したがって

$$X_1 = -\frac{\delta_{10}}{\delta_{11}} = -\frac{P}{2l_1{}^2 l_2}\{\xi^3 - l_1(l_1 + 2l_2)\xi\}$$

を得る．$P = 1$ として上式を図示すると，影響線として図 (f) を得る．

**5.11** 1 次不静定であるから，支点 B をローラー支点に変えたものを静定基本構として，点 B の水平反力を不静定力とする．**解図 5.6**(a) に示す第 0 系の反力は $V_{A0} = bP/l$，$V_{B0} = aP/l$ となるので，$M$ 図は図 (b) に示すように求められる．第 1 系は図 (c) のようになり，その $M$ 図は図 (d) に示すように求められる．弾性方程式 $\delta_{10} + \delta_{11} \cdot X_1 = 0$

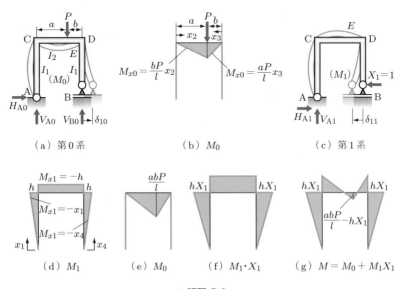

（a）第 0 系 　　　（b）$M_0$ 　　　（c）第 1 系

（d）$M_1$ 　　　（e）$M_0$ 　　　（f）$M_1 \cdot X_1$ 　　　（g）$M = M_0 + M_1 X_1$

■解図 5.6

より $X_1 = -\delta_{10}/\delta_{11}$ となる．ここで

$$\delta_{10} = \int M_1 \frac{M_0}{EI} dx, \quad \delta_{11} = \int M_1 \frac{M_1}{EI} dx$$

である．各部材ごとに計算に必要な項の値をまとめると，**解表 5.2** のようになる．反力は，$V_{A1} = 0$, $H_{A0} = 0$, $H_{A1} = 1$ であるから

$$V_A = V_{A0} + V_{A1}X_1 = \frac{bP}{l}$$

$$H_A = H_{A0} + H_{A1}X_1 = \frac{3abP}{2hI_2} \frac{1}{(2h/I_1 + 3l/I_2)}$$

となり，さらに

$$V_B = \frac{aP}{l}, \quad H_B = H_A$$

となる．$M$ 図は，$M_0 + M_1 \cdot X_1 = M$ として図 (g) のように求められる．

◗解表 5.2

| 部材 | $l$ | $M_0$ | $M_1$ | $M_0 M_1$ | $\frac{1}{EI}\int M_0 M_1 \, dx$ | $M_1{}^2$ | $\frac{1}{EI}\int M_1{}^2 \, dx$ |
|---|---|---|---|---|---|---|---|
| AC | $h$ | $0$ | $-x_1$ | $0$ | $0$ | $x_1{}^2$ | $\dfrac{h^3}{3EI_1}$ |
| CE | $a$ | $\dfrac{6P}{l}x_2$ | $-h$ | $-\dfrac{bhP}{l}x_2$ | $-\dfrac{a^2bhP}{2lEI_2}$ | $h^2$ | $\dfrac{h^2 a}{EI_2}$ |
| ED | $b$ | $\dfrac{aP}{l}x_3$ | $-h$ | $-\dfrac{ahP}{l}x_3$ | $-\dfrac{ab^2hP}{2lEI_2}$ | $h^2$ | $\dfrac{h^2 b}{EI_2}$ |
| DB | $h$ | $0$ | $-x_4$ | $0$ | $0$ | $x_4{}^2$ | $\dfrac{h^3}{3EI_1}$ |
| $\sum$ | | | | | $\delta_{10} = \dfrac{-abh}{2EI_2}P$ | | $\delta_{11} = \dfrac{2h^3}{3EI_1} + \dfrac{h^2 l}{EI_2}$ |

$$X_1 = -\frac{\delta_{10}}{\delta_{11}} = \frac{3abP}{2hI_2(2h/I_1 + 3l/I_2)}$$

**5.12** 1 次不静定であるから，支点 B の拘束を取り除いた構造を静定基本構とし，**解図 5.7**(a) に示す第 0 系を考える．第 0 系の部材力を求めると

$$N_{0A} = \frac{P}{2}, \quad N_{0B} = 0, \quad N_{0C} = \frac{\sqrt{3}P}{2}$$

となる．次に，図 (b) に示す第 1 系の部材力を求めると

$$N_{1A} = -\frac{1}{2}, \quad N_{1B} = 1, \quad N_{1C} = -\frac{\sqrt{3}}{2}$$

となる．弾性方程式 $\delta_{10} + \delta_{11} \cdot X_1 = 0$ より，$X_1 = -\delta_{10}/\delta_{11}$ となる．ここに

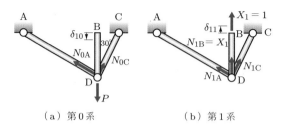

(a) 第0系 　　　　　　 (b) 第1系

🍃解図 5.7

$$\delta_{10} = \sum N_1 \frac{N_0 L}{EA}, \quad \delta_{11} = \sum N_1 \frac{N_1 L}{EA}$$

である．計算に必要な量を部材ごとにまとめると**解表 5.3** を得る．$X_1$ を求めたあと，$N = N_0 + N_1 \cdot X_1$ が解表 5.3 の最右欄のように求められるので，カステリアーノの（第 2）定理に用いるために，ひずみエネルギー $U$ を計算すると

$$U = \frac{1}{2EA} \sum N_i{}^2 L_i = \frac{P^2 l}{2EA} \frac{\sqrt{3}}{3}$$

となる．したがって，点 D のたわみ $v$ は，次のようになる．

$$v = \frac{\partial U}{\partial P} = \frac{\sqrt{3}}{3} \frac{Pl}{EA}$$

🍃解表 5.3

| 部材 | $L$ | $N_0$ | $N_1$ | $N_1 \dfrac{N_0 L}{EA}$ | $N_1 \dfrac{N_1 L}{EA}$ | $N_1 X_1{}^{*1}$ | $N = N_0 + N_1 X_1$ |
|---|---|---|---|---|---|---|---|
| AD | $2l$ | $\dfrac{1}{2}P$ | $-\dfrac{1}{2}$ | $-\dfrac{Pl}{2EA}$ | $\dfrac{l}{2EA}$ | $-\dfrac{\sqrt{3}}{6}P$ | $\dfrac{3-\sqrt{3}}{6}P$ |
| BD | $l$ | $0$ | $1$ | $0$ | $\dfrac{l}{EA}$ | $\dfrac{\sqrt{3}}{3}P$ | $\dfrac{\sqrt{3}}{3}P$ |
| CD | $\dfrac{2\sqrt{3}l}{3}$ | $\dfrac{\sqrt{3}}{2}l$ | $-\dfrac{\sqrt{3}}{2}$ | $-\dfrac{\sqrt{3}Pl}{2EA}$ | $\dfrac{\sqrt{3}l}{2EA}$ | $-\dfrac{1}{2}P$ | $\dfrac{\sqrt{3}-1}{2}P$ |
| $\sum$ | | | | $\delta_{10}{}^{*2}$ | $\delta_{11}{}^{*3}$ | | |

*1) $X_1 = \left( -\dfrac{\delta_{10}}{\delta_{11}} \right) = \dfrac{\sqrt{3}}{3}P$ 　 *2) $\delta_{10} = -\dfrac{(1+\sqrt{3})}{2EA}Pl$ 　 *3) $\delta_{11} = \dfrac{3+\sqrt{3}}{2EA}l$

## ■第 6 章

**6.1** 個々の要素の剛性マトリクスは，それぞれ次のようになる．

バネ a（要素 1–3）：

$$\begin{bmatrix} x_1 \\ x_3 \end{bmatrix} = \begin{bmatrix} k_{\mathrm{a}} & -k_{\mathrm{a}} \\ -k_{\mathrm{a}} & k_{\mathrm{a}} \end{bmatrix} \begin{bmatrix} u_1 \\ u_3 \end{bmatrix} \quad \rightarrow \quad \begin{bmatrix} x_1 \\ x_2 \\ x_3 \end{bmatrix} = \begin{bmatrix} k_{\mathrm{a}} & 0 & -k_{\mathrm{a}} \\ 0 & 0 & 0 \\ -k_{\mathrm{a}} & 0 & k_{\mathrm{a}} \end{bmatrix} \begin{bmatrix} u_1 \\ u_2 \\ u_3 \end{bmatrix}$$

バネ b（要素 1–2）：

$$\begin{bmatrix} x_1 \\ x_2 \end{bmatrix} = \begin{bmatrix} k_b & -k_b \\ -k_b & k_b \end{bmatrix} \begin{bmatrix} u_1 \\ u_2 \end{bmatrix} \quad \rightarrow \quad \begin{bmatrix} x_1 \\ x_2 \\ x_3 \end{bmatrix} = \begin{bmatrix} k_b & -k_b & 0 \\ -k_b & k_b & 0 \\ 0 & 0 & 0 \end{bmatrix} \begin{bmatrix} u_1 \\ u_2 \\ u_3 \end{bmatrix}$$

バネ c（要素 2–3）：

$$\begin{bmatrix} x_2 \\ x_3 \end{bmatrix} = \begin{bmatrix} k_c & -k_c \\ -k_c & k_c \end{bmatrix} \begin{bmatrix} u_2 \\ u_3 \end{bmatrix} \quad \rightarrow \quad \begin{bmatrix} x_1 \\ x_2 \\ x_3 \end{bmatrix} = \begin{bmatrix} 0 & 0 & 0 \\ 0 & k_c & -k_c \\ 0 & -k_c & k_c \end{bmatrix} \begin{bmatrix} u_1 \\ u_2 \\ u_3 \end{bmatrix}$$

したがって，重ね合せにより，系全体の剛性方程式は以下のようになる．

$$\begin{bmatrix} x_1 \\ x_2 \\ x_3 \end{bmatrix} = \begin{bmatrix} k_a + k_b & -k_b & -k_a \\ -k_b & k_b + k_c & -k_c \\ -k_a & -k_c & k_a + k_c \end{bmatrix} \begin{bmatrix} u_1 \\ u_2 \\ u_3 \end{bmatrix}$$

**6.2** 系全体の剛性方程式は，各要素の剛性方程式を重ね合わせて，次のように得られる．

$$\begin{bmatrix} x_1 \\ x_2 \\ x_s \end{bmatrix} = \begin{bmatrix} k_a & -k_a & 0 \\ -k_a & k_a + k_b + k_c & -(k_b + k_c) \\ 0 & -(k_b + k_c) & k_b + k_c \end{bmatrix} \begin{bmatrix} u_1 \\ u_2 \\ u_3 \end{bmatrix}$$

ここで，境界条件は $u_1 = u_3 = 0$ であるから

$$\begin{bmatrix} x_1 \\ x_2 \\ x_3 \end{bmatrix} = \begin{bmatrix} k_a & -k_a & 0 \\ -k_a & k_a + k_b + k_c & -(k_b + k_c) \\ 0 & -(k_b + k_c) & k_b + k_c \end{bmatrix} \begin{bmatrix} 0 \\ u_2 \\ 0 \end{bmatrix}$$

となる．よって，$u_2$ は

$$u_2 = \frac{x_2}{k_a + k_b + k_c}$$

となり，反力 $x_1, x_3$ は次のようになる．

$$x_1 = -k_a u_2 = \frac{-k_a}{k_a + k_b + k_c} x_2, \quad x_3 = -(k_b + k_c)u_2 = \frac{-(k_b + k_c)}{k_a + k_b + k_c} x_2$$

**6.3** 部材座標軸をそれぞれ $1 \rightarrow 2$ の方向と $2 \rightarrow 3$ の方向にとる．
要素の剛性方程式は，式 (6.42) より次式で与えられる．

$$\begin{bmatrix} X_i \\ Y_i \\ X_j \\ Y_j \end{bmatrix} = k \begin{bmatrix} c^2 & sc & -c^2 & -sc \\ sc & s^2 & -sc & -s^2 \\ -c^2 & -sc & c^2 & sc \\ -sc & -s^2 & sc & s^2 \end{bmatrix} \begin{bmatrix} U_i \\ V_i \\ U_j \\ V_j \end{bmatrix}$$

上式で要素 1–2 では $i = 1, j = 2$，要素 2–3 では $i = 2, j = 3$ とすればよい．$c, s$ な

解表 6.1

| 要素 | $c$ | $s$ | $c^2$ | $s^2$ | $sc$ |
|------|-----|-----|-------|-------|------|
| 1–2 | 1 | 0 | 1 | 0 | 0 |
| 2–3 | $\dfrac{4}{5}$ | $\dfrac{3}{5}$ | $\dfrac{16}{25}$ | $\dfrac{9}{25}$ | $\dfrac{12}{25}$ |

どの値は，**解表 6.1** のようになる．

したがって，要素 1–2 および要素 2–3 の剛性マトリクスは

$$
\boldsymbol{k}_{12} = k_{\mathrm{a}}
\begin{matrix}
\phantom{-}U_1 \quad V_1 \quad U_2 \quad V_2 \\
\begin{bmatrix}
1 & 0 & -1 & 0 \\
0 & 0 & 0 & 0 \\
-1 & 0 & 1 & 0 \\
0 & 0 & 0 & 0
\end{bmatrix}
\end{matrix},
\quad
\boldsymbol{k}_{23} = k_{\mathrm{a}}
\begin{matrix}
\phantom{-}U_2 \quad\ V_2 \quad\ U_3 \quad\ V_3 \\
\begin{bmatrix}
16 & 12 & -16 & -12 \\
12 & 9 & -12 & -9 \\
-16 & -12 & 16 & 12 \\
-12 & -9 & 12 & 9
\end{bmatrix}
\end{matrix}
$$

となり，系全体の剛性方程式は次のようになる．

$$
\begin{bmatrix}
X_1 \\ Y_1 \\ X_2 \\ Y_2 \\ X_3 \\ Y_3
\end{bmatrix}
=
\begin{bmatrix}
k_{\mathrm{a}} & 0 & -k_{\mathrm{a}} & 0 & 0 & 0 \\
0 & 0 & 0 & 0 & 0 & 0 \\
-k_{\mathrm{a}} & 0 & 17k_{\mathrm{a}} & 12k_{\mathrm{a}} & -16k_{\mathrm{a}} & -12k_{\mathrm{a}} \\
0 & 0 & 12k_{\mathrm{a}} & 9k_{\mathrm{a}} & -12k_{\mathrm{a}} & -9k_{\mathrm{a}} \\
0 & 0 & -16k_{\mathrm{a}} & -12k_{\mathrm{a}} & 16k_{\mathrm{a}} & 12k_{\mathrm{a}} \\
0 & 0 & -12k_{\mathrm{a}} & -9k_{\mathrm{a}} & 12k_{\mathrm{a}} & 9k_{\mathrm{a}}
\end{bmatrix}
\begin{bmatrix}
U_1 \\ V_1 \\ U_2 \\ V_2 \\ U_3 \\ V_3
\end{bmatrix}
$$

荷重条件は $X_2 = \overline{X}_2,\ Y_2 = 0$，境界条件は $U_1 = V_1 = U_3 = V_3 = 0$ であるから

$$
\begin{bmatrix}
X_1 \\ Y_1 \\ \overline{X}_2 \\ 0 \\ X_3 \\ Y_3
\end{bmatrix}
=
\begin{bmatrix}
\cdot & \cdot & \cdot & \cdot & \cdot & \cdot \\
\cdot & \cdot & \cdot & \cdot & \cdot & \cdot \\
\cdot & \cdot & 17k_{\mathrm{a}} & 12k_{\mathrm{a}} & \cdot & \cdot \\
\cdot & \cdot & 12k_{\mathrm{a}} & 9k_{\mathrm{a}} & \cdot & \cdot \\
\cdot & \cdot & \cdot & \cdot & \cdot & \cdot \\
\cdot & \cdot & \cdot & \cdot & \cdot & \cdot
\end{bmatrix}
\begin{bmatrix}
0 \\ 0 \\ U_2 \\ V_2 \\ 0 \\ 0
\end{bmatrix}
$$

となる．第 4 式を解いて，$V_2 = -4U_2/3$ を得る．第 3 式は，

$$
\overline{X}_2 = 17k_{\mathrm{a}}U_2 + 12k_{\mathrm{a}}V_2
$$

となり，第 4 式の結果を代入して $U_2$ について解くと，次式が得られる．

$$
U_2 = \frac{\overline{X}_2}{k_{\mathrm{a}}}
$$

**6.4** 解図 6.1 に示すように，部材座標軸をそれぞれ $2 \to 1$ の方向および $3 \to 1$ の方向にとる．部材 2–1 の部材座標に関する剛性方程式は，式 (6.46) で $i = 2, j = 1$ として，

$$\begin{bmatrix} x_2 \\ y_2 \\ x_1 \\ y_1 \end{bmatrix} = \frac{EA}{3} \begin{bmatrix} 1 & 0 & -1 & 0 \\ 0 & 0 & 0 & 0 \\ -1 & 0 & 1 & 0 \\ 0 & 0 & 0 & 0 \end{bmatrix} \begin{bmatrix} u_2 \\ v_2 \\ u_1 \\ v_1 \end{bmatrix}$$

$$= \boldsymbol{k}_{21} \cdot \boldsymbol{u}$$

❖解図 6.1

となる．$\cos\theta = -3/5, \sin\theta = 4/5$ であるから，座標変換行列は

$$\boldsymbol{T}_{21} = \begin{bmatrix} -3/5 & 4/5 & 0 & 0 \\ -4/5 & -3/5 & 0 & 0 \\ 0 & 0 & -3/5 & 4/5 \\ 0 & 0 & -4/5 & -3/5 \end{bmatrix}$$

となる．全体座標系での剛性方程式は，$\boldsymbol{K}_{21} = \boldsymbol{T}_{21}^T \cdot \boldsymbol{k}_{21} \cdot \boldsymbol{T}_{21}$ を計算するか，式 (6.60) の結果を用いて，次式のように得られる．

$$\begin{bmatrix} X_2 \\ Y_2 \\ X_1 \\ Y_1 \end{bmatrix} = \frac{EA}{25} \begin{matrix} \begin{matrix} U_2 & V_2 & U_1 & V_1 \end{matrix} \\ \begin{bmatrix} 3 & -4 & -3 & 4 \\ -4 & 16/3 & 4 & -16/3 \\ -3 & 4 & 3 & -4 \\ 4 & -16/3 & -4 & 16/3 \end{bmatrix} \end{matrix} \begin{bmatrix} U_2 \\ V_2 \\ U_1 \\ V_1 \end{bmatrix}$$

同様に，部材 3–1 の部材座標に関する剛性方程式と座標変換行列は，$i = 3, j = 1$，$\cos\theta = 4/5, \sin\theta = 3/5$ であるから

$$\begin{bmatrix} x_3 \\ y_3 \\ x_1 \\ y_1 \end{bmatrix} = \frac{EA}{4} \begin{bmatrix} 1 & 0 & -1 & 0 \\ 0 & 0 & 0 & 0 \\ -1 & 0 & 1 & 0 \\ 0 & 0 & 0 & 0 \end{bmatrix} \begin{bmatrix} u_3 \\ v_3 \\ u_1 \\ v_1 \end{bmatrix} = \boldsymbol{k}_{31} \cdot \boldsymbol{u}$$

$$\boldsymbol{T}_{31} = \begin{bmatrix} 4/5 & 3/5 & 0 & 0 \\ -3/5 & 4/5 & 0 & 0 \\ 0 & 0 & 4/5 & 3/5 \\ 0 & 0 & -3/5 & 4/5 \end{bmatrix}$$

となる．全体座標系での剛性方程式は，次式となる．

$$
\begin{bmatrix} X_3 \\ Y_3 \\ X_1 \\ Y_1 \end{bmatrix} = \frac{EA}{25} \begin{array}{c} \begin{array}{cccc} U_3 & V_3 & U_1 & V_1 \end{array} \\ \begin{bmatrix} 4 & 3 & -4 & -3 \\ 3 & 9/4 & -3 & -9/4 \\ -4 & -3 & 4 & 3 \\ -3 & -9/4 & 3 & 9/4 \end{bmatrix} \end{array} \begin{bmatrix} U_3 \\ V_3 \\ U_1 \\ V_1 \end{bmatrix}
$$

$k_{21}, k_{31}$ を重ね合わせると，構造全体の剛性方程式は，次式となる．

$$
\begin{bmatrix} X_1 \\ Y_1 \\ X_2 \\ Y_2 \\ X_3 \\ Y_3 \end{bmatrix} = \frac{EA}{25} \begin{array}{c} \begin{array}{cccccc} U_1 & V_1 & U_2 & V_2 & U_3 & V_3 \end{array} \\ \begin{bmatrix} 7 & -1 & -3 & 4 & -4 & -3 \\ -1 & 91/12 & 4 & -16/3 & -3 & -9/4 \\ -3 & 4 & 3 & -4 & 0 & 0 \\ 4 & -16/3 & -4 & 16/3 & 0 & 0 \\ -4 & -3 & 0 & 0 & 4 & 3 \\ -3 & -9/4 & 0 & 0 & 3 & 9/4 \end{bmatrix} \end{array} \begin{bmatrix} U_1 \\ V_1 \\ U_2 \\ V_2 \\ U_3 \\ V_3 \end{bmatrix}
$$

荷重条件 $X_1 = P_X$, $Y_1 = P_Y$ と境界条件 $U_2 = V_2 = U_3 = V_3 = 0$ を考慮すると

$$
\begin{bmatrix} P_X \\ P_Y \end{bmatrix} = \frac{EA}{25} \begin{bmatrix} 7 & -1 \\ -1 & 91/12 \end{bmatrix} \begin{bmatrix} U_1 \\ V_1 \end{bmatrix}
$$

となる．未知変位について解くと

$$
\begin{bmatrix} U_1 \\ V_1 \end{bmatrix} = \frac{1}{25EA} \begin{bmatrix} 91 & 12 \\ 12 & 84 \end{bmatrix} \begin{bmatrix} P_X \\ P_Y \end{bmatrix}
$$

となる．未知反力は，次のように求められる．

$$
\begin{bmatrix} X_2 \\ Y_2 \\ X_3 \\ Y_3 \end{bmatrix} = \frac{EA}{25} \begin{bmatrix} -3 & 4 \\ 4 & -16/3 \\ -4 & -3 \\ -3 & -9/4 \end{bmatrix} \begin{bmatrix} U_1 \\ V_1 \end{bmatrix}
$$

$$
= \frac{1}{625} \begin{bmatrix} -3 & 4 \\ 4 & -16/4 \\ -4 & -3 \\ -3 & -9/4 \end{bmatrix} \begin{bmatrix} 91 & 12 \\ 12 & 84 \end{bmatrix} \begin{bmatrix} P_X \\ P_Y \end{bmatrix}
$$

$$
= \frac{1}{25} \begin{bmatrix} -9 & 12 \\ 12 & -16 \\ -16 & -12 \\ -12 & -9 \end{bmatrix} \begin{bmatrix} P_X \\ P_Y \end{bmatrix}
$$

部材力は，式 (6.62) を用いて

$$N_{21} = \frac{EA}{3} \begin{bmatrix} \dfrac{3}{5} & -\dfrac{4}{5} & -\dfrac{3}{5} & \dfrac{4}{5} \end{bmatrix} \begin{bmatrix} U_2 = 0 \\ V_2 = 0 \\ U_1 \\ V_1 \end{bmatrix}$$

$$= \frac{1}{75} \begin{bmatrix} \dfrac{3}{5} & -\dfrac{4}{5} & -\dfrac{3}{5} & \dfrac{4}{5} \end{bmatrix} \begin{bmatrix} 0 & 0 \\ 0 & 0 \\ 91 & 12 \\ 12 & 84 \end{bmatrix} \begin{bmatrix} P_X \\ P_Y \end{bmatrix} = \begin{bmatrix} -\dfrac{3}{5} & \dfrac{4}{5} \end{bmatrix} \begin{bmatrix} P_X \\ P_Y \end{bmatrix}$$

$$N_{31} = \frac{EA}{4} \begin{bmatrix} -\dfrac{4}{5} & -\dfrac{3}{5} & \dfrac{4}{5} & \dfrac{3}{5} \end{bmatrix} \begin{bmatrix} U_3 = 0 \\ V_3 = 0 \\ U_1 \\ V_1 \end{bmatrix}$$

$$= \frac{1}{100} \begin{bmatrix} -\dfrac{4}{5} & -\dfrac{3}{5} & \dfrac{4}{5} & \dfrac{3}{5} \end{bmatrix} \begin{bmatrix} 0 & 0 \\ 0 & 0 \\ 91 & 12 \\ 12 & 84 \end{bmatrix} \begin{bmatrix} P_X \\ P_Y \end{bmatrix} = \begin{bmatrix} \dfrac{4}{5} & \dfrac{3}{5} \end{bmatrix} \begin{bmatrix} P_X \\ P_Y \end{bmatrix}$$

となる．この部材力の結果は，節点 1 でのつり合いより容易に確かめられる．また，先の変位を求めた式で，$P_X = 0$, $P_Y = P$ とおくと，$U_1 = 12P/(25EA)$ となり，演習問題 2.4 の結果に一致することも確認できる．

## ■第 7 章

**7.1** 弾性体のひずみエネルギーは，$U = (1/2) \int \sigma \varepsilon dV$ と表せるが，軸力部材の場合，軸力を $N$，伸縮量を $\Delta L$ とすると $\int \sigma dA = N$, $\int \varepsilon\, dx = \Delta L$ と表せるから，

$$U = \frac{1}{2} \int \sigma \varepsilon dV = \frac{1}{2} \left( \int \sigma dA \right) \left( \int \varepsilon\, dx \right) = \frac{1}{2} N \Delta L$$

と書ける．図 7.6 のバネの場合

$$N = k(u_2 - u_1), \quad \Delta L = u_2 - u_1$$

であるから，ひずみエネルギーは

$$U = \frac{1}{2} k(u_2 - u_1)^2 = \frac{1}{2} k u_2{}^2 - k u_2 u_1 + \frac{1}{2} k u_1{}^2$$

となる．カステリアーノの定理を適用すると

$$x_1 = \frac{\partial U}{\partial u_1} = -k u_2 + k u_1, \quad x_2 = \frac{\partial U}{\partial u_2} = k u_2 - k u_1$$

となるから，これを行列表示すると

$$\begin{bmatrix} x_1 \\ x_2 \end{bmatrix} = \begin{bmatrix} k & -k \\ -k & k \end{bmatrix} \begin{bmatrix} u_1 \\ u_2 \end{bmatrix}$$

となり，式 (6.9) に一致する．

**7.2** 荷重条件 $M_3 = \overline{M}$，境界条件 $U_1 = V_1 = \theta_1 = 0, U_2 = V_2 = \theta_2 = 0$ とすると，次式のようになる．

$$\theta_3 = \frac{l}{8EI}\overline{M}$$

**7.3** ① 全体座標系を**解図 7.1**(a) のように設定し，$x$ 軸を $1 \to 2, 2 \to 3$ 方向に定める．
② 部材座標系の各要素の剛性方程式
要素 1–2

$$\begin{bmatrix} x_1 \\ y_1 \\ m_1 \\ x_2 \\ y_2 \\ m_2 \end{bmatrix} = \begin{bmatrix} \dfrac{EA}{l} & 0 & 0 & -\dfrac{EA}{l} & 0 & 0 \\ 0 & \dfrac{12EI}{l^3} & \dfrac{6EI}{l^2} & 0 & -\dfrac{12EI}{l^3} & \dfrac{6EI}{l^2} \\ 0 & \dfrac{6EI}{l^2} & \dfrac{4EI}{l} & 0 & -\dfrac{6EI}{l^2} & \dfrac{2EI}{l} \\ -\dfrac{EA}{l} & 0 & 0 & \dfrac{EA}{l} & 0 & 0 \\ 0 & -\dfrac{12EI}{l^3} & -\dfrac{6EI}{l^2} & 0 & \dfrac{12EI}{l^3} & -\dfrac{6EI}{l^2} \\ 0 & \dfrac{6EI}{l^2} & \dfrac{2EI}{l} & 0 & -\dfrac{6EI}{l^2} & \dfrac{4EI}{l} \end{bmatrix} \begin{bmatrix} u_1 \\ v_1 \\ \theta_1 \\ u_2 \\ v_2 \\ \theta_2 \end{bmatrix}$$

(1)

要素 2–3

$$\begin{bmatrix} x_2 \\ y_2 \\ m_2 \\ x_3 \\ y_3 \\ m_3 \end{bmatrix} = \begin{bmatrix} \dfrac{EA}{l} & 0 & 0 & -\dfrac{EA}{l} & 0 & 0 \\ 0 & \dfrac{12EI}{l^3} & \dfrac{6EI}{l^2} & 0 & -\dfrac{12EI}{l^3} & \dfrac{6EI}{l^2} \\ 0 & \dfrac{6EI}{l^2} & \dfrac{4EI}{l} & 0 & -\dfrac{6EI}{l^2} & \dfrac{2EI}{l} \\ -\dfrac{EA}{l} & 0 & 0 & \dfrac{EA}{l} & 0 & 0 \\ 0 & -\dfrac{12EI}{l^3} & -\dfrac{6EI}{l^2} & 0 & \dfrac{12EI}{l^3} & -\dfrac{6EI}{l^2} \\ 0 & \dfrac{6EI}{l^2} & \dfrac{2EI}{l} & 0 & -\dfrac{6EI}{l^2} & \dfrac{4EI}{l} \end{bmatrix} \begin{bmatrix} u_2 \\ v_2 \\ \theta_2 \\ u_3 \\ v_3 \\ \theta_3 \end{bmatrix}$$

(2)

③ 座標変換：全体座標と部材座標が一致している（$\theta = 0$）ので，座標変換の必要はなく，式 (1), (2) がそのまま全体座標における剛性方程式となる．
④ 構造物全体の剛性方程式は次式となる．

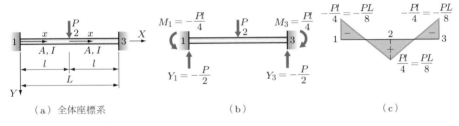

（a）全体座標系　　　　　　　（b）　　　　　　　　　（c）

解図 7.1

$$
\begin{array}{c}
\begin{array}{ccccccccc}
U_1 & V_1 & \theta_1 & U_2 & V_2 & \theta_2 & U_3 & V_3 & \theta_3
\end{array}\\
\begin{bmatrix}
X_1 \\ Y_1 \\ M_1 \\ X_2 \\ Y_2 \\ M_2 \\ X_3 \\ Y_3 \\ M_3
\end{bmatrix}
\begin{bmatrix}
& & & -\dfrac{EA}{l} & 0 & 0 & & & \\
& & & 0 & -\dfrac{12EI}{l^3} & \dfrac{6EI}{l^2} & & & \\
& & & 0 & -\dfrac{6EI}{l^2} & \dfrac{2EI}{l} & & & \\
& & & \dfrac{2EI}{l} & 0 & 0 & & & \\
& & & 0 & \dfrac{24EI}{l^3} & 0 & & & \\
& & & 0 & 0 & \dfrac{8EI}{l} & & & \\
& & & -\dfrac{EA}{l} & 0 & 0 & & & \\
& & & 0 & -\dfrac{12EI}{l^3} & -\dfrac{6EI}{l^2} & & & \\
& & & 0 & \dfrac{6EI}{l^2} & \dfrac{2EI}{l} & & &
\end{bmatrix}
\begin{bmatrix}
U_1 = 0 \\ V_1 = 0 \\ \theta_1 = 0 \\ U_2 \\ V_2 \\ \theta_2 \\ U_3 = 0 \\ V_3 = 0 \\ \theta_3 = 0
\end{bmatrix}
\end{array}
\tag{3}
$$

⑤ 境界条件 $U_1 = V_1 = \theta_1 = U_3 = V_3 = \theta_3 = 0$, 荷重条件 $Y_2 = P$（そのほかはゼロ）を考慮すると，式 (7.27) に相当する式は，次式となる.

$$
\begin{bmatrix}
0 \\ P \\ 0
\end{bmatrix}
=
\begin{bmatrix}
\dfrac{2EA}{l} & 0 & 0 \\
0 & \dfrac{24EI}{l^3} & 0 \\
0 & 0 & \dfrac{8EI}{l}
\end{bmatrix}
\begin{bmatrix}
U_2 \\ V_2 \\ \theta_2
\end{bmatrix}
\tag{4}
$$

⑥ 式 (4) を解くと，式 (7.31) に相当する式として

$$
\begin{bmatrix} U_2 \\ V_2 \\ \theta_2 \end{bmatrix} =
\begin{bmatrix}
\dfrac{2EA}{l} & 0 & 0 \\
0 & \dfrac{24EI}{l^3} & 0 \\
0 & 0 & \dfrac{8EI}{l}
\end{bmatrix}^{-1}
\begin{bmatrix} 0 \\ P \\ 0 \end{bmatrix}
$$

$$
=
\begin{bmatrix}
\dfrac{l}{2EA} & 0 & 0 \\
0 & \dfrac{l^3}{24EI} & 0 \\
0 & 0 & \dfrac{l}{8EI}
\end{bmatrix}
\begin{bmatrix} 0 \\ P \\ 0 \end{bmatrix}
\tag{5}
$$

が得られる．これより

$$
U_2 = \theta_2 = 0, \quad V_2 = \frac{Pl^3}{24EI}
$$

となる．これは，たわみ角法による結果に一致する．

⑦ 未知反力は式 (3) より

$$
\begin{bmatrix} X_1 \\ Y_1 \\ M_1 \\ X_3 \\ Y_3 \\ M_3 \end{bmatrix}
=
\begin{bmatrix}
-\dfrac{EA}{l} & 0 & 0 \\
0 & -\dfrac{12EI}{l^3} & \dfrac{6EI}{l^2} \\
0 & -\dfrac{6EI}{l^2} & \dfrac{2EI}{l} \\
-\dfrac{EA}{l} & 0 & 0 \\
0 & -\dfrac{12EI}{l^3} & -\dfrac{6EI}{l^2} \\
0 & \dfrac{6EI}{l^2} & \dfrac{2EI}{l}
\end{bmatrix}
\begin{bmatrix} U_2 = 0 \\ V_2 = \dfrac{Pl^3}{24EI} \\ \theta_2 = 0 \end{bmatrix}
=
\begin{bmatrix} 0 \\ -\dfrac{P}{2} \\ -\dfrac{Pl}{4} \\ 0 \\ -\dfrac{P}{2} \\ \dfrac{Pl}{4} \end{bmatrix}
\tag{6}
$$

となるので，図 (b) のようになる．

⑧ 部材端の応力は，式 (7.33) を用いると，次のようになる．

$$
\begin{bmatrix} x_1 \\ y_1 \\ m_1 \\ x_2 \\ y_2 \\ m_2 \end{bmatrix}
=
\begin{bmatrix}
\cdot & \cdot & \cdot & \cdot & 0 & \cdot \\
\cdot & \cdot & \cdot & \cdot & -\dfrac{12EI}{l^3} & \cdot \\
\cdot & \cdot & \cdot & \cdot & -\dfrac{6EI}{l^2} & \cdot \\
\cdot & \cdot & \cdot & \cdot & 0 & \cdot \\
\cdot & \cdot & \cdot & \cdot & \dfrac{12EI}{l^3} & \cdot \\
\cdot & \cdot & \cdot & \cdot & -\dfrac{6EI}{l^2} & \cdot
\end{bmatrix}
\begin{bmatrix} 0 \\ 0 \\ 0 \\ 0 \\ \dfrac{Pl^3}{24EI} \\ 0 \end{bmatrix}
=
\begin{bmatrix} 0 \\ -\dfrac{P}{2} \\ -\dfrac{Pl}{4} \\ 0 \\ \dfrac{P}{2} \\ -\dfrac{Pl}{4} \end{bmatrix}
\tag{7}
$$

$$
\begin{bmatrix} x_2 \\ y_2 \\ m_2 \\ x_3 \\ y_3 \\ m_3 \end{bmatrix} =
\begin{bmatrix}
\cdot & 0 & \cdot & \cdot & \cdot & \cdot \\
\cdot & \dfrac{12EI}{l^3} & \cdot & \cdot & \cdot & \cdot \\
\cdot & \dfrac{6EI}{l^2} & \cdot & \cdot & \cdot & \cdot \\
\cdot & 0 & \cdot & \cdot & \cdot & \cdot \\
\cdot & -\dfrac{12EI}{l^3} & \cdot & \cdot & \cdot & \cdot \\
\cdot & \dfrac{6EI}{l^2} & \cdot & \cdot & \cdot & \cdot
\end{bmatrix}
\begin{bmatrix} 0 \\ \dfrac{Pl^3}{24EI} \\ 0 \\ 0 \\ 0 \\ 0 \end{bmatrix} =
\begin{bmatrix} 0 \\ \dfrac{P}{2} \\ \dfrac{Pl}{4} \\ 0 \\ -\dfrac{P}{2} \\ \dfrac{Pl}{4} \end{bmatrix}
\tag{8}
$$

この結果を用いて $M$ 図を描くと，図 (c) のようになり，

$$
\frac{Pl}{4} = \frac{PL}{8} \quad (L = 2l)
$$

を考慮すると，たわみ角法などによる結果に一致する．

⑨ 曲げ応力の計算：式 (7.35) より，要素 1–2 について

$$
\sigma = E \cdot \boldsymbol{B} \cdot \boldsymbol{C}^{-1} \cdot \boldsymbol{T} \cdot \boldsymbol{U}
$$

$$
= E \begin{bmatrix} 0 & 1 & 0 & 0 & -2y & -6xy \end{bmatrix}
\begin{bmatrix}
1 & 0 & 0 & 0 & 0 & 0 \\
-\dfrac{1}{l} & 0 & 0 & \dfrac{1}{l} & 0 & 0 \\
0 & 1 & 0 & 0 & 0 & 0 \\
0 & 0 & 1 & 0 & 0 & 0 \\
0 & -\dfrac{3}{l^2} & -\dfrac{2}{l} & 0 & \dfrac{3}{l^2} & -\dfrac{1}{l} \\
0 & \dfrac{2}{l^2} & \dfrac{1}{l^2} & 0 & -\dfrac{2}{l^3} & \dfrac{1}{l^2}
\end{bmatrix}
$$

$$
\times \begin{bmatrix}
1 & & & & & \\
 & 1 & & & \boldsymbol{0} & \\
 & & 1 & & & \\
 & & & 1 & & \\
 \boldsymbol{0} & & & & 1 & \\
 & & & & & 1
\end{bmatrix}
\begin{bmatrix} 0 \\ 0 \\ 0 \\ 0 \\ \dfrac{Pl^3}{24EI} \\ 0 \end{bmatrix}
$$

$$= E \begin{bmatrix} 0 & 1 & 0 & 0 & -2y & -6xy \end{bmatrix} \begin{bmatrix} 0 \\ 0 \\ 0 \\ 0 \\ \dfrac{Pl}{8EI} \\ -\dfrac{P}{12EI} \end{bmatrix} = -\dfrac{Pl/4}{I}y + \dfrac{Px/2}{I}y$$

となる. $x = 0$ を代入して（節点 1 側）

$$\sigma_{x=0} = -\frac{Pl/4}{I}y \quad （負の符号は y の正の側で圧縮を表す）$$

となり, $x = l$ を代入して（節点 2 側）

$$\sigma_{x=l} = \frac{Pl/4}{I}y$$

となる. 要素 2–3 についても同様（対称）であるから, 省略する.

**7.4** ① $X$ 軸と $x$ 軸を $1 \to 2 \to 3$ の方向に定める.

② 各要素の部材座標系の剛性方程式

要素 1–2 （$j$ 端がヒンジであるから, 式 (7.37) を用いる）

$$\begin{bmatrix} x_1 \\ y_1 \\ m_1 \\ x_2 \\ y_2 \\ m_2 \end{bmatrix} = \begin{bmatrix} \dfrac{2EA}{l} & 0 & 0 & -\dfrac{2EA}{l} & 0 & 0 \\ 0 & \dfrac{6EI}{l^3} & \dfrac{6EI}{l^2} & 0 & -\dfrac{6EI}{l^3} & 0 \\ 0 & \dfrac{6EI}{l^2} & \dfrac{6EI}{l} & 0 & -\dfrac{6EI}{l^2} & 0 \\ -\dfrac{2EA}{l} & 0 & 0 & \dfrac{2EA}{l} & 0 & 0 \\ 0 & -\dfrac{6EI}{l^3} & -\dfrac{6EI}{l^2} & 0 & \dfrac{6EI}{l^3} & 0 \\ 0 & 0 & 0 & 0 & 0 & 0 \end{bmatrix} \begin{bmatrix} u_1 \\ v_1 \\ \theta_1 \\ u_2 \\ v_2 \\ \theta_2 \end{bmatrix}$$

要素 2–3 （$i$ 端がヒンジであるから, 式 (7.36) を用いる）

$$\begin{bmatrix} x_2 \\ y_2 \\ m_2 \\ x_3 \\ y_3 \\ m_3 \end{bmatrix} = \begin{bmatrix} \dfrac{EA}{l} & 0 & 0 & -\dfrac{EA}{l} & 0 & 0 \\ 0 & \dfrac{3EI}{l^3} & 0 & 0 & -\dfrac{3EI}{l^3} & \dfrac{3EI}{l^2} \\ 0 & 0 & 0 & 0 & 0 & 0 \\ -\dfrac{EA}{l} & 0 & 0 & \dfrac{EA}{l} & 0 & 0 \\ 0 & -\dfrac{3EI}{l^3} & 0 & 0 & \dfrac{3EI}{l^3} & -\dfrac{3EI}{l^2} \\ 0 & \dfrac{3EI}{l^2} & 0 & 0 & -\dfrac{3EI}{l^2} & \dfrac{3EI}{l} \end{bmatrix} \begin{bmatrix} u_2 \\ v_2 \\ \theta_2 \\ u_3 \\ v_3 \\ \theta_3 \end{bmatrix}$$

③ 全体座標 $X$ と部材座標 $x$ が一致しているので座標変換の必要はなく，上記の剛性方程式をそのまま重ね合わせて，構造物全体の剛性方程式は次式となる．

$$
\begin{bmatrix} X_1 \\ Y_1 \\ M_1 \\ X_2 \\ Y_2 \\ M_2 \\ X_3 \\ Y_3 \\ M_3 \end{bmatrix}
=
\begin{array}{ccc}
U_1\ V_1\ \theta_1 \quad U_2 & V_2 & \theta_2 \quad U_3\ V_3\ \theta_3
\end{array}
\left[
\begin{array}{ccc}
-\dfrac{2EA}{l} & 0 & 0 \\[2mm]
0 & -\dfrac{6EI}{l^3} & 0 \\[2mm]
0 & -\dfrac{6EI}{l^2} & 0 \\[2mm]
\dfrac{3EA}{l} & 0 & 0 \\[2mm]
0 & \dfrac{9EI}{l^3} & 0 \\[2mm]
0 & 0 & 0 \\[2mm]
-\dfrac{EA}{l} & 0 & 0 \\[2mm]
0 & -\dfrac{3EI}{l^3} & 0 \\[2mm]
\dfrac{3EI}{l^2} & 0 & 
\end{array}
\right]
\begin{bmatrix} U_1=0 \\ V_1=0 \\ \theta_1=0 \\ U_2 \\ V_2 \\ \theta_2 \\ U_3=0 \\ V_3=0 \\ \theta_3=0 \end{bmatrix}
$$

④ 境界条件 $U_1=V_1=\theta_1=U_3=V_3=\theta_3=0$，荷重条件 $Y_2=P$（そのほかはゼロ）を考慮すると，

$$
\begin{bmatrix} O \\ P \\ O \end{bmatrix}
=
\begin{bmatrix}
\dfrac{3EI}{l} & 0 & 0 \\[2mm]
0 & \dfrac{9EI}{l^3} & 0 \\[2mm]
0 & 0 & 0
\end{bmatrix}
\begin{bmatrix} U_2 \\ V_2 \\ \theta_2 \end{bmatrix}
$$

⑤ これを解くと次式となる．

$$
U_2=0, \quad V_2=\frac{Pl^3}{9EI}, \quad \theta_2=（不定）
$$

⑥ 静定分解法で解く場合は，はり 1–2 とはり 2–3 に分解し，はり 1–2 に荷重 $X$，はり 2–3 に荷重 $P-X$ が作用すると考えて節点 2 のたわみを等置して荷重 $X$ を求める．すなわち

$$
\frac{Xl^3}{6EI}=\frac{(P-X)l^3}{3EI}
$$

を解いて $X=2P/3$ を得るから，

$$
V_2=\frac{(2P/3)l^3}{6EI}=\frac{Pl^3}{9EI}
$$

となる．マトリクス解は，これに一致する．

**7.5** 図 7.27 に示すはりについて，要素 1–2，要素 2–3 の部材剛性方程式を作成し，重ね合わせると，次式に示す構造全体の剛性方程式が得られる．

$$
\begin{bmatrix} x_1 \\ y_1 \\ m_1 \\ x_2 \\ y_2 \\ m_2 \\ x_3 \\ y_3 \\ m_3 \end{bmatrix}
=
\begin{bmatrix}
\dfrac{EA}{l} & 0 & 0 & -\dfrac{EA}{l} & 0 & 0 & 0 & 0 & 0 \\[2mm]
0 & \dfrac{12EI}{l^3} & \dfrac{6EI}{l^2} & 0 & -\dfrac{12EI}{l^3} & \dfrac{6EI}{l^2} & 0 & 0 & 0 \\[2mm]
0 & \dfrac{6EI}{l^2} & \dfrac{4EI}{l} & 0 & -\dfrac{6EI}{l^2} & \dfrac{2EI}{l} & 0 & 0 & 0 \\[2mm]
-\dfrac{EA}{l} & 0 & 0 & \dfrac{3EA}{2l} & 0 & 0 & -\dfrac{EA}{2l} & 0 & 0 \\[2mm]
0 & -\dfrac{12EI}{l^3} & -\dfrac{6EI}{l^2} & 0 & \left(12+\dfrac{3}{4}\right)\dfrac{EI}{l^3} & -\dfrac{9EI}{2l^2} & 0 & -\dfrac{3EI}{4l^3} & \dfrac{3EI}{2l^2} \\[2mm]
0 & \dfrac{6EI}{l^2} & \dfrac{2EI}{l} & 0 & -\dfrac{9EI}{2l^2} & \dfrac{6EI}{l} & 0 & -\dfrac{3EI}{2l^2} & \dfrac{EI}{l} \\[2mm]
0 & 0 & 0 & -\dfrac{EA}{2l} & 0 & 0 & \dfrac{EA}{2l} & 0 & 0 \\[2mm]
0 & 0 & 0 & 0 & -\dfrac{3EI}{4l^3} & -\dfrac{3EI}{2l^2} & 0 & \dfrac{3EI}{2l^3} & -\dfrac{3EI}{2l^2} \\[2mm]
0 & 0 & 0 & 0 & \dfrac{3EI}{2l^2} & \dfrac{EI}{l} & 0 & -\dfrac{3EI}{2l^2} & \dfrac{2EI}{l}
\end{bmatrix}
$$

$$
+
\begin{bmatrix}
EA\alpha t_3 \\[2mm]
0 \\[2mm]
-EI\alpha\dfrac{t_2-t_1}{h} \\[2mm]
0 \\[2mm]
0 \\[2mm]
0 \\[2mm]
-EA\alpha t_3 \\[2mm]
0 \\[2mm]
EI\alpha\dfrac{t_2-t_1}{h}
\end{bmatrix}
$$

境界条件 $u_1 = v_1 = v_2 = v_3 = 0$ と，節点外力はゼロであることを考慮すると

$$
\begin{bmatrix}
EI\alpha\dfrac{t_2 - t_1}{h} \\[2em]
0 \\[2em]
0 \\[2em]
EA\alpha t_3 \\[2em]
-EI\alpha\dfrac{t_2 - t_1}{h}
\end{bmatrix}
=
\begin{array}{c}
\begin{array}{ccccc} \theta_1 & u_2 & \theta_2 & u_3 & \theta_3 \end{array} \\
\begin{bmatrix}
\dfrac{4EI}{l} & 0 & \dfrac{2EI}{l} & 0 & 0 \\[1.5em]
0 & \dfrac{3EA}{2l} & 0 & -\dfrac{EA}{2l} & 0 \\[1.5em]
\dfrac{2EI}{l} & 0 & \dfrac{6EI}{l} & 0 & \dfrac{EI}{l} \\[1.5em]
0 & -\dfrac{EA}{2l} & 0 & \dfrac{EA}{2l} & 0 \\[1.5em]
0 & 0 & \dfrac{EI}{l} & 0 & \dfrac{2EI}{l}
\end{bmatrix}
\end{array}
\begin{bmatrix}
\theta_1 \\[2em]
u_2 \\[2em]
\theta_2 \\[2em]
u_3 \\[2em]
\theta_3
\end{bmatrix}
$$

と整理できる．$u_2,\ u_3$ と $\theta_1,\ \theta_2,\ \theta_3$ は独立に解けるので，別々に方程式を解くと

$$u_2 = \alpha t_3 l$$

$$u_3 = 3u_2 = 3\alpha t_3 l$$

$$\theta_1 = \frac{\alpha l}{4}\frac{t_2 - t_1}{h}$$

$$\theta_3 = -\frac{\alpha l}{2}\frac{t_2 - t_1}{h}$$

となる．これらの結果を要素の剛性方程式（省略）に代入すると，以下のように節点力（反力を含む）が得られる．

要素 1–2

$$x_1 = 0, \quad y_1 = \frac{4EI}{l^2}\theta_1 = \frac{3EI\alpha}{2l}\frac{t_2 - t_1}{h}$$

$$m_1 = \frac{4EI}{l}\theta_1 - EI\alpha\frac{t_2 - t_1}{h} = 0$$

$$x_2 = 0, \quad y_2 = -\frac{6EI}{l^2}\theta_1 = \frac{3EI\alpha}{2l}\frac{t_2 - t_1}{h}$$

$$m_2 = \frac{2EI}{l}\theta_1 + EI\alpha\frac{t_2 - t_1}{h} = \frac{3}{2}EI\alpha\frac{t_2 - t_1}{h}$$

要素 2–3

$$x_2 = 0, \quad y_2 = \frac{3EI}{2l^2}\theta_3 = -\frac{3}{4}\frac{EI\alpha}{l}\frac{t_2 - t_1}{h}$$

$$m_2 = \frac{EI}{l}\theta_3 - EI\alpha\frac{t_2 - t_1}{h} = -\frac{3}{2}EI\alpha\frac{t_2 - t_1}{h}$$

$$x_3 = 0, \quad y_3 = -\frac{3EI}{2l^2}\theta_3 = \frac{3EI\alpha}{4l}\frac{t_2 - t_1}{h}$$

$$m_3 = \frac{2EI}{l}\theta_3 + EI\frac{t_2 - t_1}{h} = 0$$

これらの結果を用いて $Q$ 図，$M$ 図を描くと，**解図 7.2**(a),(b) のようになる.

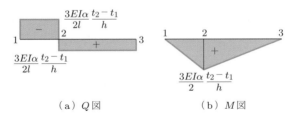

（a）$Q$ 図 　　　　（b）$M$ 図

💎解図 7.2

7.6 三角形分布荷重の場合について示す．**解図 7.3**(a) に示すはりの両支点のたわみ角を微分方程式により求める．図 (b) を参考にすると

$$M(x) = -\frac{q}{6l}x^3 + \frac{ql}{6}x$$

であるから，解くべき微分方程式は次式となる.

$$EIv'' = -M(x) = \frac{q}{6l}x^3 - \frac{ql}{6}x$$

これを積分して

$$EIv' = \frac{q}{24l}x^4 - \frac{ql}{12}x^2 + C_1$$

$$EIv = \frac{q}{120l}x^5 - \frac{ql}{36}x^3 + C_1 x + C_2$$

を得る．境界条件 $x = 0,\ l$ で $v = 0$ を用いて，積分定数を定めると

$$C_2 = 0, \quad C_1 = \frac{7ql^3}{360}$$

となる．もとの式に代入すると，たわみ角は

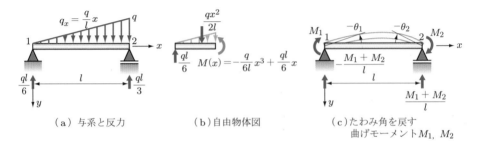

（a）与系と反力 　　　（b）自由物体図 　　　（c）たわみ角を戻す
　　　　　　　　　　　　　　　　　　　　　　　　曲げモーメント$M_1$, $M_2$

💎解図 7.3

$$\theta_1 = v'_1 = \frac{7ql^3}{360EI}, \quad \theta_2 = v'_2 = -\frac{ql^3}{45EI}$$

となる．はりの両端に時計まわりのモーメント $M_1$, $M_2$ を作用させて，上記のたわみ角をゼロに戻すのに必要な曲げモーメントの大きさを求める．図 (c) を参考に微分方程式法または弾性荷重法の結果を用いると

$$\frac{l}{3EI}M_1 - \frac{l}{6EI}M_2 = -\theta_1 = -\frac{7ql^3}{360EI}$$

$$-\frac{l}{6EI}M_1 + \frac{l}{3EI}M_2 = -\theta_2 = \frac{ql^3}{45EI}$$

となる．上記の 2 式より $M_1$, $M_2$ を求めると

$$M_1 = -\frac{ql^2}{30}$$

$$M_2 = \frac{ql^2}{20}$$

となる．反力 $y_1$, $y_2$ は分布荷重と端モーメントに対して求める．下向きを正に定めたことに注意すると

$$y_1 = -\frac{1}{6}ql + \frac{M_1 + M_2}{l} = -\frac{3ql}{20}$$

$$y_2 = -\frac{ql}{3} - \frac{M_1 + M_2}{l} = -\frac{7ql}{20}$$

となる．これらをベクトル表示すると，式 (7.45) に示す初期応力ベクトル $\boldsymbol{f}_0$ が得られる．等分布荷重の場合については，同様にできるので，各自試みてほしい．

**7.7** 図 7.28 のはりの剛性方程式は次式となる．

$$
\begin{bmatrix} x_1 \\ y_1 \\ m_1 \\ x_2 \\ y_2 \\ m_2 \end{bmatrix}
=
\begin{bmatrix}
\frac{EA}{l} & 0 & 0 & -\frac{EA}{l} & 0 & 0 \\
0 & \frac{12EI}{l^3} & \frac{6EI}{l^2} & 0 & -\frac{12EI}{l^3} & \frac{6EI}{l^2} \\
0 & \frac{6EI}{l^2} & \frac{4EI}{l} & 0 & -\frac{6EI}{l^2} & \frac{2EI}{l} \\
-\frac{EA}{l} & 0 & 0 & \frac{EA}{l} & 0 & 0 \\
0 & -\frac{12EI}{l^3} & -\frac{6EI}{l^2} & 0 & \frac{12EI}{l^3} & -\frac{6EI}{l^2} \\
0 & \frac{6EI}{l^2} & \frac{2EI}{l} & 0 & -\frac{6EI}{l^2} & \frac{4EI}{l}
\end{bmatrix}
\begin{bmatrix} u_1 \\ v_1 \\ \theta_1 \\ u_2 \\ v_2 \\ \theta_2 \end{bmatrix}
+
\begin{bmatrix} 0 \\ -\frac{3}{20}ql \\ -\frac{1}{30}ql^2 \\ 0 \\ -\frac{7}{20}ql \\ \frac{1}{20}ql^2 \end{bmatrix}
$$

境界条件 $u_1 = v_1 = \theta_1 = v_2 = 0$ を考慮して，$u_2, \theta_2$ について解くと

$$u_2 = 0$$

$$\theta_2 = -\frac{ql^3}{80EI}$$

となる．節点力は剛性方程式にこの結果を代入すると，以下のようになる．

$$
\begin{bmatrix} x_1 \\ y_1 \\ m_1 \\ x_2 \\ y_2 \\ m_2 \end{bmatrix} = \begin{bmatrix} 0 \\ \dfrac{6EI}{l^2} \\ \dfrac{2EI}{l} \\ 0 \\ -\dfrac{6EI}{l^2} \\ \dfrac{4EI}{l} \end{bmatrix} \left[ -\frac{ql^3}{80EI} \right] + \begin{bmatrix} 0 \\ -\dfrac{3ql}{20} \\ -\dfrac{ql^2}{30} \\ 0 \\ -\dfrac{7ql}{20} \\ \dfrac{ql^2}{20} \end{bmatrix}
$$

$$
= \begin{bmatrix} 0 \\ -\dfrac{9ql}{40} \\ -\dfrac{7ql^2}{120} \\ 0 \\ -\dfrac{11ql}{40} \\ 0 \end{bmatrix}
$$

この結果を用いて，はりとして解いて，$Q$ 図，$M$ 図を**解図 7.4**(a),(b) のように描くことができる．剛性マトリクスを用いて直接，支間上の任意点のせん断力，モーメントを求めたい場合，要素分割を細かくとって，分布荷重を等価節点力に置換する方法のほうが，機械的で便利である．

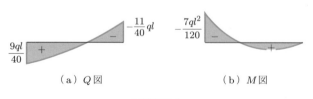

(a) $Q$ 図    (b) $M$ 図

解図 7.4

**7.8** 図 7.29 に示すはりの要素 1–2, 2–3 の部材剛性方程式を作成し, 重ね合わせると次式に示す構造全体の剛性方程式が得られる.

$$
\begin{bmatrix} x_1 \\ y_1 \\ m_1 \\ x_2 \\ y_2 \\ m_2 \\ x_3 \\ y_3 \\ m_3 \end{bmatrix} =
\begin{bmatrix}
\dfrac{EA}{l} & 0 & 0 & -\dfrac{EA}{l} & 0 & 0 & 0 & 0 & 0 \\[2mm]
0 & \dfrac{12EI}{l^3} & \dfrac{6EI}{l^2} & 0 & -\dfrac{12EI}{l^3} & \dfrac{6EI}{l^2} & 0 & 0 & 0 \\[2mm]
0 & \dfrac{6EI}{l^2} & \dfrac{4EI}{l} & 0 & -\dfrac{6EI}{l^2} & \dfrac{2EI}{l} & 0 & 0 & 0 \\[2mm]
-\dfrac{EA}{l} & 0 & 0 & \dfrac{2EA}{l} & 0 & 0 & -\dfrac{EA}{l} & 0 & 0 \\[2mm]
0 & -\dfrac{12EI}{l^3} & -\dfrac{6EI}{l^2} & 0 & \dfrac{24EI}{l^3} & 0 & 0 & -\dfrac{12EI}{l^3} & \dfrac{6EI}{l^2} \\[2mm]
0 & \dfrac{6EI}{l^2} & \dfrac{2EI}{l} & 0 & 0 & \dfrac{8EI}{l} & 0 & -\dfrac{6EI}{l^2} & \dfrac{2EI}{l} \\[2mm]
0 & 0 & 0 & -\dfrac{EA}{l} & 0 & 0 & \dfrac{EA}{l} & 0 & 0 \\[2mm]
0 & 0 & 0 & 0 & -\dfrac{12EI}{l^3} & -\dfrac{6EI}{l^2} & 0 & \dfrac{12EI}{l^3} & -\dfrac{6EI}{l^2} \\[2mm]
0 & 0 & 0 & 0 & \dfrac{6EI}{l^2} & \dfrac{2EI}{l} & 0 & -\dfrac{6EI}{l^2} & \dfrac{4EI}{l}
\end{bmatrix}
\times
\begin{bmatrix} u_1 \\ v_1 \\ \theta_1 \\ u_2 \\ v_2 \\ \theta_2 \\ u_3 \\ v_3 \\ \theta_3 \end{bmatrix}
+
\begin{bmatrix} 0 \\ -\dfrac{1}{2}ql \\ -\dfrac{1}{12}ql^2 \\ 0 \\ -ql \\ 0 \\ 0 \\ -\dfrac{1}{2}ql \\ \dfrac{1}{12}ql^2 \end{bmatrix}
$$

境界条件 $u_1 = v_1 = \theta_1 = 0$, $u_3 = v_3 = \theta_3 = 0$, 対称条件 $u_2 = \theta_2 = 0$, および, 節点荷重がゼロであることを考慮すると, $v_2$ が次式で求められる.

$$
v_2 = \frac{ql^4}{24EI} = \frac{pL^4}{384EI}
$$

これは，ほかの方法による結果と一致する．

要素 1–2 の剛性方程式（省略）に解を代入して，節点力が次式のように求められる．

$$
\begin{bmatrix} x_1 \\ y_1 \\ m_1 \\ x_2 \\ y_2 \\ m_2 \end{bmatrix}
=
\begin{bmatrix}
\cdots & 0 & \cdots \\
\cdots & -\dfrac{12EI}{l^3} & \cdots \\
\cdots & -\dfrac{6EI}{l^2} & \cdots \\
\cdots & 0 & \cdots \\
\cdots & \dfrac{12EI}{l^3} & \cdots \\
\cdots & -\dfrac{6EI}{l^2} & \cdots
\end{bmatrix}
\begin{bmatrix} 0 \\ 0 \\ 0 \\ 0 \\ \dfrac{ql^4}{24EI} \\ 0 \end{bmatrix}
+
\begin{bmatrix} 0 \\ -\dfrac{ql}{2} \\ -\dfrac{ql^2}{12} \\ 0 \\ -\dfrac{ql}{2} \\ \dfrac{ql^2}{12} \end{bmatrix}
=
\begin{bmatrix} 0 \\ -ql \\ -\dfrac{ql^2}{3} \\ 0 \\ 0 \\ \dfrac{ql^2}{6} \end{bmatrix}
=
\begin{bmatrix} 0 \\ -\dfrac{qL}{2} \\ -\dfrac{qL^2}{12} \\ 0 \\ 0 \\ \dfrac{qL^2}{24} \end{bmatrix}
$$

（$v_2$）

この結果を用いて，はりとして解いて，$Q$ 図，$M$ 図を**解図 7.5**(a),(b) のように求めることができる．

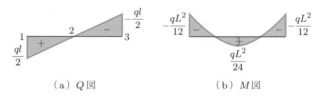

（a）$Q$ 図　　　　　　（b）$M$ 図

🍃解図 7.5

## ■第 8 章

8.1 **解図 8.1**(a) に示す単純ばりのたわみ角（接線角）を微分方程式による方法で求める．曲げモーメントは図 (b) のように得られるから，微分方程式は

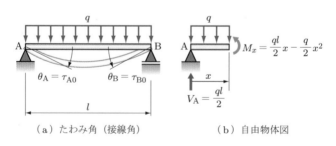

（a）たわみ角（接線角）　　　　（b）自由物体図

🍃解図 8.1

$$EI\frac{d^2v}{dx^2} = -M(x) = \frac{q}{2}x^2 - \frac{ql}{2}x$$

となる．1 度積分して

$$EIv' = \frac{q}{6}x^3 - \frac{ql}{4}x^2 + C_1$$

となり，もう 1 度積分して

$$EIv = \frac{q}{24}x^4 - \frac{ql}{12}x^3 + C_1x + C_2$$

を得る．境界条件 $x = 0$ で $v = 0$ より

$$C_2 = 0$$

$x = l$ で $v = 0$ より

$$C_1 = \frac{ql^3}{24}$$

となるから

$$EIv' = EI\theta = \frac{q}{6}x^3 - \frac{ql}{4}x^2 + \frac{ql^3}{24}$$

となる．$x = 0$ を代入して

$$\theta_{\mathrm{A}} = \tau_{\mathrm{A0}} = \frac{ql^3}{24EI}$$

となり，$x = l$ を代入して

$$\theta_{\mathrm{B}} = \tau_{\mathrm{B0}} = -\frac{ql^3}{24EI}$$

となる．式 (8.5) にこの結果を代入すると，次式が得られる．

$$C_{\mathrm{AB}} = -\frac{2EI}{l}(2\tau_{\mathrm{A0}} + \tau_{\mathrm{B0}}) = -\frac{ql^2}{12}$$

$$C_{\mathrm{BA}} = -\frac{2EI}{l}(\tau_{\mathrm{A0}} + 2\tau_{\mathrm{B0}}) = \frac{ql^2}{12}$$

**8.2** (a) 剛比は $k_{\mathrm{AB}} = 1$, $k_{\mathrm{BC}} = 2$, 中間荷重がないので荷重項はゼロであるから，端モーメント式は，$\varphi_{\mathrm{A}} = \varphi_{\mathrm{C}} = 0$ を考慮して以下のようになる．

$$M_{\mathrm{AB}} = 2\varphi_{\mathrm{A}} + \varphi_{\mathrm{B}} = \varphi_{\mathrm{B}}, \quad M_{\mathrm{BA}} = \varphi_{\mathrm{A}} + 2\varphi_{\mathrm{B}} = 2\varphi_{\mathrm{B}}$$

$$M_{\mathrm{BC}} = 2(2\varphi_{\mathrm{B}} + \varphi_{\mathrm{C}}) = 4\varphi_{\mathrm{B}}, \quad M_{\mathrm{CB}} = 2(\varphi_{\mathrm{B}} + 2\varphi_{\mathrm{C}}) = 2\varphi_{\mathrm{B}}$$

節点方程式は，点 B において $\overline{M} - \sum M_{\mathrm{B}i} = 0$ であるから

$$6 - M_{\mathrm{BA}} - M_{\mathrm{BC}} = 0$$

となる．端モーメント式を代入して $\varphi_{\mathrm{B}}$ で解くと，$\varphi_{\mathrm{B}} = 1$ となる．これを，端モーメント式に代入して，$M_{\mathrm{AB}} = 1$，$M_{\mathrm{BA}} = 2$，$M_{\mathrm{BC}} = 4$，$M_{\mathrm{CB}} = 2$ となる．$M$ 図は，符号に注意して端モーメントを結んで**解図 8.2**(a) のように得られる．変形図は，図 (b) のようになる．

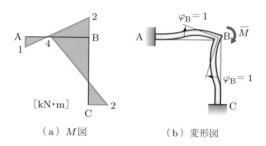

（a）$M$図 　　　　（b）変形図

💧 解図 8.2

(b) 剛比は $k_{\mathrm{AB}} = k_{\mathrm{BC}} = 1$，荷重項は $C_{\mathrm{AB}} = -C_{\mathrm{BA}} = -Pl/8 = -32$，$C_{\mathrm{BC}} = -C_{\mathrm{CB}} = -ql^2/12 = -16$ であるから，端モーメント式は

$$M_{\mathrm{AB}} = 2\varphi_{\mathrm{A}} + \varphi_{\mathrm{B}} - 32$$

$$M_{\mathrm{BA}} = \varphi_{\mathrm{A}} + 2\varphi_{\mathrm{B}} + 32$$

$$M_{\mathrm{BC}} = 2\varphi_{\mathrm{B}} + \varphi_{\mathrm{C}} - 16$$

$$M_{\mathrm{CB}} = \varphi_{\mathrm{B}} + 2\varphi_{\mathrm{C}} + 16$$

となる．節点方程式は，点 A, B, C で 3 個たてられる．
　点 A

$$M_{\mathrm{AB}} = 0 \quad \rightarrow \quad 2\varphi_{\mathrm{A}} + \varphi_{\mathrm{B}} - 32 = 0 \quad \text{つまり} \quad \varphi_{\mathrm{A}} = -\frac{\varphi_{\mathrm{B}}}{2} + 16 \tag{1}$$

　点 B

$$M_{\mathrm{BA}} + M_{\mathrm{BC}} = 0 \quad \rightarrow \quad \varphi_{\mathrm{A}} + 4\varphi_{\mathrm{B}} + \varphi_{\mathrm{C}} + 16 = 0 \tag{2}$$

　点 C

$$M_{\mathrm{CB}} = 0 \quad \rightarrow \quad \varphi_{\mathrm{B}} + 2\varphi_{\mathrm{C}} + 16 = 0 \quad \text{つまり} \quad \varphi_{\mathrm{C}} = -\frac{\varphi_{\mathrm{B}}}{2} - 8 \tag{3}$$

式 (1), (3) を式 (2) に代入して，$\varphi_{\mathrm{B}}$ について解くと $\varphi_{\mathrm{B}} = -8$ となる．これを，式 (1), (3) に代入して，$\varphi_{\mathrm{A}} = 20$，$\varphi_{\mathrm{C}} = -4$ が得られる．したがって，端モーメントは，$M_{\mathrm{AB}} = 0$，$M_{\mathrm{BA}} = 36$，$M_{\mathrm{BC}} = -36$，$M_{\mathrm{CB}} = 0$ となる．集中荷重を受ける単純ばりの最大モーメント $M = Pl/4 = 64$，分布荷重を受ける単純ばりの最大モーメント $M = ql^2/8 = 24$ を考慮して，重ね合せにより $M$ 図を描くと，**解図 8.3**(a) のようになる．また，変形図は図 (b) のようになる．

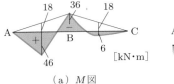

(a) M図

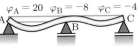

(b) 変形図

🍃 解図 8.3

(c) 部材角は，$\psi_{AB} = \psi_{CD} = \psi$ とおく．荷重項は，$C_{BC} = -C_{CB} = -ql^2/12 = -3$ である．境界条件は $\varphi_A = \varphi_D = 0$ であることを考慮して，端モーメント式をたてる．

① 端モーメント式：$M_{ij} = k_{ij}(2\varphi_i + \varphi_j + \psi) + C_{ij}$

$$\left.\begin{aligned}
M_{AB} &= 2\varphi_A + \varphi_B + \psi_{AB} = \varphi_B + \psi \\
M_{BA} &= \varphi_A + 2\varphi_B + \psi_{AB} = 2\varphi_B + \psi \\
M_{BC} &= 2\varphi_B + \varphi_C + C_{BC} = 2\varphi_B + \varphi_C - 3 \\
M_{CB} &= \varphi_B + 2\varphi_C + C_{CB} = \varphi_B + 2\varphi_C + 3 \\
M_{CD} &= 2\varphi_C + \varphi_D + \psi_{CD} = 2\varphi_C + \psi \\
M_{DC} &= \varphi_C + 2\varphi_D + \psi_{CD} = \varphi_C + \psi
\end{aligned}\right\} \tag{1}$$

② 節点方程式：

点 B

$$M_{BA} + M_{BC} = 0 \quad \rightarrow \quad 4\varphi_B + \varphi_C + \psi - 3 = 0 \tag{2}$$

点 C

$$M_{CB} + M_{CD} = 0 \quad \rightarrow \quad \varphi_B + 4\varphi_C + \psi + 3 = 0 \tag{3}$$

③ 層方程式は，**解図 8.4**(a) を参照して，$Q_{BA} + Q_{CD} = 0$ であるが，柱部分の回転のつり合いより

$$Q_{BA} = -\frac{M_{BA} + M_{AB}}{h}, \quad Q_{CD} = -\frac{M_{CD} + M_{DC}}{h}$$

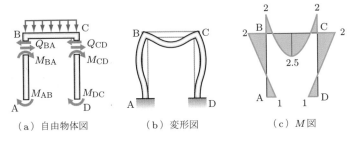

(a) 自由物体図　　　　(b) 変形図　　　　(c) M図

🍃 解図 8.4

となるから，結局，$M_{AB} + M_{BA} + M_{CD} + M_{DC} = 0$ と書ける．端モーメント式を代入して整理すると，次式を得る．

$$3\varphi_B + 3\varphi_C + 4\psi = 0 \tag{4}$$

④ 式 (2)～(4) を連立方程式として解くと，次の解を得る．

$$\varphi_C = -1, \quad \varphi_B = 1, \quad \varphi = 0$$

変形図の概略を図 (b) に示す．

⑤ 上記の結果を式 (1) に代入して端モーメントを求めると，$M_{AB} = 1$, $M_{BA} = 2$, $M_{BC} = -2$, $M_{CB} = 2$, $M_{CD} = -2$, $M_{DC} = -1\,[\text{kN·m}]$ となる．したがって，$M$ 図は，図 (c) のようになる．

(d) 部材角は，$\psi_{AB} = \psi_{CD} = \psi$ とおく．中間荷重がないので荷重項はゼロである．境界条件は，$\varphi_A = \varphi_D = 0$ であることを考慮して，端モーメント式をたてる．

① 端モーメント式：$M_{ij} = k_{ij}(2\phi_i + \phi_j + \psi) + C_{ij}$

$$\left.\begin{aligned}
M_{AB} &= 2\varphi_A + \varphi_B + \psi_{AB} = \varphi_B + \psi \\
M_{BA} &= \varphi_A + 2\varphi_B + \psi_{AB} = 2\varphi_B + \psi \\
M_{BC} &= 2(2\varphi_B + \varphi_C) = 4\varphi_B + 2\varphi_C \\
M_{CB} &= 2(\varphi_B + 2\varphi_C) = 2\varphi_B + 4\varphi_C \\
M_{CD} &= 2\varphi_C + \varphi_D + \psi_{CD} = 2\varphi_C + \psi \\
M_{DC} &= \varphi_C + 2\varphi_D + \psi_{CD} = \varphi_C + \psi
\end{aligned}\right\} \tag{1}$$

② 節点方程式：

点 B

$$M_{BA} + M_{BC} = 0 \quad \rightarrow \quad 6\varphi_B + 2\varphi_C + \psi = 0 \tag{2}$$

点 C

$$M_{CB} + M_{CD} = 0 \quad \rightarrow \quad 2\varphi_B + 6\varphi_C + \psi = 0 \tag{3}$$

③ 層方程式は**解図 8.5**(a) を参考にして

$$P - Q_{BA} - Q_{CD} = 0 \tag{4}$$

となる．柱部分の回転のつり合いより

$$Q_{BA} = -\frac{M_{BA} + M_{AB}}{h} = -\frac{M_{BA} + M_{AB}}{4}$$

$$Q_{CD} = -\frac{M_{CD} + M_{DC}}{h} = -\frac{M_{CD} + M_{DC}}{4}$$

となるから，式 (4) に代入して

$$Ph + M_{BA} + M_{AB} + M_{CD} + M_{DC} = 0$$

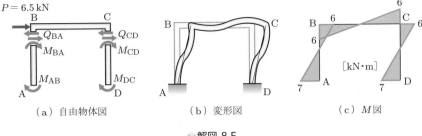

（a）自由物体図　　　　　（b）変形図　　　　　（c）M図

💧 解図 8.5

と書ける．端モーメント式を代入して整理すると，次のようになる．

$$3\varphi_B + 3\varphi_C + 4\psi + 26 = 0 \tag{5}$$

④ 式 (2), (3), (5) を連立方程式として解くと

$$\varphi_B = 1, \quad \varphi_C = 1, \quad \psi = -8$$

を得る．変形図の概略を図 (b) に示す．

⑤ 上の結果を端モーメント式に代入すると，次のようになる．

$$M_{AB} = -7, \quad M_{BA} = -6, \quad M_{BC} = 6, \quad M_{CB} = 6, \quad M_{CD} = -6, \quad M_{DC} = -7$$

⑥ 中間荷重がないので，M 図は，端モーメント値を結んで，図 (c) のように描ける．

(e) 部材角は $\psi_{AB} = \psi_{CD} = \psi$, 中間荷重は $C_{AB} = -C_{BA} = -qh^2/12 = -4.2\,\text{kN·m}$, 境界条件は $\varphi_A = \varphi_D = 0$ である．

① 端モーメント式：

$$\left.\begin{aligned}
M_{AB} &= 2\varphi_A + \varphi_B + \psi_{AB} + C_{AB} = \varphi_B + \psi - 4.2 \\
M_{BA} &= \varphi_A + 2\varphi_B + \psi_{AB} + C_{BA} = 2\varphi_B + \psi + 4.2 \\
M_{BC} &= 2\varphi_B + \varphi_C \\
M_{CB} &= \varphi_B + 2\varphi_C \\
M_{CD} &= 2\varphi_C + \varphi_D + \psi_{CD} = 2\varphi_C + \psi \\
M_{DC} &= \varphi_C + 2\varphi_D + \psi_{CD} = \varphi_C + \psi
\end{aligned}\right\} \tag{1}$$

② 節点方程式：

点 B

$$M_{BA} + M_{BC} = 0 \quad \rightarrow \quad 4\varphi_B + \varphi_C + \psi + 4.2 = 0 \tag{2}$$

点 C

$$M_{CB} + M_{CD} = 0 \quad \rightarrow \quad \varphi_B + 4\varphi_C + \psi = 0 \tag{3}$$

③ 層方程式は**解図 8.6**(a) を参考にして，次のようになる．

$$Q_{BA} + Q_{CD} = 0 \tag{4}$$

柱部分の回転のつり合いより

$$Q_{BA} = -\frac{M_{BA} + M_{AB}}{h} - \frac{qh}{2}, \quad Q_{CD} = -\frac{M_{CD} + M_{DC}}{h}$$

となるので，式 (4) に代入して

$$M_{BA} + M_{AB} + M_{CD} + M_{DC} + \frac{qh^2}{2} = 0$$

と書ける．端モーメント式を代入して整理すると，次のようになる．

$$3\varphi_B + 3\varphi_C + 4\psi + 25.2 = 0 \tag{5}$$

④ 式 (2), (3), (5) を解いて

$$\varphi_B = 0.5, \quad \varphi_C = 1.9, \quad \psi = -8.1$$

となる．変形図は，図 (b) のようになる．

⑤ 端モーメントは，

$$M_{AB} = -11.8, \quad M_{BA} = -2.9, \quad M_{BC} = 2.9, \quad M_{CB} = 4.3$$

$$M_{CD} = -4.3, \quad M_{DC} = -6.2$$

となる．$M$ 図は，図 (c) のようになる．

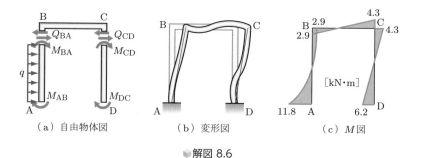

（a）自由物体図　　　（b）変形図　　　（c）$M$ 図

解図 8.6

(f) 部材角は $\psi_{AB} = \psi_{CD} = \psi$ とする．荷重項は次のようになる．

$$C_{BC} = -\frac{Pab^2}{l^2} = -\frac{8P}{9} = -8, \quad C_{CB} = \frac{Pa^2 b}{l^2} = \frac{4P}{9} = 4$$

① 端モーメント式：

$$M_{AB} = 2\varphi_A + \varphi_B + \psi, \quad M_{BA} = \varphi_A + 2\varphi_B + \psi$$

$$M_{BC} = 2\varphi_B + \varphi_C - 8, \quad M_{CB} = \varphi_B + 2\varphi_C + 4$$

$$M_{CD} = 2\varphi_C + \varphi_D + \psi, \quad M_{DC} = \varphi_C + 2\varphi_D + \psi$$

② 節点方程式：

点 A

$$M_{AB} = 0 \quad \rightarrow \quad 2\varphi_A + \varphi_B + \psi = 0 \tag{1}$$

点 B

$$M_{BA} + M_{BC} = 0 \quad \rightarrow \quad \varphi_A + 4\varphi_B + \varphi_C + \psi - 8 = 0 \tag{2}$$

点 C

$$M_{CB} + M_{CD} = 0 \quad \rightarrow \quad \varphi_B + 4\varphi_C + \varphi_D + \psi + 4 = 0 \tag{3}$$

点 D

$$M_{DC} = 0 \quad \rightarrow \quad \varphi_C + 2\varphi_D + \psi = 0 \tag{4}$$

③ 層方程式：**解図 8.7**(a) を参照して

$$Q_{BA} + Q_{CD} = 0$$

$$\rightarrow \quad Q_{BA} = -\frac{M_{BA} + M_{AB}}{h}, \quad Q_{CD} = -\frac{M_{CD} + M_{DC}}{h} \tag{5}$$

となるから，$M_{AB} = M_{DC} = 0$ を考慮して

$$M_{BA} + M_{CD} = 0 \tag{6}$$

と書ける．端モーメント式を代入して整理すると

$$\varphi_A + 2\varphi_B + 2\varphi_C + \varphi_D + 2\psi = 0 \tag{7}$$

となる．式 (1)～(4), (7) を連立させて解くと，次のようになる．

$$\varphi_A = -\frac{8}{15}, \quad \varphi_B = \frac{46}{15}, \quad \varphi_C = -\frac{26}{15}, \quad \varphi_D = \frac{28}{15}, \quad \psi = -2 \tag{8}$$

変形の概略図は図 (b) のようになる．式 (8) を端モーメント式に代入して

$$M_{AB} = 0, \quad M_{BA} = \frac{54}{15}, \quad M_{BC} = -\frac{54}{15}, \quad M_{CB} = \frac{54}{15}$$

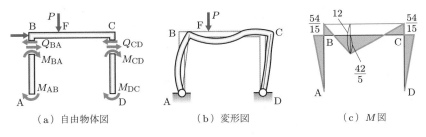

（a）自由物体図　　　　（b）変形図　　　　（c）$M$図

◆ 解図 8.7

$$M_{CD} = -\frac{54}{15}, \quad M_{DC} = 0$$

となるので，$M$ 図は図 (c) のようになる．

**8.3** 点 D が $u$ だけ水平移動すれば，点 B, C も互いに等しい水平移動を起こす．節点 B, C の水平移動量を $u_1$ とすると，**解図 8.8**(a) のような状態になるので，部材角は

$$R_{AB} = \frac{u_1}{h} = \frac{u_1}{l} = R \text{ (とおく)}, \quad R_{BC} = 0, \quad R_{CD} = -\frac{u - u_1}{h} = R - \frac{u}{l}$$

となるから，$R_{AB} = R$ のみが未知数となる．

① 端モーメント式：境界条件は，$\theta_A = \theta_D = \theta'_D = 0$ である．端モーメント式は，式 (8.6) を用いて

$$M_{AB} = \frac{2EI}{h}(2\theta_A + \theta_B - 3R_{AB}) = \frac{2EI}{l}\theta_B - \frac{6EI}{l}R$$

$$M_{BA} = \frac{2EI}{h}(\theta_A + 2\theta_B - 3R_{AB}) = \frac{4EI}{l}\theta_B - \frac{6EI}{l}R$$

$$M_{BC} = \frac{2EI}{l}(2\theta_B + \theta_C - 3R_{BC}) = \frac{4EI}{l}\theta_B + \frac{2EI}{l}\theta_C$$

$$M_{CB} = \frac{2EI}{l}(\theta_B + 2\theta_C - 3R_{BC}) = \frac{2EI}{l}\theta_B + \frac{4EI}{l}\theta_C$$

$$M_{CD} = \frac{2EI}{h}(2\theta_C + \theta_D - 3R_{CD}) = \frac{4EI}{l}\theta_C - \frac{6EI}{l}R + \frac{6EI}{l}\frac{u}{l}$$

$$M_{DC} = \frac{2EI}{h}(\theta_C + 2\theta_D - 3R_{CD}) = \frac{2EI}{l}\theta_C - \frac{6EI}{l}R + \frac{6EI}{l}\frac{u}{l}$$

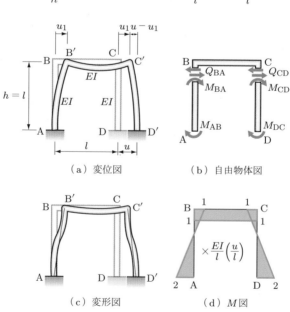

（a）変位図　　（b）自由物体図

（c）変形図　　（d）$M$ 図

◥ 解図 8.8

② 節点方程式：

点 B

$$M_{\mathrm{BA}} + M_{\mathrm{BC}} = 0 \quad \rightarrow \quad 4\theta_{\mathrm{B}} + \theta_{\mathrm{C}} - 3R = 0 \tag{1}$$

点 C

$$M_{\mathrm{CB}} + M_{\mathrm{CD}} = 0 \quad \rightarrow \quad \theta_{\mathrm{B}} + 4\theta_{\mathrm{C}} - 3R + 3\frac{u}{l} = 0 \tag{2}$$

③ 層方程式：図 (b) を参照して

$$Q_{\mathrm{BA}} + Q_{\mathrm{CD}} = 0 \quad \rightarrow \quad M_{\mathrm{AB}} + M_{\mathrm{BA}} + M_{\mathrm{CD}} + M_{\mathrm{DC}} = 0$$

となる．端モーメント式を代入して整理すると

$$\theta_{\mathrm{B}} + \theta_{\mathrm{C}} - 4R + 2\left(\frac{u}{l}\right) = 0 \tag{3}$$

となる．式 (1)~(3) を連立させて解くと

$$\theta_{\mathrm{B}} = \frac{1}{2}\left(\frac{u}{l}\right), \quad \theta_{\mathrm{C}} = -\frac{1}{2}\left(\frac{u}{l}\right), \quad R = R_{\mathrm{AB}} = \frac{1}{2}\left(\frac{u}{l}\right), \quad R_{\mathrm{CD}} = -\left(\frac{u}{l}\right)$$

となる．変形の概略図は図 (c) のようになる．端モーメントは，それぞれ

$$M_{\mathrm{AB}} = -2\frac{EI}{l}\left(\frac{u}{l}\right), \quad M_{\mathrm{BA}} = -\frac{EI}{l}\left(\frac{u}{l}\right), \quad M_{\mathrm{BC}} = \frac{EI}{l}\left(\frac{u}{l}\right)$$

$$M_{\mathrm{CB}} = -\frac{EI}{l}\left(\frac{u}{l}\right), \quad M_{\mathrm{CD}} = \frac{EI}{l}\left(\frac{u}{l}\right), \quad M_{\mathrm{DC}} = 2\frac{EI}{l}\left(\frac{u}{l}\right)$$

となり，$M$ 図は図 (d) のようになる．

**8.4** 本来，この種の 2 部材ラーメンでは部材角を生じないが，はりは $\alpha t l$，柱は $2\alpha t l$ 伸びるので，既知の部材角が生じる．すなわち，**解図 8.9**(a) を参考に

$$R_{\mathrm{AB}} = -2\alpha t, \quad R_{\mathrm{BC}} = \frac{at}{2}$$

となる．境界条件は，$\theta_{\mathrm{A}} = \theta_{\mathrm{C}} = 0$ である．端モーメント式は

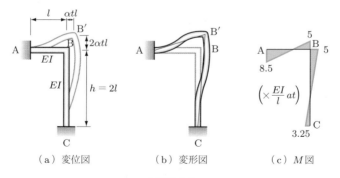

（a）変位図　　　　　（b）変形図　　　　　（c）$M$ 図

● 解図 8.9

$$M_{AB} = \frac{2EI}{l}(2\theta_A + \theta_B - 3R_{AB}) = \frac{2EI}{l}\theta_B + \frac{12EI}{l}\alpha t$$

$$M_{BA} = \frac{2EI}{l}(\theta_A + 2\theta_B - 3R_{AB}) = \frac{4EI}{l}\theta_B + \frac{12EI}{l}\alpha t$$

$$M_{BC} = \frac{2EI}{h}(2\theta_B + \theta_C - 3R_{BC}) = \frac{2EI}{l}\theta_B - \frac{3EI}{2l}\alpha t$$

$$M_{CB} = \frac{2EI}{h}(\theta_B + 2\theta_C - 3R_{BC}) = \frac{EI}{l}\theta_B - \frac{3EI}{2l}\alpha t$$

となる．節点方程式 $M_{BA} + M_{BC} = 0$ に，端モーメント式を代入して解くと

$$\theta_B = -\frac{7}{4}\alpha t$$

となるから，変形の概略図は図 (b) のようになる．端モーメント式に代入して

$$M_{AB} = \frac{17}{2}\frac{EI}{l}\alpha t, \quad M_{BA} = 5\frac{EI}{l}\alpha t, \quad M_{BC} = -5\frac{EI}{l}\alpha t, \quad M_{CB} = -\frac{13}{4}\frac{EI}{l}\alpha t$$

となるから，$M$ 図は図 (c) のようになる．

## ■第 9 章

9.1 部材 ABC に式 (9.4) の 3 連モーメント式を適用する．

$$\frac{l}{I}M_A + 2\left(\frac{l}{I} + \frac{l}{I}\right)M_B + \frac{l}{I}M_C = 6E\left(\tau_{BA}^{(0)} - \tau_{BC}^{(0)}\right)$$

点 A, C は部材端であるから，

$$M_A = 0, \quad M_C = 0$$

となる．表 9.2 を用いると $\tau_{BA}^{(0)} = -ql^3/(24EI)$, $\tau_{BC}^{(0)} = ql^3/(24EI)$ であるから，上式に代入すると $M_B = -ql^2/8$ となる．もとのはりは，**解図 9.1**(a) のように単純ばりに分解できるから，それぞれについてつり合い式をたてると反力が求められる．

$$V_A = \frac{3}{8}ql, \quad V_B^L = \frac{5}{8}ql, \quad V_B^R = \frac{5}{8}ql, \quad V_C = \frac{3}{8}ql, \quad V_B = \frac{5}{4}ql$$

支点 A から $x$ の地点の曲げモーメントは

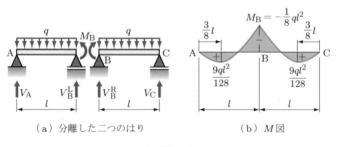

（a）分離した二つのはり　　　（b）$M$ 図

●解図 9.1

$$M_x = V_A x - \frac{qx^2}{2}$$

$$\frac{dM_x}{dx} = V_A - qx = 0 \quad \text{より} \quad x = \frac{V_A}{q} = \frac{3}{8}l$$

$$M_x = \frac{3}{8}l = \frac{9}{128}ql^2$$

となる．これらの結果を用いて，$M$ 図を描くと，図 (b) のようになる．

**9.2** 部材 ABC と部材 BCD に，式 (9.4) の 3 連モーメント式を適用する．

① 部材 ABC：支点 A は端部なので $M_A = 0$ を考慮して

$$2\left(\frac{l}{I} + \frac{l}{I}\right)M_B + \frac{l}{I}M_C = 6E\left(\tau_{BA}^{(0)} - \tau_{BC}^{(0)}\right)$$

となる．表 9.2 を用いると $\tau_{BA}^{(0)} = -ql^3/(24EI)$, $\tau_{BC}^{(0)} = ql^3/(24EI)$ であるから，これらを上式に代入して整理すると，次式を得る．

$$4M_B + M_C = -\frac{ql^2}{2} \tag{1}$$

② 部材 BCD：支点 D は端部なので，$M_D = 0$ を考慮して

$$\frac{l}{I}M_B + 2\left(\frac{l}{I} + \frac{l}{I}\right)M_C = 6E\left(\tau_{CB}^{(0)} - \tau_{CD}^{(0)}\right)$$

となる．表 9.2 を用いると，$\tau_{CB}^{(0)} = -ql^3/(24EI)$, $\tau_{CD}^{(0)} = ql^3/(24EI)$ であるから，これらを上式に代入して整理すると，次式を得る．

$$M_B + 4M_C = -\frac{ql^2}{2} \tag{2}$$

③ 中間支点 B, C 上の曲げモーメント $M_B$, $M_C$：式 (1), (2) を連立させて解くと，次式が得られる．

$$M_B = -\frac{ql^2}{10}, \quad M_C = -\frac{ql^2}{10}$$

④ 支点に作用する鉛直反力 $V_A$, $V_B$, $V_C$, $V_D$：もとのはりは，**解図 9.2**(a) に示すように単純ばりに分解される．それぞれのはりのつり合い条件より，下記のように反力が求められる．

$$V_A = \frac{2}{5}ql \quad V_B^L = \frac{3}{5}ql \quad V_B^R = \frac{1}{2}ql \quad V_B = \frac{11}{10}ql$$

また，対称性より，次のようになる．

$$V_C = \frac{11}{10}ql, \quad V_D = \frac{2}{5}ql$$

⑤ $M$ 図，$Q$ 図：図 (b), (c) のようになる．

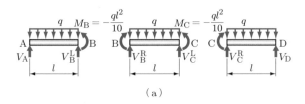

（a）

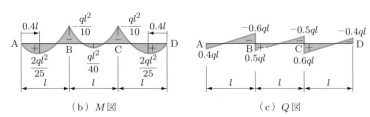

（b）$M$図　　　　　　　　　　（c）$Q$図

❤解図 9.2

9.3 ［例題 9.2］で示したように，固定端 A の左側に $I_0 = \infty$ のはり DA を仮想して，**解図 9.3**(a) に式 (9.4) の 3 連モーメント式を適用する.

部材 DAB：

$$\frac{l_0}{I_0} M_P + 2\left(\frac{l_0}{I_0} + \frac{l}{I}\right) M_A + \frac{l}{I} M_B = 6E\left(\tau_{AD}^{(0)} - \tau_{AB}^{(0)}\right)$$

$M_D = 0, l_0/I_0 = 0, \tau_{AD}^{(0)} = 0, \tau_{AB}^{(0)} = 0$ であるから，次のようになる.

$$2M_A + M_B = 0 \tag{1}$$

部材 ABC：

$$\frac{l}{I} M_A + 2\left(\frac{l}{I} + \frac{l}{I}\right) M_B + \frac{l}{I} M_C = 6E\left(\tau_{BA}^{(0)} - \tau_{BC}^{(0)}\right)$$

$M_C = 0, \tau_{BA}^{(0)} = 0$, 表 9.2 より $\tau_{BC}^{(0)} = ql^3/(24EI)$ であるから

$$M_A + 4M_B = -\frac{ql^2}{4} \tag{2}$$

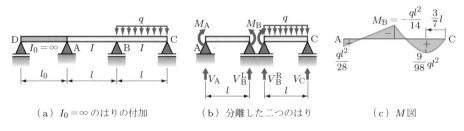

（a）$I_0 = \infty$ のはりの付加　　（b）分離した二つのはり　　（c）$M$図

❤解図 9.3

となる．式 (1), (2) を連立させて解くと，次のようになる．

$$M_{\mathrm{A}} = \frac{1}{28}ql^2, \quad M_{\mathrm{B}} = -\frac{1}{14}ql^2$$

したがって，もとのはりは図 (b) のように分解することができるので，反力は，

$$V_{\mathrm{A}} = -\frac{3}{28}ql, \quad V_{\mathrm{B}}^{\mathrm{L}} = \frac{3}{28}ql, \quad V_{\mathrm{B}}^{\mathrm{R}} = \frac{4}{7}ql, \quad V_{\mathrm{B}} = \frac{19}{28}ql^2, \quad V_{\mathrm{C}} = \frac{3}{7}ql$$

となる．点 C から左 $x$ 地点での曲げモーメントは

$$M_x = V_{\mathrm{C}} \cdot x - \frac{ql^2}{2}$$

$$\frac{dM_x}{dx} = V_{\mathrm{C}} - qx = 0$$

となり，極値は，$x = (3/7)l$ のところで生じ，これらを用いると図 (c) に示す $M$ 図が得られる．

**9.4** 部材 ABC に，式 (9.4) の 3 連モーメント式を適用する．$\tau_{\mathrm{BA}}^{(0)} = \alpha tl/(2h)$, $\tau_{\mathrm{BC}}^{(0)} = 0$ であるから

$$\frac{l}{I}M_{\mathrm{A}} + 2\left(\frac{l}{I} + \frac{l}{I}\right)M_{\mathrm{B}} + \frac{l}{I}M_{\mathrm{C}} = 6E\left(\frac{\alpha tl}{2h}\right)$$

となる．さらに，材端 A では，$M_{\mathrm{A}} = 0$ であるから

$$4 \cdot \frac{l}{I}M_{\mathrm{B}} + \frac{l}{I}M_{\mathrm{C}} = \frac{3E\alpha tl}{h} \tag{1}$$

となる．部材 BCD については，温度の影響がないことと，$M_{\mathrm{D}} = 0$ を考慮すると

$$\frac{l}{I}M_{\mathrm{B}} + 4 \cdot \frac{l}{I}M_{\mathrm{C}} = 0 \tag{2}$$

となる．式 (1), (2) を連立させて解いて

$$M_{\mathrm{B}} = \frac{4EI\alpha t}{5h}, \quad M_{\mathrm{C}} = -\frac{EI\alpha t}{5h}$$

を得る．外力荷重がない場合，曲げモーメントが直線変化することを利用すると，**解図 9.4** のような $M$ 図を得る．

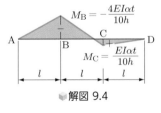

◗ 解図 9.4

**9.5** 図 9.17 の部材 ABC と部材 BCD に，式 (9.8) の 3 連モーメント式を適用する．部材 ABC について考えると，荷重がないので $\tau_{\mathrm{BA}}^{(0)} = 0$, $\tau_{\mathrm{BC}}^{(0)} = 0$ である．部材回転角 $R_{\mathrm{AB}} = 0$, $R_{\mathrm{BC}} = \delta/l$ であるから

$$\frac{l}{I}M_{\mathrm{A}} + 2\left(\frac{l}{I} + \frac{l}{I}\right)M_{\mathrm{B}} + \frac{l}{I}M_{\mathrm{C}} = -6E\frac{\delta}{l}$$

となる．支点 A は材端で，$M_{\mathrm{A}} = 0$ であるから，次のようになる．

$$4 \cdot \frac{l}{I} M_{\mathrm{B}} + \frac{l}{I} M_{\mathrm{C}} = -6E\frac{\delta}{l} \tag{1}$$

次に，部材 BCD について考えると，荷重がないので $\tau_{\mathrm{CB}}^{(0)} = 0$, $\tau_{\mathrm{CD}}^{(0)} = 0$ となる．
部材回転角は，時計まわりが正であるから $R_{\mathrm{BC}} = \delta/l$, $R_{\mathrm{CD}} = -\delta/l$ となる．
端モーメント $M_{\mathrm{D}} = 0$ であるから

$$\frac{l}{I} M_{\mathrm{B}} + 4\frac{l}{I} M_{\mathrm{C}} = 12E\frac{\delta}{l} \tag{2}$$

となる．式 (1), (2) を連立させて解くと

$$M_{\mathrm{B}} = -\frac{12EI\delta}{5l^2}, \quad M_{\mathrm{C}} = \frac{18EI\delta}{5l^2}$$

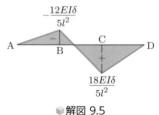

となる．$M$ 図は，外荷重がないので直線変化すること
を考慮すると，**解図 9.5** のように得られる．

**9.6** 部材 ABC と部材 BCD に，式 (9.4) の 3 連モーメント式を適用する．

① 部材 ABC：支点 A は端部なので，$M_{\mathrm{A}} = 0$ を考慮して

$$2\left(\frac{l}{I} + \frac{2l}{I}\right) M_{\mathrm{B}} + \frac{2l}{I} M_{\mathrm{C}} = 6E\left(\tau_{\mathrm{BA}}^{(0)} - \tau_{\mathrm{BC}}^{(0)}\right)$$

となる．表 9.2 を用いると $\tau_{\mathrm{BA}}^{(0)} = -ql^3/(24EI)$, $\tau_{\mathrm{BC}}^{(0)} = q(2l)^3/(24EI)$ であるから，これらを上式に代入して整理すると，次式となる．

$$3M_{\mathrm{B}} + M_{\mathrm{C}} = -\frac{9}{8}ql^2 \tag{1}$$

② 部材 BCD：支点 D は端部なので $M_{\mathrm{D}} = 0$ を考慮すると，次式となる．

$$\frac{2l}{I} M_{\mathrm{B}} + 2\left(\frac{2l}{I} + \frac{l}{I}\right) M_{\mathrm{C}} = 6E\left(\tau_{\mathrm{CB}}^{(0)} - \tau_{\mathrm{CD}}^{(0)}\right)$$

表 9.2 を用いると $\tau_{\mathrm{CB}}^{(0)} = -q(2l)^3/(24EI)$, $\tau_{\mathrm{CD}}^{(0)} = ql^3/(24EI)$ であるから，これらを上式に代入して整理すると，次式となる．

$$M_{\mathrm{B}} + 3M_{\mathrm{C}} = -\frac{9}{8}ql^2 \tag{2}$$

③ 中間支点 B, C 上の曲げモーメント $M_{\mathrm{B}}$, $M_{\mathrm{C}}$：式 (1), (2) を連立させて解くと，次式となる．

$$M_{\mathrm{B}} = -\frac{9}{32}ql^2, \quad M_{\mathrm{C}} = -\frac{9}{32}ql^2$$

④ 支点に作用する鉛直反力 $V_{\mathrm{A}}$, $V_{\mathrm{B}}$, $V_{\mathrm{C}}$, $V_{\mathrm{D}}$：もとのはりは，**解図 9.6**(a) に示すような単純ばりに分解される．はり AB, BC のつり合いより，

$$V_{\mathrm{A}} = \frac{7}{32}ql, \quad V_{\mathrm{B}}^{\mathrm{L}} = \frac{25}{32}ql, \quad V_{\mathrm{B}}^{\mathrm{R}} = ql, \quad V_{\mathrm{B}} = \frac{57}{32}ql$$

となり，対称性より次式が得られる．

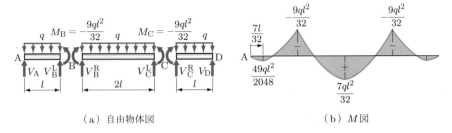

（a）自由物体図                           （b）$M$ 図

💮 解図 9.6

$$V_{\mathrm{C}} = \frac{57}{32}ql, \quad V_{\mathrm{D}} = \frac{7}{32}ql$$

⑤ $M$ 図：側径間 AB において，支点 A より $x$ の地点での曲げモーメントは

$$M_x = V_{\mathrm{A}} \cdot x - \frac{q}{2}x^2$$

$$\frac{dM_x}{dx} = V_{\mathrm{A}} - qx = 0$$

となる．極値は，$x = (7/32)l$ のところで発生し，$(49/2048)ql^2$ となる．はり BC の中央の曲げモーメント $M$ は

$$M_{x=2l} = \frac{7}{32}ql^2$$

となる．以上の値を用いると，図（b）に示す $M$ 図が得られる．

**9.7** 式 (9.4) の 3 連モーメント式を用いる．

① 部材 ABC：

$$2\left(\frac{l}{I} + \frac{xl}{2I}\right)M_{\mathrm{B}} + \frac{xl}{2I}M_{\mathrm{C}} = 6E\left(\tau_{\mathrm{BA}}^{(0)} - \tau_{\mathrm{BC}}^{(0)}\right)$$

表 9.2 より $\tau_{\mathrm{BA}}^{(0)} = -ql^3/(24EI)$, $\tau_{\mathrm{BC}}^{(0)} = q(xl)^3/(24E \cdot 2I)$ であるから，次式を得る．

$$(2+x)M_{\mathrm{B}} + \frac{x}{2} \cdot M_{\mathrm{C}} = -\frac{ql^2}{8}(2+x^3) \tag{1}$$

② 部材 BCD：

$$\frac{xl}{2I}M_{\mathrm{B}} + 2\left(\frac{xl}{2I} + \frac{l}{I}\right)M_{\mathrm{C}} = 6E\left(\tau_{\mathrm{CB}}^{(0)} - \tau_{\mathrm{CD}}^{(0)}\right)$$

表 9.2 より $\tau_{\mathrm{CB}}^{(0)} = -q(xl)^3/(24E \cdot 2I)$, $\tau_{\mathrm{CD}}^{(0)} = ql^3/(24EI)$ であるから

$$\frac{x}{2} \cdot M_{\mathrm{B}} + (2+x)M_{\mathrm{C}} = -\frac{ql^2}{8}(2+x^3) \tag{2}$$

を得る．式 (1) $\times (2+x) -$ 式 (2) $\times (x/2)$ として，$M_{\mathrm{C}}$ を消去すると，

$$M_{\mathrm{B}} = -\frac{ql^2}{4} - \frac{x^3 + 2}{3x + 4} \tag{3}$$

となる．式 (1) に代入して，次式となる．

$$M_{\mathrm{C}} = \frac{ql^2}{4} - \frac{x^3 + 2}{3x + 4} \quad (= M_{\mathrm{B}})$$

**解図 9.7**(a) のはり BC のつり合いより，$V_{\mathrm{B}}^{\mathrm{R}} = qxl/2$ となる．はり BC の中央点の曲げモーメント $M_{\mathrm{BC}}^{\mathrm{C}}$ は

$$M_{\mathrm{BC}}^{\mathrm{C}} = \frac{qx^2l^2}{8} + M_{\mathrm{B}}$$

となる．題意により，$M_{\mathrm{BC}}^{\mathrm{C}} = -M_{\mathrm{B}}$ とおくと

$$M_{\mathrm{B}} = -\frac{1}{16}qx^2l^2$$

となる．上式に式 (3) を代入すると

$$x^3 - 4x^2 + 8 = 0$$

$$(x - 2)(x^2 - 2x - 4) = 0$$

となる．すなわち，$x = 2$ のとき，$M_{\mathrm{B}} = M_{\mathrm{C}} = -M_{\mathrm{BC}}^{\mathrm{C}} = -ql^2/4$ となる．図 (a) のはり AB のつり合いより $V_{\mathrm{A}} = ql/4$ となる．したがって，

$$M_x = V_{\mathrm{A}}x - \frac{1}{2}qx^2 = \frac{ql}{4}x - \frac{q}{2}x^2$$

となる．極値を求めると，$x = l/4$ のところで

$$M_{x=l/4} = \frac{ql^2}{32}$$

となる．これらを用いて，$M$ 図を描くと図 (b) のようになる．

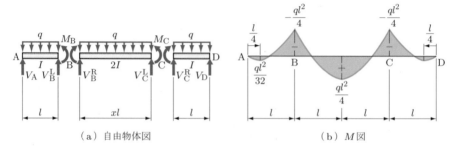

（a）自由物体図　　　　　　　　　（b）$M$ 図

🍃解図 9.7

**9.8** 図 9.15 に，たわみ角法の式 (8.11) を適用する．$C_{AB} = C_{BA} = 0,\ C_{BC} = -C_{CB} = -ql^2/12$ であるから

$$M_{AB} = k\,(2\varphi_A + \varphi_B), \quad M_{BA} = k\,(\varphi_A + 2\varphi_B)$$

$$M_{BC} = k\,(2\varphi_B + \varphi_C) - \frac{ql^2}{12}, \quad M_{CB} = k\,(\varphi_B + 2\varphi_C) + \frac{ql^2}{12}$$

となる．$\varphi_A = 0,\ M_{CB} = 0$ を考慮すると

$$M_{AB} = k \cdot \varphi_B, \quad M_{BA} = 2k\varphi_B, \quad M_{BC} = 2k\varphi_B + k\varphi_C - \frac{ql^2}{12}$$

$$M_{CB} = 0 = k\varphi_B + 2k\varphi_C + \frac{ql^2}{12} \quad \rightarrow \quad \varphi_C = -\frac{1}{2}\varphi_B - \frac{ql^2}{24k}$$

となる．節点方程式は $M_{BA} + M_{BC} = 0$ であるから

$$2k\varphi_B + 2k\varphi_B + 2k\varphi_C - \frac{ql^2}{12} = 0$$

が成り立つ．$\varphi_C$ に上式を用いて

$$\varphi_B = \frac{ql^2}{28k}$$

となる．端モーメント式に戻して

$$M_{AB} = k\varphi_B = \frac{ql^2}{28}, \quad M_{BA} = 2k\varphi_B = \frac{ql^2}{14}$$

$$M_{BC} = -M_{BA} = -\frac{ql^2}{14}, \quad M_{CB} = 0$$

となる．これらを用いて $M$ 図を描くと，**解図 9.8** を得る．

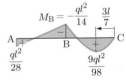

◗ 解図 9.8

# REFERENCES 参考文献

[1] 村上 正，吉村虎蔵：構造力学，コロナ社，1976

[2] 高橋武雄：構造力学入門，培風館，1976

[3] 青木徹彦：構造力学，コロナ社，1986

[4] 山本 宏，久保喜延：わかりやすい構造力学，鹿島出版会，1987

[5] H.C. マーチン著，吉識雅夫監訳：マトリックス法による構造力学の解法，培風館，1967

[6] 三本木茂夫，吉村信敏：有限要素法による構造解析プログラム（コンピュータによる構造 工学講座 I-1-B），培風館，1973

[7] 三好俊郎，白鳥正樹：演習有限要素法，サイエンス社，1982

[8] Timoshenko and Goodier: Theory of Elasticity, McGraw-Hill, 1951

著　者　略　歴

﨑元　達郎（さきもと・たつろう）

1967 年　大阪大学工学部構築工学科卒業
1969 年　大阪大学大学院修士課程修了
1972 年　大阪大学大学院博士課程単位取得退学
　　　　　大阪大学工学部助手
1973 年　熊本大学工学部講師
1979 年　工学博士（大阪大学），熊本大学工学部助教授
　　　　　オハイオ州立大学客員助教授
1984 年　熊本大学工学部教授
2002 年　熊本大学長
2009 年　熊本大学名誉教授
　　　　　熊本大学顧問
2010 年　放送大学熊本学習センター　所長
2015 年　熊本保健科学大学　学長
2019 年　熊本保健科学大学　理事長
2021 年　学校法人銀杏学園　顧問


編集担当　佐藤令菜（森北出版）
編集責任　富井　晃（森北出版）
組　　版　ウルス
印　　刷　丸井工文社
製　　本　同

構造力学 [第 2 版・新装版] 下—不静定編—　　　© 﨑元達郎　2021

1993 年 4 月 24 日　第 1 版第 1 刷発行　　　【本書の無断転載を禁ず】
2011 年 9 月 9 日　　第 1 版第 20 刷発行
2012 年 11 月 30 日　第 2 版第 1 刷発行
2021 年 8 月 20 日　　第 2 版第 10 刷発行
2021 年 11 月 29 日　第 2 版・新装版第 1 刷発行


著　　者　﨑元達郎
発 行 者　森北博巳
発 行 所　森北出版株式会社
　　　　　東京都千代田区富士見 1-4-11（〒102-0071）
　　　　　電話 03-3265-8341／FAX 03-3264-8709
　　　　　https://www.morikita.co.jp/
　　　　　日本書籍出版協会・自然科学書協会　会員
　　　　　JCOPY ＜（一社）出版者著作権管理機構　委託出版物＞

落丁・乱丁本はお取替えいたします.

**Printed in Japan／ISBN978-4-627-42523-1**

# MEMO

# MEMO

# MEMO